KB121596

커피 로스터를 위한 가이드북

커피디자인

COFFEE DESIGN

커피 로스터를 위한 가이드북

커피디자인

정영진 · 조용한 · 차승은 공저

光文閣
www.kwangmoonkag.co.kr

프롤로그 1

"이 책은 다르다."

많은 이들이 나에게 어떤 계기로 커피를 접하고 어떠한 노력으로 커피 분야에 전문가가 되었냐고 묻곤 한다. 자신 있게 말할 수 있는 것은 커피를 알게 된 이후로 지금까지 보고 듣고 경험하는 과정을 단순히 익히는 과정으로만 인정하지 않고 치열하게 탐구하여 습득하는 과정을 거쳤다는 것이다. 그렇게 하였을 때에만 발전한다는 것을 몸소 체험하였기 때문이다. 지금도 현재 결과에 만족하지 않고 현장 경험을 토대로 과학적 사고를 통해 실용적인 연구 성과를 찾기 위한 노력은 진행형이다.

이와 같은 나의 생각과는 다르게 현실 속 커피의 모습은 개인적으로 아쉽기만 하다. 다수의 커피인이 "커피는 과학이다."라고 주장하지만, 커피와 관련한 다수의 책은 저자의 경험이 바탕이 된 주관적인 지식이 주를 이루고 있었다. 이들은 과학적 사고를 추구하기보단 심미적 가치에 치우쳐 자신의 방식만을 어필하고 있다는 느낌만이 강할 뿐이었다. 그런 책들이 다수를 이루고 있는 현실에서 일반적으로 음용되고 있는 커피의 맛과 향 역시 소비자의 기호도와 서로 상충하여 선호하지 못하는 결과로 나타나고 있었다. 관능적인 검사 방법에 의한 주관적인 평가에 의해 커피가 취급되고 있었고, 업자들이 말하는 개성 있는 커피는 결국 소비자가 느끼는 맛과 조화를 이루지 못하는 현실이 심화되고 있었던 것이다. 이와 같은 비판적인 시각은 커피에 대한 새로운 책을 만들어 보자는 동기를 부여하는 데에 큰 역할을 하게 되었다.

이 책은 다르다. 연역적 사고로 스스로 답을 찾고, 많은 시행착오를 거치며 고민하는 과정과 경험에 의해 체득한 지식을 집약시킨 것이다. 이전에 출간한 《맛있는 커피의 비밀》은 이 책을 위한 입문서라고 말할 수 있다. 앞의 책이 로스팅 한 원두를 중심으로 한 이야기였지만, 이 책은 로스팅 내용을 중심으로 생두와 원두에 대한 설명이 자세하게 제시될 것이다. 생두와 로스팅, 그리고 추출은 서로 유기적 연결 관계에 놓여 있다. 그대로 로스팅 하기보다는 생두를 파악하고 추출을 고려한 뒤 정확한 로스팅을 통해 단점을 감추고 장점을 살려 원두의 맛과 향을 배가시키는 작업이 필요한 것이다. 로스팅은 커피의 맛을 도약시키기 위한 연결고리이다. 그 내용을 전달하기 위한 정보가 바로 이 책에 제시될 것이다. 이를 정독하여 자신의 것으로 만든다면, 보고 따라 하여 암기하는 단순한 커피 지식이 아니라, 과학에 기반을 한 원리를 얻어 스스로 사고하고 판단하는 과정을 거칠 수 있으며, 경험을 쌓으면서 더욱 발전할 수 있게 될 것이다.

맛있는 커피는 '참지식'에서 출발한다. 나는 이 책이 커피를 사랑하는 사람들로 하여금 사고하기 쉽고 오류를 분별하기 쉽게 도와주는 정보의 제공자가 되길 바란다.

함께 밤마다 새벽마다 주말마다, 시간이 비는 어느 시간마다 달려와 커피를 연구하고 토론을 마다치 않았던 조용한 선생님과 차승은 선생님께 감사하다는 말을 이 지면을 빌려 하고 싶다. 두 분 선생님이 없었다면 이 책은 존재하지 않았을 것이다. 마지막으로 두 번째 도서를 출간할 수 있도록 지속적으로 지원해 주시고 채근해 주셨던 광문각출판사의 박정태 회장님과 편집부 직원들께 깊은 감사의 말씀을 전하고 싶다.

정영진

프롤로그 2

"커피를 파헤치고 싶었다."

별다른 감흥 없이 일상에서 무덤덤하게 마시던 커피가 어느덧 커피 없는 삶은 생각할 수 없을 만큼 크게 차지하게 되었다. 에스프레소를 즐기게 되었을 무렵 우연히 길을 걷다 발길이 닿은 로스터리 카페에서 선한 인상에 우직해 보이는 사장님에게 '콜롬비아 수프리모' 한 잔을 부탁했다. 이제까지 본 적이 없는 원을 그리며 촘촘히 방울방울 떨어져 내리는 물방울, 커피를 추출해 내던 그 광경은 내게 꽤 깊은 인상을 주었다. 그렇게 정성 들여 추출한 한 잔의 커피를 한 모금 머금는 순간, 이제껏 맛본 적 없는 깊은 향에 불쾌한 맛은 전혀 느껴지지 않는 '정말 맛있는 커피'라는 생각이 뇌리를 스쳤다. 그 이후 그 맛을 잊지 못해 거의 매일 그 로스터리 카페에 들러서 커피를 마셨고, 그것은 나의 고정된 일과가 되었다.

그때 본 것이 신 점드립이라는 핸드드립 방법이었고, 그 사장님이 《맛있는 커피의 비밀》을 출간하셨던 신 점드립을 만들어 낸 장본인, 정영진 대표라는 사실을 알게 되었다. 그렇게 시작된 신 점드립 커피에 대한 열정은 많은 연습을 통해 어느새 능숙하게 신 점드립을 할 수 있게 해 주었다. 그렇게 차근차근 커피를 배워 나가는 과정은 무엇보다 즐거운 경험이었다.

이처럼 신 점드립부터 시작하여 각종 커피와 관련된 정보를 공유하면서 커피에 대한 생각과 태도는 점진적으로 더 확고해졌다. 당신은 커피가 맛이 있는

가? 진정 커피를 좋아하는가? 혹 커피라는 것을 자신이 좀 분위기 있어 보이게 하거나 과시를 하기 위해서 사용하고 있지는 않은가? 커피는 자신이 진정으로 맛있어서 즐겨야 한다고 생각하게 된 것이다.

그렇게 커피에 빠져 고난도라 할 수 있는 신 점드립까지 익히게 되었다. 사람의 욕심은 끝이 없는지, 언젠가부터 더 맛있는 매력의 풍미를 가진 원두를 찾게 되었고, 로스팅의 중요성에 대해서도 새삼 살펴보게 되고, 로스팅 관련 책들을 접하면서 오히려 많은 실망만 하게 되었다. 가장 과학적인 원리에 입각하여 열을 다뤄야 하는 분야가 로스팅인데, 과학적인 원리도 사고하지 않고 감성에 치우친 글이 많았던 것이다. 혹은 많은 경험상 어느 정도 수준의 로스팅을 하게 되어 로스팅에 대해 글을 집필하긴 하였으나, 정작 그 행위와 방법에 따라 왜 그러한 결과가 얻어지는지에 대한 지식은 기술되지 않는 경우가 대다수였다.

모든 행위에는 과학적인 원리에 기반을 둔 원인이라는 것이 존재하며, 그에 따른 결과 역시 따르게 마련이다. 단지 "이렇게 다들 하니 그냥 나도 똑같이 해오고 있다."라는 개념으로는 발전이 있을 수 없고 그 결과물 또한 높은 수준을 보여줄 수 없다.

결국, 물리학 · 화학 · 생물학 등 관련 분야와 관련하여 연역적 연구를 거듭하여 사고하는 과정을 거쳐야만 했다. 많은 서적의 탐독과 토론을 정영진, 차승은 선생님과 함께하는 과정에서 그간 궁금했지만 어디서도 찾을 수 없었던 해답을 찾게 되었고, '최적'이라 자부할만한 로스팅의 이론을 함께 정립할 수 있었다. 이러한 과정에서 순수하게 정말 커피를 좋아하는 많은 이가 원하는 답을 찾기 위해 멀리 돌아가지 않도록 가이드 역할을 하고자 하는 마음이 강해졌고, 광문각과 두 선생님이라는 좋은 인연을 만나 이렇게 귀한 책을 집필하게 된 것이다.

이 책은 기존의 통념에 얽매이지 않고 "왜?"라는 의문을 가지고 막연한 느낌이 아닌 과학적인 근거에 기초하여 그 원리부터 파고들 것이다. 기존에 정영진 대표와 차승은 선생님이 집필하신 《맛있는 커피의 비밀》은 추출에 대한 것이라 볼 수 있고, 이 책은 추출의 재료가 되는 원두의 완성에 대하여 이야기를 나누려 한다.

왜 이 책이어야만 하느냐고 묻는 이들에게 이렇게 말하고 싶다. 기존 잘못된 통념을 피해 정확한 지식을 얻어 갈 수 있는 가장 올바른 길이라 자신한다고. 그간 설명하지 못했던 많은 사항을 파헤쳐 로스팅에 관한 깊은 통찰력을 제공하려 한다고 말이다.

많은 이들이 로스팅을 어떻게 잘 하느냐고 묻곤 한다. 그에 대해 "원두 조직의 손상을 최소로 하고 최대로 많은 향미 성분을 만들어 내시오!"라고 하겠다. 즉 열이 과도하면 조직이 파괴되고 그렇다고 반응이 덜 일어나면 그 맛과 향 또한 덜하다는 것을 모두 감안하여 이 두 가지를 충족시키는 것이 목표라는 것이다. 이 책은 그와 같은 고민에 도움을 제공하게 될 것이다. 실제 로스팅에 대해서 배우고자 하는 사람들뿐만 아니라 로스팅에 관해 궁금해 하는 많은 이들이 잘못된 통념에 얽매이지 않고 과학적 근거에 입각한 제대로 된 로스팅 지식을 얻어 갔으면 한다.

끝으로 최근에 암을 극복하고 더 나은 삶을 디자인하기 위해 권해 드린 핸드드립의 매력에 심취하신 어머님 심순영 여사님의 열정적인 모습에 감사의 말을 전한다.

조용한

프롤로그 3

"새로운 것과 객관적인 설명에
목마른 자들에게
분명 시원하게 목을 축이도록 도와주는 엄청난 책"

5년 전 정영진 대표를 만나 신 점드립에 대한 새로운 이야기에 귀를 기울이게 되고, 함께 '커피에 빠진 사람들(前 점드립에 빠지다)'이라는 NAVER 카페를 개설하여 동호회를 운영하면서 내 인생은 또 다른 국면을 맞이하였다. 커피가 내 삶의 일부가 되어 내 이름 옆에 그 단어가 항상 붙게 된 시점도 그와 일치한다.

정영진 대표와 《맛있는 커피의 비밀》을 출간할 때만 하더라도 이 책은 새로운 진짜 지식을 세상에 알리는 작은 발걸음의 시작이고, 우리의 활동이 시작되는 기념비로서의 역할에 만족하려 했다. 물론 더 많은 책이 판매되어 우리와 같은 걸음을 동행해 주시고 계시는 광문각 관계자 분들에게 도움이 되어야 함도 당연했지만 말이다. 그런데 욕심을 부리지 않은 우리를 하늘이 칭찬한 것인지, 《맛있는 커피의 비밀》이 2015년의 문화체육관광부 세종도서 학술부문 우수도서로 선정되는 경사가 일어났다. 기쁘고 뿌듯했다. 크게 자랑스러웠다.

그런 으쓱한 기분의 나날이 얼마나 지났을까? 정영진 대표는 새로운 책을 구상하고 계셨다. 바로 로스팅과 커피 전반에 대한 더 심오한 수준의 책을 펼치길 바란다는 것이었다. 특히 로스팅을 중심으로 한 새로우면서 실질적인 내용으로 독자들을 사로잡고 싶다는 말씀에 많은 힘이 실려 있음을 느낄 수 있었다. 새로운 도전, 흥분되는 말이었다. 게다가 물리학을 전공하셨다는 조용한 선생님 역시 집필에 참여한다는 이야기를 들었을 때에는 더 잘해 보고 싶다는 욕심도 샘솟았다.

책이 다 제작된 이 시점에서 책에 대해 이야기하자면, '쉽지 않은 책'이라고 말하고 싶다. 최대한 일반인에게도 다가가려 노력은 했지만, 고급 지식 역시 많이 포함되어 있기에 어려울 수도 있겠다는 느낌이 든다. 커피 초보자들에게 최대한 발걸음을 맞추려는 노력을 했지만, 어쩌면 그 노력이 조금 부족했을 수도 있겠다는 생각을 한다.

그러나 분명한 사실은 내용이 매우 훌륭하다는 것이다. 새로운 것과 객관적인 설명에 목마른 이들에게 분명 시원하게 목을 축이도록 도와주는 엄청난 책이 될 것이다. 많은 이들이 커피에 대하여 한 단계 더 성장할 수 있는 기회를 이 책을 통해 얻게 되길 희망한다. 더불어 이 모든 일을 실행할 수 있도록 도와주신 두 집필자 분들께 다시 한 번 감사의 의미로 머리를 조아리며, 바쁘신 와중에도 출판과 관련하여 계속해서 관심을 가져주신 광문각대표님과 편집이사님께도 깊은 감사를 드리는 바이다.

차승은

CONTENTS

Part 1
로스팅을 해보고 싶은 자를 위한 속성 강의

Part 2
로스팅의 원리 제대로 파헤치기

Part 3
커피콩에 대한 자세한 고찰

Part 4
알고 마시면 더 맛있는 커피

Part I

로스팅을 해보고 싶은 자를 위한 속성 강의

길을 지나가다 고소한 커피 볶는 향이 흘러나오는 곳을 나도 모르게 바라본 경험이 있을 것이다. 그 향기에 이끌려 들어간 커피숍에서는 장인의 향기가 풀풀 나는 사장님의 손에서 알 수 없는 비법으로 탄생하는 원두를 발견하게 된다. 그 갓 볶은 커피를 식히고 보관 용기에 담아 숙성시키는 모습, 그리고 그 숙성된 커피로 핸드드립 커피 한 잔을 주문하면 직접 손으로 내려 향기진한 에센스가 내 손 안에 들어오는 장면이 기억 속에서 떠오를 것이다. 한겨울의 따스한 김이 모락모락 올라오는 커피, 한여름의 칼칼하고 시원한 향기와 맛이 가득한 아이스커피. 그 모든 것이 이곳에서만 맛있을 것 같다.

'그런 커피를 내가 만들어 먹을 수 있다면?' 이런 질문을 스스로에게 해 본 적이 있는가? '감히' 그 어려운 일을 자신이 할 수 있을지 의심하긴 하겠지만, 이내 '정말 내가 할 수는 있는 일일까?' 하며 기대심을 감추기도 어려울 것이다. 생각해보니 익히지 않은 생두를 볶아서 며칠 숙성시키고 갈아서 물 내려 먹으면 될 것 같기도 하다. 다만, 그 중간의 디테일을 잘 챙겨야 하겠지 싶다.

그렇다. 디테일이 중요하다. 그러나 시작하는 마음은 더더욱 중요하다. 그 시작을 도와주기 위하여 지금 이 책을 쓰기 위한 키보드를 두드린다. 특히 로스팅에 중점을 둔 책이다. 남에게 보여주기 위한 퍼포먼스보다는, 진짜 맛있는 커피를 만들기 위한 로스팅이 무엇인지를 알려주는 글이 될 것이다. 꼼꼼하게 즐겁게 지지고 볶아보자.

COFFEE DESIGN

알아둘 만한 커피 용어

■ 팝핑(popping)? 크랙(crack)?

커피 로스팅에 있어서 외래어 표기가 정리가 되지 않은 부분이 있다. 로스팅 과정에 있어서 두 차례에 걸쳐 파열음 구간을 경험하게 된다. 이 두 번의 파열음을 흔히들 '1팝, 2팝' 혹은 '1차 크랙, 2차 크랙'으로 부르고 있다. 이 책에서는 이러한 용어를 통일하여 1차 파열음이 들리는 구간을 '팝핑(popping)', 2차 파열음이 들리는 구간을 '크랙(crack)'으로 정의하고자 한다.

첫 번째 파열음이 들리는 '팝핑'은 흔히들 센터컷(center cut)이 갈라지며 나는 소리라고 하는데 사실은 밀폐된 원두 내부의 임계압력이 원두 구조의 가장 약한 부분을 통해 빠져나갈 때 원두 조직(발아구 반대편)이 파열되는 소리이다. pop이라는 말 자체가 '터져 나오다', '뻥 하고 소리 나다'의 의미가 있기 때문에 1차 파열음의 현상을 정확히 말해 주는 용어이다.

두 번째 파열음이 들리는 '크랙'은 1차 파열음 이후 지속적인 열분해로 수분의 팽창과 이산화탄소의 팽창 압력이 작용하여 원두의 표면 조직이 균열(즉 갈라짐)하는 소리이다. 여기서 crack라는 용어는 갈라짐의 뜻을 가지고 있기 때문에 2차 파열음에 적합한 용어다.

■ 로스팅기

원두를 볶는 기계를 흔히들 '로스팅기', '로스터기', '배전기', '로스팅 기계' 등으로 부르고 있다. '로스팅기'는 로스팅(roasting) 하는 기계의 준말이고 '배전(焙煎)'이라는 말은 일본식 한자 표기이다. '로스터기'는 로스터(roaster)에 기계라는 말이 합쳐진 것으로 이미 'roaster'라는 말 자체가 로스팅 하는 기계의 의미를 가지고 있다. 이 때문에 기계를 의미하는 '기'를 붙이는 것은 '로스팅 기계'라는 틀린 말이 되며 '로스터(roaster)'라는 표현을 로스팅 하는 사람으로 정의하기도 하므로 혼동을 피하기 위하여 이 책에서는 '로스팅기'로 용어를 통일하겠다.

■ 로스터리 숍

생두를 직접 로스팅 하여 판매하는 카페를 말한다. 로스터리 숍(Roastery Shop) 또는 로스터리 카페(Roastery Cafe)라고도 한다. 사실 이 용어는 영어를 쓰는 원어민들은 사용하지 않는 표현인데 roastery라는 영어 단어는 '로스팅 하는 장소'라는 뜻이라서 영어만 놓고 봤을 때 '로스팅 하는 장소 카페'라는 중복 표현이 되고 만다. 하지만 국내에서 딱히 다른 대안 없이 통용되는 용어이기에 그대로 사용하였다.

■ 생두 & 원두

일반적으로 로스팅 전의 씨앗을 생두로 지칭하고 로스팅 된 씨앗은 원두라 지칭한다. 이 책에서도 로스팅 전의 씨앗을 생두로 지칭하고 로스팅 된 씨앗은 원두라 하며 로스팅 과정에 있는 씨앗 또한 원두로 통일하였다.

UNIT 01 커피의 로스팅이란

1. 로스팅에 대한 이야기를 시작하며

지금 시대는 커피의 대중화와 더불어 인터넷의 영향으로 커피에 관심이 있다면 누구나 커피 관련 전문지식에 손쉽게 다가갈 수 있는 환경이다. 하지만 정보의 접근성은 용이해진 만큼 바르지 못한 정보 또한 범람하고 있다는 사실이 함정이기도 하다. 특히 로스팅과 관련한 정보는 책을 통해서 또는 많은 동호회와 로스터리 카페 등을 통해 불분명한 원리와 많은 오류가 여과되지 않은 채로 유통되고 있어 안타까움이 따른다.

커피에 빠져 이제 막 관심을 가지기 시작한 일반인으로서 왠지 '로스팅'이라고 하면 뭔가 어렵고 저마다 해석이 난해하여 전문가의 영역으로만 느껴져 막연하기만 할 것이다. 어렵게 여기면 끝이 없겠지만 쉽게 생각하면 단지 커피를 볶는 것이 '로스팅'인데 두려워할 필요는 없다. 물론 로스팅을 위해서는 과학적 사고와 개념이 요구되지만, 과학적 원리를 이해하지는 못했어도 과거의 사람들은 커피 열매의 씨앗을 볶아서 우려 마시면 맛이 좋아진다는 단순한 사실을 우연한 기회로 알게 되고 그런 경험이 시발점이 되어 지금에 이를 수 있었다. 맛있는 한 잔의 커피를 마시기까지는 양질의 생두를 선별하여 생두의 특성에 따른 적절한 로스팅 과정을 거치고 추출 방식에 알맞은 분쇄를 하여 이상적인 추출을 해야 비로소 정말 맛있는 커피를 맛볼 수 있다. 본 교재는 커피 전반에 대해 다루지만, 그 시작점인 로스팅에 대해 좀 더 심도 있게 논하려 한다.

그러면 왜 커피의 씨앗을 볶는가? 우리는 먼저 식물의 생태부터 살펴볼 필요가 있다. 식물은 광합성을 통해 만들어 낸 당 성분을 생장의 에너지원으로 사용하고 남은 당 성분은 씨앗 등에 저장하여 다음 세대 식물로의 번식을 위해 준비한다. 이 과정을 눈여겨보면 식물은 당을 저장하는데 있어서 보다 효율성을 극대화하기 위해 당 성분을 전분의 형태로 저장한다는 것이다. 예를 들어 우리가 창고에 공을 쌓아 놓는다고 가정해 보자. 공 하나하나를 개별적으로 모아 놓는 것보다 박스에 가득 담아 박스 단위로 쌓아 놓는 것이 보다 효율적인 것과 같다. 이렇게 저장한 전분은 적절한 시기가 되면 다시 당으로 잘게 분해하여 생장에 필요한 에너지원으로 사용하게 되는 것이다.

자, 다시 로스팅으로 돌아와서 이제 우리는 앞으로 볶게 되는 커피 열매의 씨앗은 휴면 상태로 전분을 저장하고 있음을 알고 있다. 바로 이 씨앗에 열을 가해 인위적인 분해 과정을 발생시켜 우리가 음미할 수 있는 다양한 향미 성분을 만들어 내는 과정이 로스팅인 것이다. 앞으로 이 과정에서 발생하는 외형의 변화와 화학적 변화를 심도 있게 다루어 보려 한다. 사실 이 우주의 모든 물질은 질서에서 무질서로 방향성을 가지고 있다. 어떠한 물질이라도 많은 세월이 지나면 분해된다. 심지어 다이아몬드 또한 수없이 많은 세월이 흐르면 분해된다. 마찬가지로 씨앗의 내부 성분 또한 사실은 천천히 분해되고 있다고 볼 수 있다. 물론 그 속도는 굉장히 느리게 진행된다. 우리는 로스팅을 통해 씨앗에 인위적으로 열을 가함으로써 분해 과정을 촉진할 것이다. 그렇게 로스팅 한 원두가 시간이 지남에 따라 수분이나 또 다른 요인에 의해 분해된다. 이 또한 자연 분해 과정인 것이다. 아무튼 로스팅은 자연적인 분해 과정과는 다르게 인위적으로 고온의 열을 가하기 때문에 격하게 다양한 반응들이 발생한다. 과하면 타게 되고 부족하면 충분한 반응을 이끌어 낼 수 없다. 이상적인 목표는 고형물은 충분히 열화학 반응을 이끌어 내고 외부 조직의 손상은 최소화하는 것을 지향한다. 앞으로 우리는 이러한 이상적인 로스팅을 목표로 철저히 과학적 원리에 기반을 두어 커피 전반에 걸쳐 살펴보고, 특히 로스팅에 대해서는 특정한 프로파일을 제시하기보다는 여러 가지 변수와 상황에 대처할 수 있는 판단력과 응용력을 기를 수 있도록 다양한 정보를 제공하겠다.

2. 커피의 기능

일상에서 식품의 기능은 1차 기능으로 생명을 유지하고 성장하기 위한 영양 기능, 관능적 특성이 작용하여 맛과 향을 포함하여 색이나 물성 등의 감각 기능에 영향을 주는 2차 기능, 생체 조절 기능을 통해 질병을 예방하고 건강 증진을 목적으로 하는 3차 기능으로 나눌 수 있다. 커피 또한 식품의 일부분으로 기호식품에 해당한다. 그러나 영양 기능이 될 수 있는 과육 부분을 식용하는데 가치를 두지 않고, '1차 기능'으로 발휘되지 못하는 '2차 기능'인 기호식품으로 그 가치를 인정받는다. 식품의 '2차 기능'을 목적으로 생산되는 생두는 커피나무가 생장하는 동안 탄수화물, 단백질, 지질 등의 1차 대사산물과 타닌, 트리고넬린, 카페인 등의 2차 대사산물이 로스팅에 의한 열분해로 특별한 맛과 향을 지닌 기호 음료로 만들어 낸다.

기호적 기능(2차 기능)의 맛과 향은 한 잔의 커피에서 절대적이다. 일반적으로 커피를 구성하는 성분은 수분을 포함하여 맛과 향을 내는 고형물과 세포조직을 이루는 불용성 섬유소로 크게 나뉜다. 여기에 특수한 '2차 대사산물'의 영향은 심미적 가치까지 부여되어 현재의 거대한 커피 산업이 형성되었다. 커피가 '1차 기능'인 영양소로서 가치를 인정받지 못하는 데는 생두의 세포조직을 이루는 불용성 섬유소와 2차 대사산물이 차지하는 비중이 높게 나타나 생두 그 자체로 조리나 분말 형태의 식음이 불가능하기 때문이다. 가열을 통한 열분해는 고형물을 포함한 구성 성분들이 물리적, 화학적 반응을 거쳐 다양한 추출 방식에 의해 새롭게 식품으로서 가치를 인정받게 되었다. 이후 커피 산업은 영양을 목적으로 하지 않고 기호도에 의해 선택되는 기호식품으로 특화되어 발전하고 있는 것이다.

로스팅을 통해 '2차 기능'을 목적으로 하는 다양한 경험과 연구는 많은 부분에서 물리·화학적 변화를 규명하고 이를 응용한 발전이 이루어지고 있다. 그러나 아직까지는 체계적으로 정리되지 못하고 교육되지 못하고 있는 것 또한 현실이다. 아직까지 커피학이 학문으로 인정받고 있지 못하는 원인을 살펴보면, 아마도 커피만을 전문적으로 연구하는 학자가 양성되지 못하고 커피 산업에 있어서는 비전문가인 다른 분야의 학자에 의해 근근이 연구되고 있는 것에 원인이 있고, 문제점으로 나타난다고 생각한다.

커피는 기호식품이며 기호식품의 특성상 연구를 위해서는 현장 경험을 통한 실무 경험이 무엇보다 중요하다. 현장 경험이 없는 다른 분야의 전문가에 의존한 연구는, 실용적인 연구 성과를 도출하기 어렵다. 또한, 연구 성과를 학습하여 커피 산업에 효율적으로 적용한다는 것은 더욱 어불성설이다. 이러한 문제점이 결국 연구의 목표와 성과가 식품의 '2차 기능'이 아닌 식품의 '3차 기능'에서 강조하는 건강식품으로서의 가치에 치중하게 되고, 그로 인해 화학적인 특성에만 집중되어 연구하는 결과를 낳게 된다. 커피 산업이 바르게 나아가기 위해선 서로 다른 가치를 추구하는 것이 아닌, 소비자가 원하는 기호식품으로의 가치를 끌어올릴 때 '3차 기능' 또한 발전할 수 있는 것이다. 이를 가능하기 위해서는 물리학, 화학, 식품학, 공학 등의 학문과 연계하여 연구하고 직접 몸으로 익히고 습득하는 과정의 실무 경험이 뒷받침될 때 비로소 발전할 수 있는 학문이라고 할 수 있다.

3. 커피 산업

커피 산업은 생두를 수확하여 건조하는 일련의 생산 단계에서 소비 단계에 이르기까지 다양하게 행해지는 경제 활동과 이와 관련된 제품을 제조하는 산업까지 포함하여 광범위한 영역을 포괄하고 있다. 각각의 영역은 유기적인 관계로 연결되어 있으며 소비자의 선택이라는 하나의 목표를 지향하기 때문에 각각의 중요도를 논하는 것은 무의미하며 관계의 중요성을 강조할 때 더욱 발전할 수 있는 산업이다.

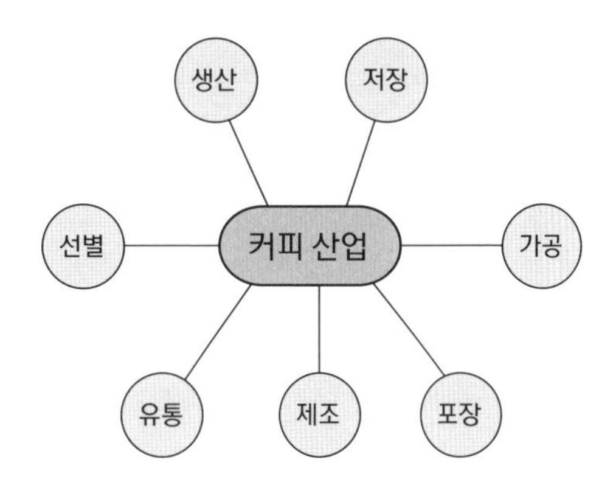

[그림 1-1-1] 커피 산업의 영역

커피의 재료가 되는 생두를 생산하는 일은 1차 커피 산업으로 농사를 통해 생두를 생산하고 가공되어 유통하는 과정을 포함한다. 기호식품으로 음용되기 이전의 급원으로 구조와 함께 조성과 성질, 그리고 취급 등에 따라 나타나는 이화학적 특성이 커피 맛의 근간이 된다고 해도 과언이 아니다. 커피 열매가 익는 동안 광합성 작용에 의해 수분을 포함하여 영양소가 되는 탄수화물, 단백질, 지질, 무기질, 비타민 등과 '2차 대사산물'이 물리·화학적 교환 반응으로 생두 특유의 조직감과 고형물을 형성한다. 생두의 이화학적 특성을 밝히고 다양한 환경 조건하에 생산되는 커피의 특성을 연구하는 것은 보다 우수한 품질의 생두를 생산할 수 있는 밑거름이 된다. 이와 관련한 지식은 생산자의 입장에서뿐만 아니라 생두를 구매하는 입장에서도 매우 중요하게 여기며, 어떤 생두를 선택하고 어떻게 로스팅 하는지, 어떻게 로스팅 한 원두의 저장성을 높이는지, 어떠한 방법으로 추출하여 소비자의 기호를 충족하는지를 예측하고 가늠할 수 있는 기초 지식과 원리를 제공한다.

이처럼 커피는 수확하고 소비하기까지 상호보완 관계 속에 이화학적 가치에서 로스팅 과정을 거쳐 관능적 가치로 새롭게 태어난다. 비록 결과물의 관능적 가치를 수치화하기 어렵더라도 생두의 이화학적 성질을 검사하여 로스팅에 의한 결과물을 가늠할 수 있고 로스팅을 평가받을 수 있는 것이다.

현대 사회에 접어들어 다양한 문화의 일부분으로 커피 문화가 자리하고 점차 심미성에 대한 욕망도 커지고 있다. 커피를 향유하는 방법이 다양해지고 개인의 개성이 중요시되는 현대의 소비자에 의해 '2차 커피 산업'과 '3차 커피 산업'의 경계는 점차 무의미해지고 있다. 생두를 선별하여 자기만의 개성으로 직접 로스팅 하고 추출하여 마시는 취미가 나를 표현하는 문화의 일부분으로 자리하는 모습이다.

아쉬운 것은 기호식품에서 가장 중요하게 여기는 객관적이고 보편적인 맛을 지향하지 못하고 주관적이며 개성적인 맛을 좇다 보니 개인과 소비자의 기대에 맛으로 충족시키지 못하는 형태로 나타난다는 것이다. 심지어 '예술'이란 말로 포장하고 '답이 없다.'라고 변명하며 문제점을 찾고 해결하고자 하는 노력 또한 게을리한다는 것이다. 커피에 관한 학문은 주관적이지 않고 객관적일 때 발전하며, 과학적 원리에 입각하여 시행착오를 점차적으로 줄여나갈 때 발전한다.

과학적 원리를 탐구하여 기초 지식이 쌓일수록 커피학이 학술적으로 인정받고 다양한 영역으로 수요가 증가할 수 있을 것이다. 생두의 구성 성분과 특성을 연구하여 로스팅과 추출에 적용하는 공학적 접근 방식을 확립하는 것, 그것이 바로 필자가 이 서적을 집필하게 된 동기이다.

집에서 로스팅 하기(1) - 팬 로스팅(Pan Roasting)

이 책에서는 과학적인 원리를 파고들어 로스팅에 대한 깊은 이해를 이끌어 내기도 하겠지만 커피를 좋아하는 누구라도 쉽게 로스팅을 접해 볼 수 있는 것을 목표로 한다. 로스팅이 꼭 전문가의 영역일 필요는 없다. 관심이 있는 누구라도 쉽게 도전해 볼 수 있고, 자신이 직접 볶은 커피를 맛보는 즐거움을 누릴 수 있다. 굳이 고가의 상업용 로스팅 장비를 소유해야 할 필요성은 없다.

실제로 에티오피아 현지인들의 로스팅을 본 적이 있는가? 불 위에 펜을 달궈 생두를 올려놓고 나무 주걱으로 저어가며 말 그대로 '볶는다.' 군데군데 검게 타도록 야성미 넘치게 볶아 낸다. 물론 우리가 접하는 원두만큼 정교하게 볶아 내는 것은 아니지만 어쨌든 로스팅을 해낸다. 처음부터 전문가로 태어나는 사람은 없다. 겁내지 말고 그냥 볶아 보자!

[그림 1-2-1] 에티오피아 방식

간단하고 값이 저렴한 핸드 로스팅기(Hand Roaster)를 통해 전문가의 영역처럼 느껴지는 로스팅의 장벽을 허물어 보자. 직접 경험하는 핸드 로스팅은 초보자가 스스로 볶아 보는 즐거움과 함께 볶아지는 원리의 이해와 그 체계를 잡는데 상당한 도움이 될 것이다.

지금도 기성품 핸드 로스팅기 이외에 커피를 사랑하고 열정이 넘치는 많은 로스터가 깡통을 이용해 드럼식 핸드 로스팅기를 제작하기도 하고, 외국에서 사용하는 팝콘 제조기 등을 이용하기도 하며, 심지어 뚝배기에서 생두를 볶아 내기도 한다. 이 책에서는 누구라도 쉽게 도전해 볼 수 있는 팬을 가지고 하는 팬 로스팅(pan roasting), 수망을 이용한 수망 로스팅, 도기를 사용하는 도기 로스팅, 드럼을 이용하는 통돌이 로스팅 등 가장 대중적인 4가지 방식을 소개한다.

1. 팬 로스팅 준비하기

우선 앞서 말한 에티오피아의 예에서와 같이 집에서 매일 사용하는 평범한 팬을 가지고 하는 방법을 소개한다. 에티오피아 방식처럼 무작정 볶아 볼 수도 있으나 과학적 원리를 기반으로 높은 수준의 로스팅을 할 수도 있다. 일단 다음의 내용을 참고하여 '그냥' 볶아 보자.

[재료]

- 생두 120g
- 프라이팬 (또는 냄비도 가능)
- 나무 주걱
- 선풍기, 드라이어 (로스팅 후 냉각용)
- 열원 : 버너 또는 가스레인지
- 장갑 (일반 면장갑도 가능)

말 그대로 그냥 볶아 본다. 재료 또한 심플하다. 생두는 근처 로스터리 숍이나 온라인에서 구매할 수 있다. 1kg에 대략 5,000원~10,000원대 중후반까지 다양한 가격대가 형성되어 있다. 본인의 취향에 따라 골라 보자. 팬은 집에서 쓰는 아무 팬이나 가능하다. 하지만 그 깊이가 깊을수록 원두가 튕겨 나가는 번거로움을 줄일 수 있다. 물론 냄비에 볶아 볼 수도 있고 뚝배기 그릇에 볶아 볼 수도 있다.

2. 팬 로스팅의 절차

[1] 가스불을 점화한다.

[2] 팬 예열

[3] 생두를 투입하고 나무 주걱으로 저어준다.(배출 전까지 계속 저어준다)

방법은 앞으로 소개할 어떠한 로스팅 방식보다도 간단하다. 우선 가스레인지 불을 켜고 배기 후드를 작동시킨다. 팬을 불에 올리고 예열한다. 생두 투입은 그 양에 따라서 예열 온도 120~130°C에서 투입한다. 팬의 열전달 비율은 대부분이 전도에 의존한다. 물론 가열된 팬으로부터 복사열이 방사되기는 하지만 주가 되는 것은 '전도'이다. 전도가 열전달의 주가 될 경우 좋지 않은 점은 나쁜 전도체인 원두의 내부까지 열전달이 제대로 이뤄지기 전에 원두 표면이 쉽게 탄화된다는 것이다. 해결책은 원두가 팬에 접촉하는 시간을 최소화하는 것이다. 물론 드럼식 로스팅기에서는 휘저음 날개가 설치되어 내부의 원두와 드럼의 접촉을 최소화시켜 주지만 팬을 이용할 때는 휘저음 날개와 같은 역할을 주걱으로 대신하여 저어줌으로써 같은 효과를 이끌어 낼 수 있다. 채프가 날리기 시작하고 점차 원두는 노란색, 이어서 갈색으로 변해가는 갈변화를 관찰할 수 있다.

[4] 팝핑(popping)이 발생한다.

[5] 팝핑과 동시에 화력을 50% 줄여 준다.

공급해 주는 열량에 따라 그리고 투입하는 생두량에 따라서 팝핑이 발생하는 시간은 모두 다를 것이다. 처음부터 너무 의식하지 말고 그냥 볶아본다. 팝핑의 연결음이 끝나갈 즈음 잠시의 휴지기를 지나 2차 파열음이 들리는 크랙이 발생한다. 처음 시도해 보거나 경험이 부족할 경우 팝핑에서 크랙으로의 전환이 불분명하게 발생하거나 예상하지 못한 시간, 불분명한 연결음 등으로 난처해 할 수도 있다. 팬 로스팅기의 단점은 수분을 가둬서 원두 표면을 보호하지 못하고 원두 내부에 비해 표면이 먼저 갈변하기 쉽다는 데 있다. 원두 내부에서 발생하는 열화학 반응의 정도를 선명하게 감지하지 못한 상태이기 때문에 팝핑에서 크랙으로 바로 넘어가는 것은 원두 내부 고형물의 열화학 반응이 충분하지 않다는 것을 반증하는 것이다. 이 때문에 진행 시간을 늦춰 주는 방법으로 원두 내부에 충분한 열화학 반응을 유도하는 것이 바람직하다. 방법은 팝핑이 시작되면 기존 화력에서 50%로 낮추어 주자. 온도가 완만하게 증가하도록 필요한 조치이다.

6 팝핑의 연결음이 끝나는 시점에서 다시 화력을 올려 준다.

팝핑이 끝나갈 무렵 다시 화력을 원래 수준으로 높여 준다. 크랙의 발생은 많은 열량을 필요로 하기 때문이다.

7 2차 파열음이 들리는 크랙이 발생한다.

크랙은 세포조직이 균열하는 소리로 1차 파열음과는 구별된다.

8 크랙이 시작하고 최적화 지점 이후 연결음이 잦아들면 배출한다.

크랙이 발생하고 최적화 지점 이후에 특정한 지점에 배출한다. 팝핑에서도 그렇고 경험이 부족한 경우 파열음의 구분이 쉽지가 않다. 최초 '탁, 탁' 하는 소리로 시작해서 그 간격이 짧아져 '타다닥 타다닥' 하는 소리로 바뀌고 '타다다다다다닥' 하는 연결음으로 바뀌게 된다. 많은 경험이 이 지점을 정확히 구분하게 해 줄 것이다.

하지만 '용감하게 부담 갖지 말고 그냥 해보자'는 원래의 의도대로 조금 늦거나 빨라도 상관없다. 어쨌든 생두는 볶아진다!

9 선풍기나 드라이어의 찬바람을 이용하여 냉각시킨다.

배출하자마자 선풍기나 드라이어의 찬바람을 이용하여 냉각시킨다. 빠른 냉각이 이루어지지 않을 경우 원두가 품고 있는 열은 식는 동안에도 반응을 이어나가 의도한 지점 이상으로 로스팅이 진행되고 표면 조직의 약화를 초래한다. 또한, 식는 동안 달아나는 향을 최소화하기 위한 의도도 크게 작용한다.

■ 절차의 요약

1 가스 불을 점화한다.

2 팬 예열

3 생두를 투입하고 나무 주걱으로 저어준다.(배출 전까지 계속 저어준다)

4 팝핑(popping)이 발생한다.

5 팝핑과 동시에 화력을 50% 줄여 준다.

6 팝핑의 연결음이 끝나는 시점에서 다시 화력을 올려 준다.

7 2차 파열음이 들리는 크랙(crack)이 발생한다.

8 크랙이 시작하고 최적화 지점 이후 연결음이 들리면 적절한 지점에 배출한다.(최적화 지점 2-14 참조)

9 선풍기나 드라이어의 찬바람을 이용하여 냉각시킨다.

※ 볶는 동안 색, 소리, 크기, 연기, 시간 등으로 나타나는 원두의 변화를 관찰한다.

드디어 끝이다. 어떤가? 해볼 만하지 않은가? 당신이 직접 볶아본 생애 첫 로스팅이다. 기분 좋게 즐기자!

3. 더 맛있는 팬 로스팅

[그림 1-2-2] 팬 로스팅 장비

앞서 팬 로스팅에 대해서 부담 없이 접근해 보았다. 그런데 우리의 욕심은 끝이 없다. '좀 더 균일한 로스팅을 할 수는 없을까?', '더 맛있게 볶아 볼 수는 없을까?', '자신 있게 보여주거나 선물해도 될까?' 하는 생각이 얼마 안 가 들기 시작한다. 이제는 좀 더 과학적인 원리에 기초해서 훨씬 더 훌륭한 로스팅 결과물을 얻어낼 수 있는 방법을 소개해 보겠다.

사실 외국에서 구매할 수 있는 전문적인 팬 로스팅 장비가 존재하기는 한다. [그림 1-2-2]처럼 뚜껑을 덮은 채로 핸드밀처럼 손잡이를 돌려서 원두를 저어 줄 수 있고, 뚜껑의 작은 마개는 부분적인 개폐 기능이 가능하게 설계되어 댐퍼의 역할을 할 수 있다.

어렵기는 해도 그림과 같은 기구를 구매할 수도 있겠지만 합리적인 가격인지 의심스럽고 집에서 저렴하고 간편한 도구를 이용하려는 본래의 목적과 취지에 부합하지 않는다. 조금만 살펴보면 얼마나 저렴하면서 유용한 기구들이 많은가? 필자는 다음과 같은 방법을 제시해 본다. 우선 준비물부터 챙겨 보자.

[재료]

- **뚜껑** (팬 크기에 맞는 비교적 가벼운 재질의 뚜껑)
- **생두 120g**
- **프라이팬** (비교적 깊이가 있는 팬을 추천한다)
- **선풍기, 드라이어** (로스팅이 끝나고 냉각 과정을 위한 것이다)
- **열원** (버너 또는 가스레인지)
- **장갑** (일반적인 면장갑도 가능하다)
- **적외선 온도계**

이제 본격적으로 그 과정을 알아보자.

1 가스 불을 점화한다.

2 팬을 예열한다.

가스 불을 점화하고 팬을 불에 올려 예열을 진행한다. 예열하는 불의 세기는 대략 전체 화력의 80% 정도로 조절한다. 전도열이 주된 비중을 차지하는 팬 로스팅에서 예열 과정을 거치면 팬에서 상당량의 복사열이 발생하게 된다.

3 생두를 투입하고 뚜껑을 덮어 준다.

증발하는 수분을 가두어 절연막 효과로 원두 표면을 보호할 수 있다.

4 팬을 지속적으로 '웍 스윙(wok swing)'을 해준다.

생두량에 따라 예열 온도 120~130°C 사이에 투입한다. 생두량이 적을수록 낮은 온도에, 많을수록 높은 온도에 투입한다. 투입과 동시에 뚜껑을 덮고 '웍 스윙'을 하면서 로스팅을 진행한다. 지치거나 힘들어도 로스팅을 마칠 때까지 지속해 주자.

5 대략 3~5분(대략 온도 130℃ 전후) 후 뚜껑을 잠시 열었다가 덮는 방법으로 증발하는 수분을 배출시킨다.

이때까지는 원두 내부의 고형물이 수분의 작용으로 호화(자유수에 의한 호화와 호정화 2-2 참조) 과정을 거치기까지의 시간이다. 뚜껑의 개폐는 표면에서 발생하는 수분의 배출로 원두 표면에 발생하는 수분에 의한 냉각 효율을 감소시킨다. 팝핑 이전까지 2~3번 뚜껑을 열어 주어 수분을 배출한다. 뚜껑의 개폐에 의한 냉각 효율의 감소는 실질적인 화력 증가 없이도 원두에 가해지는 열량을 증가시킨다. 증가된 열량은 1차 파열음이 들리는 팝핑으로 이어지게 하는 원동력이다.

6 팝핑이 발생한다.

7 팝핑과 동시에 화력을 50% 줄여 준다.

연결음과 동시에 뚜껑의 개방으로 외부 절연막을 형성하던 수분을 배출한다. 팝핑과 동시에 냉각 효율에 기여하는 수분을 상당량 배출한 시점에서 원두 내부의 열반응을 안정시키기 위한 방법으로 화력을 50% 가까이 줄여 주거나 팬의 높이를 열원으로부터 높여 준다.

8 팝핑의 연결음이 들리는 중간과 끝나는 시점에서 2~3차례 뚜껑을 열었다 닫아서 수분을 배출시키고 연결음이 끝날 무렵에 화력을 높여 준다.

9 크랙 이전에 두세 차례 뚜껑을 열었다 닫아 준다.

팝핑의 연결음이 끝나는 시점에서 다시 뚜껑을 열었다 닫아서 수분을 배출시킨다. 이후 화력을 올려 크랙 이전에 두세 차례 뚜껑을 열었다 닫은 후 안정적으로 '크랙'을 유도한다.

10 2차 파열음이 들리는 크랙이 발생한다.

11 크랙이 시작되고 최적화 지점 이후 연결음을 확인하고 적당한 지점에 원두를 배출한다.

12 선풍기나 드라이어의 찬바람을 이용하여 냉각시킨다.

앞선 팬 로스팅 방법과 달라진 것은 나무 주걱이 없어지고 '뚜껑'이 등장했다는 것이다. 뚜껑의 선택은 가볍고 팬의 크기에 잘 맞는 것을 구매하자. 보통 1만 원대 전후로 인터넷에서 구매 가능하다. 단 유리 뚜껑의 선택은 지양하기를 바란다. 뚜껑을 덮는 이유는 수분을 가두는 효과와 고온으로 가열된 팬으로부터 복사 웨이브(wave)를 반사시켜 전도만으로는 에너지를 전달하기가 쉽지 않은 원두 내부까지 효율적으로 열을 전달하기 위한 목적으로 사용된다. 따라서 복사 웨이브의 반사는 금속일수록, 표면이 매끈할수록, 밝은색일수록 '좋은 반사체'로 유용하다. 유리 또한 어느 정도 장파장의 복사 웨이브를 반사하기는 하지만 표면이 매끈하고 빛을 잘 반사하는 금속 소재만큼 좋은 반사체는 아니다.

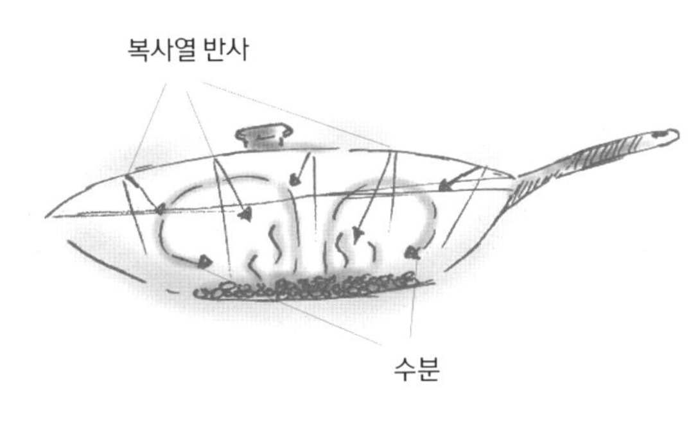

[그림 1-2-3] 뚜껑을 덮은 내부의 수분 가두기와 복사열 반사

앞서 말했듯이 팬 로스팅은 전도열이 주가 된다. 그러다 보니 나무 주걱으로 계속해서 저어 주지 않으면 외부가 쉽게 탄화된다. 그에 반해 상용 로스팅기는 내부에 휘저음 날개가 달린 드럼이 지속적으로 회전을 하고 그 외부가 하우징으로 덮여 있어 댐퍼로 배기의 흐름을 정교하게 조절할 수 있다. 또한, 수분을 가두어 원두 표면에 절연막을 형성하여 급격한 탄화를 막아 표면 조직을 보호

하고 내부로 효과적으로 열을 전달할 수 있는 시스템으로 제작되었다. 그러면 팬을 사용하여 상용 로스팅기의 효과를 얻어내기 위한 방법은 무엇일까?

첫째, 뚜껑을 덮고 로스팅을 한다. 뚜껑 없이 로스팅을 진행할 경우 수분을 가둬 둘 수 없기 때문에 고형물의 호화 반응을 이끌어 내기가 힘들다. 호화가 진행이 되지 않을 경우 팝핑 전까지 충분한 열화학 반응을 이끌어 낼 수 없다. 열전달 이론에서 언급하게 되겠지만 뜨거워진 팬은 복사열 또한 방사를 하게 된다. 뚜껑 없이 로스팅을 할 경우는 이 복사 웨이브를 방사해서 원두 내부 깊숙하게 에너지를 전달하기가 어렵다. 하지만 [그림 1-2-3]과 같이 뚜껑을 덮을 경우 방사되는 복사 웨이브를 반사시켜 원두에 가해지는 열효율을 높일 수 있다.

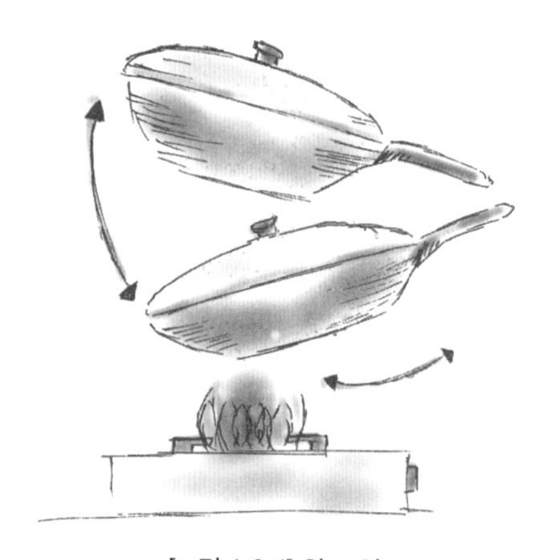

[그림 1-2-4] 웍 스윙

둘째, 뚜껑을 덮은 채로 흔들어 준다. 뚜껑을 덮으면 수분을 가둬 두는 이득과 함께 복사 웨이브를 반사시켜 고른 로스팅을 진행할 수 있는 반면 주걱 등으로 저어 줄 수가 없는 딜레마에 빠지게 된다. 해법은 뚜껑을 덮은 팬을 통째로 흔드는 것이다. 약간의 불편함은 좋은 결과를 위해 감수하자. 뚜껑의 개폐를 간편하게 할 수 있는 잠금 장치가 있다면 좋겠지만, 그럴 수 없다면 뚜껑을 손으로 덮은 채로 흔들어 줘야 한다. 그다음은 [그림 1-2-4]처럼 중국집 요리사가 '웍

(wok)'으로 식재료를 볶는 것과 같은 방식으로 내부 원두를 휘저음 시켜 주는 것이다. 일정한 리듬으로 즐겁게 흔들어 주자.

■ 절차의 요약

[1] 가스 불을 점화한다

[2] 팬을 예열한다.

[3] 생두를 투입하고 뚜껑을 덮어 준다.

[4] 팬을 지속적으로 '웍 스윙(wok swing)'을 해준다.

[5] 대략 3~5분(대략 온도 130℃ 전후) 후 뚜껑을 잠시 열었다가 덮어서 일부 수분을 배출시키고 이후 팝핑이 발생하기 전까지 두세 번 반복하여 배출시킨다.

[6] 팝핑(popping)이 발생한다.

[7] 팝핑과 동시에 화력을 50% 줄여 준다.

[8] 팝핑의 연결음이 들리는 중간과 끝나는 시점에서 2~3차례 뚜껑을 열었다 닫아서 수분을 배출시키고 연결음이 끝나갈 무렵 화력을 높여 준다.

[9] 크랙(crack) 이전에 두세 차례 뚜껑을 열었다 닫아 준다.

[10] 2차 파열음이 들리는 크랙이 발생한다.

[11] 크랙이 시작되고 최적화 지점 이후 연결음을 확인하고 적당한 지점에 원두를 배출한다.(최적화 지점 2-14참조)

[12] 선풍기나 드라이어의 찬바람을 이용하여 냉각시킨다.

집에서 로스팅 하기(2) - 수망 로스팅

팬 로스팅과 더불어 고가의 장비 없이 시도해 볼 수 있는 또 다른 방법이 수망을 활용하는 것이다. 최근에는 온라인에서 로스팅을 위한 다양한 제품이 판매되어 선택의 폭이 넓다. 비교적 저렴한 가격대에 구매하여 손쉽게 가정에서 로스팅을 시도해 볼 수 있다.

1. 준비물

일단 필요한 준비물을 살펴보자.

[준비물]

- 생두 120g
- 수망 로스팅기 (뚜껑이 있는 제품을 추천한다)
- 선풍기, 드라이어 (로스팅이 끝나고 냉각 과정을 위한 것이다)
- 열원 - 버너 또는 가스레인지
- 타이머
- 자 (열원과의 높이 측정)
- 장갑 (일반적인 면장갑도 가능하다)
- 알루미늄 포일 (알루미늄 재질 - 알루미늄은 방수성, 내열성, 반사력이 우수하다)
- 은박 테이프, 고정용 클립

이미 가정에 다들 가지고 있는 준비물을 제외하고 따로 구매해야 하는 핵심적인 준비물은 수망과 생두일 것이다. 수망 로스팅기는 최근 들어 커피 애호가층이 두터워지면서 로스팅 전용으로 제작된 수망을 온라인에서 저렴한 가격에 부담 없이 구매할 수 있다. 종류나 크기에 따라 다양하지만 보통 1만 원 초반에서 대략 4만 원대까지 다양한 가격대가 형성되어 있으니 구태여 고가의 제품을 구매할 필요는 없을 것 같다. 단, 뚜껑이 있고 최대한 가벼운 제품을 권장한다. 생두는 팬 로스팅 편에서 언급한 것처럼 근처 로스터리 숍이나 온라인에서 5,000원~1만 원대 중후반까지 본인의 취향에 따라 자유롭게 선택해 보자. 경험상 비싸거나 특별한 등급의 생두라고 해서 품질이 우수한 생두로 담보되는 것은 아니다.

2. 본격적으로 시작하기 전 준비 작업

가장 기본적인 것은 망에 생두를 넣고 불 위에서 흔드는 것이다. 하지만 아무리 간단한 기구로 로스팅을 한다고 해도 무작정 하는 것보다 원리를 이해하고 과정에 적용한다면 훌륭한 결과물을 얻을 수 있다. 수망을 있는 그대로 로스팅을 진행할 경우 전체가 개방된 형태는 화염에 직접 노출되어 원두 내부보다 외부가 먼저 열분해하기 쉽다. 원두의 세포조직은 섬유소로 이루어진 절연체로 열전도율이 지극히 낮은 구조이다. 그 자체로 복사열과는 다르게 표면으로부터 전달되는 전도열과 대류열이 원두 내부로 쉽게 도달하지 못하고 지속적으로 원두 표면을 가열하여 얼룩과 함께 겉이 타는 현상이 발생하기 쉬우며, 그로 인해 열분해에 의한 고형물의 화학 변화를 충분하게 이끌어 내지 못하여 맛과 향기 물질의 생성이 용이하지 않게 된다. 비록 불에서 나오는 복사열이 파장의 형태로 원두 내부에까지 지속적으로 전달이 되더라도 원두의 내부와 외부로 강하게 전달되는 전도

[그림 1-3-1] 수망 로스팅기

[그림1-3-2] 포일을 감싼 수망 로스팅기

열과 대류열에 의해 열의 균형이 무너지게 되어 표면 조직이 약화되거나 탄화 등의 다양한 문제점들이 발생하는 것이다. 이러한 문제를 해결하기 위하여 한 가지 해법을 제공하고자 한다.

[그림 1-3-2]와 같이 포일(foil)을 수망 뚜껑과 옆면을 감싸고 은박 테이프로 고정한다. 포일을 감쌀 경우 다음과 같은 효과를 얻을 수 있다.

1 증발하는 수분이 쉽게 공중으로 분산되지 않고 수망 내부에 갇히게 되어 전도열과 대류열로부터 원두 표면을 보호하는 보호막 역할을 한다. [그림 1-3-3]

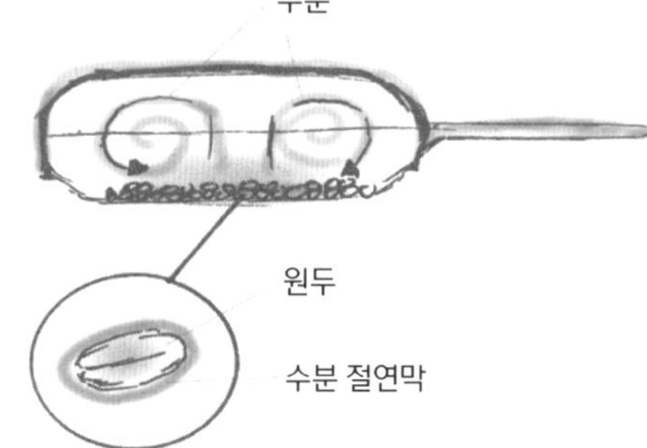

[그림 1-3-3] 수분의 효과

2 포일(foil)이 반사체로 작용하여 불에서 나오는 복사 웨이브를 반사하여 원두로 전달되는 복사열을 극대화시킨다. [그림 1-3-4]

3 휘저음을 위해 흔들어줄 때 수망의 일부분이 열원에서 벗어나더라도 반사체(포일)에 의해 열전도가 안정되며 내열성이 우수하여 고온의 로스팅에 유용하다. [그림 1-3-4]

[그림 1-3-4] 포일에 의한 복사효과

4 열효율이 높아져 좀 더 많은 양의 생두를 볶을 수 있다. [그림 1-3-5] 돔형 구조 같이 포일을 감싸기 전에 수망을 약간 변형시켜야 하는데, 그 이유는 판매되는 대부분의 수망 로스팅기의 뚜껑 부위가 눌려진 행태이기 때문이다. 포일을 감싸서 수분에 의한 냉각 효과와 반사체의 이점을 얻고 원활한 교반을 위해서는 돔 형태의 구조가 좀 더 유리하다. 과감하게 뚜껑 하단을 손으로 눌러서 돔 형태로 만들어 주자.

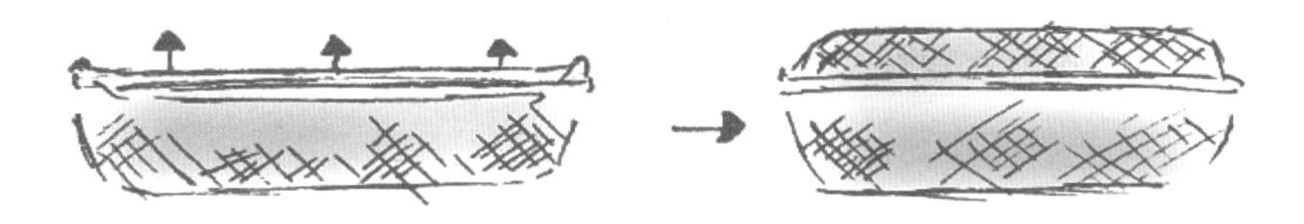

[그림 1-3-5] 돔형 구조

재료 준비와 수망의 준비가 완료되었다면 적당한 로스팅 장소를 찾아보자. 필자는 주방의 가스레인지를 추천한다. 로스팅 중 발생할 수 있는 연기나 가스를 배출할 수 있는 후드가 있기 때문이다. 가스레인지 위에 배기 장치가 없거나 주위의 시선이 차갑다면 휴대용 버너를 준비해서 마당이나 아파트 베란다에서 당당하게 하는 것도 좋을 것이다.

이제 본격적인 절차에 대해 살펴보자.

3. 로스팅 과정

수망 로스팅의 전반적인 과정을 자세히 들여다보며 원리를 파헤쳐 보자.

1 수망에 생두를 넣고 포일을 감싼 뚜껑을 고정시킨다.

2 가스 불을 점화한다.

3 불과 수망의 높이를 20cm 정도의 간격을 주고 수망을 흔들어 준다. [그림 1-3-6] 수망은 오픈된 형태이기 때문에 예열 과정은 의미가 없다. 예열 과정을 생략하기 때문에 총 로스팅 시간을 늘려 준다. 수망에 120g의 생두를 넣고 포일을 감싼 뚜껑을 고정시키고 점화 후 바로 로스팅 과정에 들어간다. 장갑을 끼고 화염으로부터 20cm 높이에서 수망 높이를 유지하고 지속적으로 흔들어 준다. 20cm 높이는 시작 전에 열원으로부터의 높이를 자신의 신체 부위에 적용하는 방법으로 미리 측정하여 적정 기준치를 정하는 것이 유용하다. 20cm 높이에서 수망으로 전해지는 불의 온도는 260

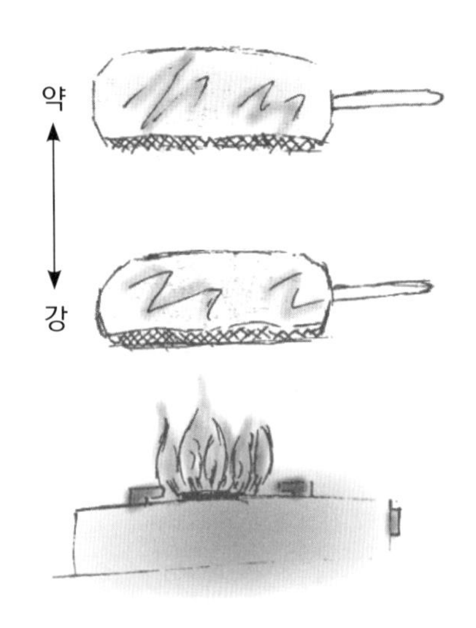

[그림 1-3-6] 열 조절 높이와 화력

°C에 가까운 고온이다. 이때 포일의 위력이 발휘되어 증발되는 수분에 의해 원두 표면이 보호되기 때문에 안정적인 로스팅이 가능하다. 이와 같이 '수분의 보호막 효과'를 얻어내는 방법으로 포일로 뚜껑을 감싸는 행위가 결과물에 있어서 커다란 차이를 불러올 수 있는 것이다. 팬 로스팅에서처럼 수망을 이용하여 로스팅을 할 때에도 로스팅 시간을 늦추거나 앞당기는 것은 불의 가감이나 수망과 열원 사이의 간격, 즉 높낮이로 조절한다. 수망을 이용한 로스팅은 버너의 열이 직접 원두에 전달되기 때문에 원두 표면으로 열이 집중되어 표면에 얼룩이나 타는 현상이 발생하기 쉬우며, 약한 화력의 경우는 원두 전체에 고른 열전달이 힘들다. 그에 반해 포일을 감싼 형태는 강한 화력을 공급하는 상태에서 수망의 높낮이를 이용하여 복사열의 영향을 최대화시키는 것이 용이하다.

4 원두의 갈변을 신호로 수망의 높이를 2~3cm 낮춰 주어 원두의 열분해 반응을 안정적으로 유도한다.

채프가 날리기 시작하고 얼마 후 노란색으로 갈변하는 것을 확인할 수 있다. 수망 윗부분과 옆면을 포일로 감싸 놓았기 때문에 수망을 뒤집어야 육안으로 갈변을 확인할 수 있다. 복사열의 영향을 많이 받는 원두일수록 열분해가 원두 내부로부터 진행된다. 비교적 늦은 시간에 육안으로 확인되며 이후로는 갈변하는 속도가 빠르게 진행된다. 로스팅이 진행될수록 원두는 더욱 많은 칼로리를 필요로 한다. 이 때문에 갈변하기 시작하는 지점에서 수망 높이를 2~3cm 낮춰 주어 원두의 열화학 반응을 안정적으로 유도한다.

5 1차 파열음이 들리는 '팝핑'이 발생하고 연결음과 동시에 높이를 2~3cm 낮춰서 열효율을 증가시킨다.(불과 수망의 높이는 대략 15cm) 원두의 양 끝단

이 파열할 때 분출되는 수증기로 인해 원두에 가해지는 열효율이 감소한다. 그러므로 연결음과 동시에 수망의 높이를 2~3cm 낮춰서 열효율을 증대시킨다. 팝핑 이전 호화 과정에 필요한 열량보다 팝핑 이후 건열 가열에 의한 열분해 과정은 더욱 많은 칼로리를 필요로 한다. 따라서 팝핑 이후 수망의 높이는 15cm로 유지하여 고형물의 호정화 반응 이후로 원두의 원활한 열화학 변화를 유도한다. 수망의 높이를 유지하거나 높여 주게 되면 '크랙'에 도달하는 시간이 늦춰지게 되어 높은 온도에서 고형물의 화학반응을 충분하게 이끌지 못하여 향미 성분이 부족한 결과물이 된다.

6 '크랙'이 발생하고 연결음과 동시에 수망의 높이를 5cm 높여 준다.

크랙은 원두의 표면 조직에 균열이 가는 소리로, 연결음과 동시에 수망의 높이를 5cm 높여 준다. 크랙에 의한 결합수의 증발로 원두의 구조는 약화되고 연소하기 쉬운 상태이며, 수분에 의한 냉각 효과 또한 잔존한 수분의 기화로 작용하기 힘든 상태이다. 이러한 이유로 수망의 높이를 높여 주는 방법으로 열효율을 낮추어 안정된 로스팅을 가능하게 한다.

7 크랙이 시작하고 최적화 지점 이후 연결음을 듣고 적정 지점에서 배출한다.

8 선풍기나 드라이어의 찬바람을 이용하여 냉각시킨다.

배출과 동시에 준비해 놓은 냉각용 채반에 옮겨 담고 선풍기나 드라이어를 이용하여 냉각시킨다. 냉각은 잠열에 의한 영향을 최소화하고 표면 조직의 안정화 및 보전 기간을 연장해 줄 수 있다. 이를 통해 냉각에 의한 표면의 수축 현상이 가속화되어 조밀도와 경도가 상승하고 그로 인해 원두를 보관하는 동안 내부로의 수분 침투를 최소화하여 원두의 보관 수명을 향상시키고 휘발하는 향을 최소화할 수 있게 된다.

■ 절차의 요약

1 수망에 생두를 넣고 포일을 감싼 뚜껑을 고정시킨다.

2 가스 불을 점화한다.

3 불과 수망의 높이를 20cm 정도의 간격을 주고 수망을 흔들어 준다.

4 생두의 갈변을 신호로 수망의 높이를 2~3cm 낮춰 주어 원두의 열분해 반응을 안정적으로 유도한다.

5 1차 파열음이 들리는 '팝핑'이 발생하고 연결음과 동시에 높이를 2~3cm 낮춰서 열효율을 증가시킨다. 불과 수망의 높이는 대략 15cm이다.

6 2차 파열음이 들리는 '크랙'이 발생하고 연결음과 동시에 높이를 5cm 높여 준다.

7 크랙이 시작하고 최적화 지점 이후 연결음을 확인하고 적점 지점에서 배출한다. (최적화 지점 2-14 참조)

8 선풍기나 드라이어의 찬바람을 이용하여 냉각시킨다.

4. 수망 로스팅의 장단점

1) 장점

(1) 팬 로스팅기나 도기 로스팅기에 비해 그 무게가 가벼우며 수망이라는 구조는 육안으로 관찰이 용이하다.

(2) 로스팅을 하는 동안 손에 들고 지속적으로 흔들어 줄 때 가해지는 무게에 대한 부담감이 월등하게 낮다.

(3) 배기 조절이 용이하다. 비록 포일을 사용하여 옆면과 뚜껑을 감싸더라도 하단의 망 사이로 배기와 종피(은피, 채프)의 배출이 잘 이루어진다.

(4) 복사열을 이용한 로스팅이 가능하다.

2) 단점

정도가 덜하기는 하지만 다른 핸드 로스팅기와 마찬가지로 여전히 채프(종피)가 휘날린다.

집에서 로스팅 하기(3) - 도기 로스팅

이번에는 '도기'이다. 어쩌면 장점보다는 단점이 많은 기구다. 그 무게로 인해서 팔의 피로가 심하고 볶는 양의 제한이 있어 많은 양의 원두를 볶아내기 힘들다. 세라믹(도기)이라는 소재는 나쁜 전도체인 동시에 열적 관성이 커서 열이 전달되기까지 상대적으로 길지만 그만큼 식는 속도 또한 오래 걸린다. 즉 복사웨이브를 상대적으로 많이 저장하고 방출시켜 복사열의 비중이 높게 작용한다. 열적 관성이 크다 보니 경험이 부족할 때는 그 제어가 쉽지 않을 것이다. 도기 로스팅기는 온라인상에서 제품에 따라 2만 원 중반~3만 원대 후반 사이에 가격대가 형성되어 있다.

1. 도기 로스팅기의 구조

도기 로스팅기의 구조에 대해서 먼저 살펴보자. 보통 [그림 1-4-1]과 같은 구조로 되어 있다. 투입을 하는 구멍이 있고 손잡이 끝에 또 하나의 구멍이 있는 것도 있다. 도기라는 소재는 복사열의 방출에 이점이 있으나 그 무게가 무겁다 보니 한정된 크기로 많은 양의 생두를 볶아 내기 어렵다. 상품의 스펙 상에는 60g까지도 가능하게 나와 있지만 휘저음에 문제점이 따를 것이다.

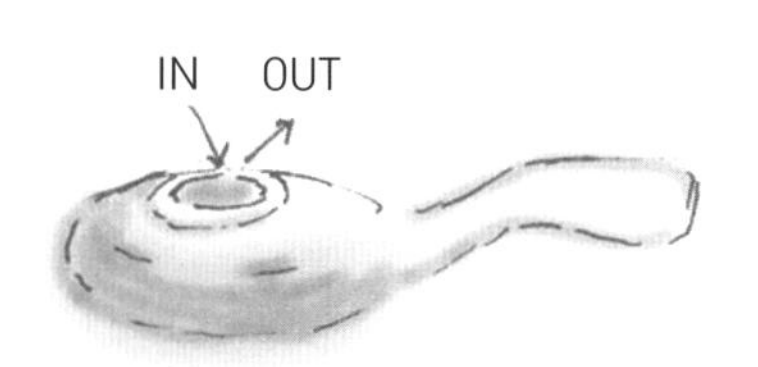

[그림 1-4-1] 도기 로스터 투입과 배출 구조

2. 도기 로스팅의 주의점

팬 로스팅과 수망 로스팅에는 뚜껑이나 포일을 사용하여 수분을 가둬 두는 효과를 실현했지만 도기의 내부 구조는 [그림 1-4-2]와 같아서 투입 구멍이 있으나 굳이 막지 않아도 어느 정도의 수분을 내부에 보존할 수 있다. 단 손잡이 쪽 배출 구멍은 배출 전까지 막아줄 필요가 있다. 포일을 이용하여 막아 주자. 도기의 특성은 복사열의 비중이 높다 보니 원두 내부에까지 효율적으로 열을 전달하여 비교적 고른 로스팅이 가능하다. 하지만 열적 관성이 높아 섬세한 열 조절이 어렵고 배출하는 시점을 특정하기 어려운 문제점이 과도한 로스팅으로 이어질 수 있다.

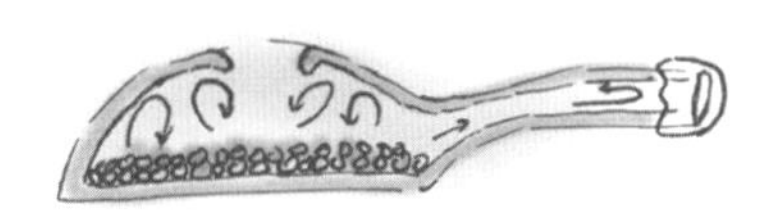

[그림 1-4-2] 내부 구조 - 수분의 보존

3. 도기 로스팅 과정

[준비물]

- 생두 30g (팬이나 수망에 비해 소량 볶아 낸다)
- 도기 로스팅기
- 선풍기, 드라이어
- 금속 채반 (냉각 시 사용한다)
- 열원 - 버너 또는 가스레인지
- 타이머
- 자 (열원과의 높이 측정)
- 장갑 (일반적인 면장갑도 가능하다)

위의 준비물을 가지고 도기 로스팅을 해보자. 과정은 다음과 같다.

1 가스 불을 점화한다.

2 도기를 불에 가열하여 120°C까지 예열을 진행한다.

불을 점화하고 도기를 예열한다. 예열은 도기의 복사열의 비중을 높여 준다. 상용 로스팅기는 더 높은 온도까지 예열을 진행하지만 도기는 생두의 투입량이 많지가 않고 기계가 아닌 사람의 손으로 지속적으로 흔들어 줘야 하는 상황에서 높은 온도는 급속한 탄화의 위험이 있다.

3 생두를 투입하고 불과 도기의 높이를 10cm 정도로 간격을 유지하고 지속적으로 도기를 흔들어 준다.

본격적으로 팔의 근육이 붙게 되는 시점이다. 아래쪽의 '그림들'과 같이 8자 또는 원형 아니면 좌우로 흔들어 준다. 흔들다 보면 휘저음이 잘되는 방식을 터득하게 될 것이다. 리듬에 맞춰 흔들어 주자.

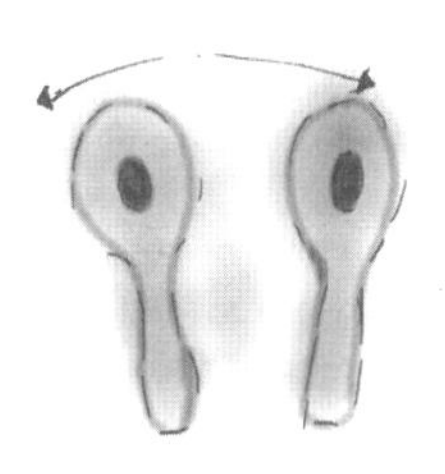

[그림 1-4-3] 스윙 방법

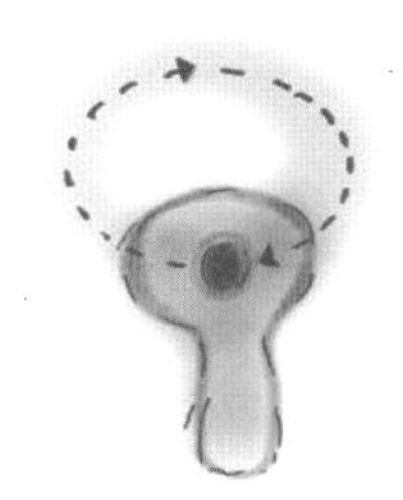

[그림 1-4-4] 스윙 방법

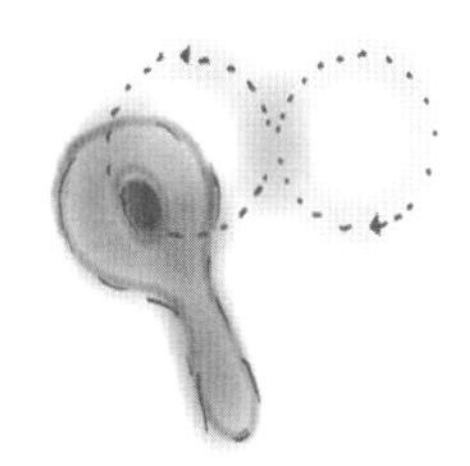

[그림 1-4-5] 스윙 방법

4 원두의 갈변을 신호로 도기의 높이를 2~3cm 낮춰 주어 열분해 반응을 안정적으로 유도한다.

'팝핑'을 유도하기 위해 도기의 높이를 2~3cm 정도 낮춰 주어 결과적으로 공급되는 열량을 높여 준다.

5 1차 파열음이 들리는 '팝핑'이 발생하고 연결음과 동시에 높이를 2~3cm 높여 준다.

팝핑이 발생하면 연결음과 동시에 높이를 2~3cm 높여 준다. 수망과 팬에 비해 많은 양의 복사 웨이브가 방사되기 때문에 높이를 높여 가해지는 열량을 줄여 주지 않으면 팝핑 이후 곧바로 크랙이 발생하기 쉽다. 빠른 진행은 충분한 열화학 반응을 유도하지 못하기 때문에 좋은 결과물을 얻어 낼 수 없다.

6 2차 파열음이 들리는 '크랙'이 발생하고 연결음과 동시에 불을 끈다.

7 크랙이 시작하고 최적화 지점 이후 연결음이 들리면 적정 지점에서 멈추고 금속 채반에 원두를 배출한다.

8 선풍기나 드라이어의 찬바람을 이용하여 냉각시킨다.

뚝배기 그릇에 찌개를 펄펄 끓여서 식탁에 올려놓으면 열원이 없는데도 한참 동안 끓는 모습을 관찰할 수 있다. 마찬가지로 같은 세라믹 소재인 도기 로스팅기 또한 열적 관성이 커서 연결음과 동시에 불을 꺼야 과도한 로스팅을 방지할 수가 있다. 연결음 이후 적정 지점에서 로스팅을 멈추고 금속 채반에 배출하여 냉각시킨다.

■ 절차의 요약

1 가스 불을 점화한다.

2 도기를 불에 가열하여 120℃까지 예열을 진행한다.

3 생두를 투입하고 불과 도기의 높이를 10cm 정도로 간격을 유지하고 도기를 흔들어 준다.

4 원두의 갈변을 신호로 도기의 높이를 2~3cm 낮춰 주어 원두의 열분해 반응을 안정적으로 유도한다.

5 1차 파열음이 들리는 '팝핑'이 발생하고 연결음과 동시에 높이를 2~3cm 높여 준다.

6 2차 파열음이 들리는 '크랙'이 발생하고 연결음과 동시에 불을 끈다.

7 크랙이 시작하고 최적화 지점 이후 연결음이 들리면 적정 지점에서 멈추고 금속 채반에 배출한다. (최적화 지점 2-14 참조)

8 선풍기나 드라이어의 찬바람을 이용하여 냉각시킨다.

UNIT 05 집에서 로스팅 하기(4) - 통돌이 로스팅

우리는 지금까지 집에서 시도해 볼 수 있는 3가지 로스팅 방법에 대하여 알아보았다. 비교적 저렴한 가격에 본인이 직접 볶아 보는 즐거움과 몇 가지 추가적인 조작으로도 훌륭한 결과물을 만들어 낼 수 있다는 장점이 있는 반면 팬, 수망, 도기 모두 원두의 휘저음을 위한 스윙은 여간 번거로운 것이 아니다. 그러다 보니 열정을 가진 많은 로스터가 육수용 멸치 통을 이용하거나 적당한 드럼 등을 구매하여 모터를 장착한 드럼식 로스팅기를 자작하기도 하고, 여의치 않은 경우 인터넷을 검색하여 다양한 가격대의 기성품을 구매하여 사용하기도 한다. 통에 구멍이 있는 것과 구멍이 없는 것, 손으로 돌려줘야 하는 수동식과 모터가 장착되어 자동으로 드럼을 회전시키는 전동식, 외부에 하우징이 있는 것과 없는 것 등 말이 '통돌이' 하나일 뿐 그 구조와 방식이 천차만별이다. 그중 우리가 눈여겨볼 만한 구조적 특징 2가지에 대해서 알아보자.

1. 통돌이 로스팅의 핵심 사항

1) 타공의 유무

우리가 눈여겨보아야 할 구조적 특징 중 한 가지가 드럼의 타공 유무이다. 타공된 드럼은 화염의 영향을 직접적으로 받는다. 타공이 있어서 '좋다, 안 좋다'의 개념이 아니다. 타공이 없을 경우 화염으로 가열된 드럼에 의해서 열전달이 이뤄지게 된다. 드럼에 구멍이 있을 경우 화염으로부터 복사열뿐만 아니라 데워진 공기에 의한 대류가 드럼 안으로 유입되어 직접적으로 로스팅에 관여하게 된다. 그에 따라, 열의 효율은 타공 방식이 우수하나 그만큼 많은 열량은 원두 표면에 집중되어 급속한 탄화를 초래할 가능성이 높아지는 것이다. 타공이 없는 드럼의 구조는 타공식에 비해 간접적으로 열전달이 이뤄진다. 하지만 예열을 통하여 충분한 열을 전달해 줄 수 있으며, 화염으로부터 직접적인 가열이 아닌 간접적으로 에너지를 전달받게 되어 열효율은 감소한다. 그러나 타공식에 비해 표면이 급하게 탄화되는 위험을 줄일 수가 있어 고온의 열에 로스팅이 보다 안정적이다. 그밖에 둘의 장점을 살리기 위해 타공한 드럼에 동판을 덧붙이기도 한다.

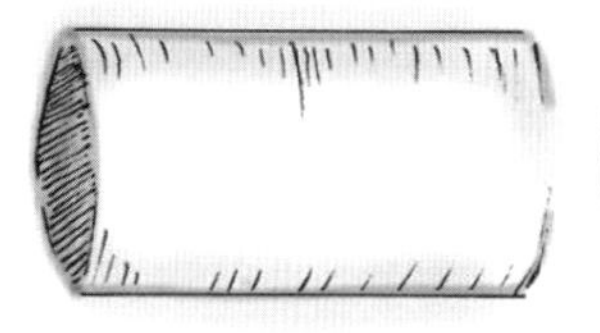
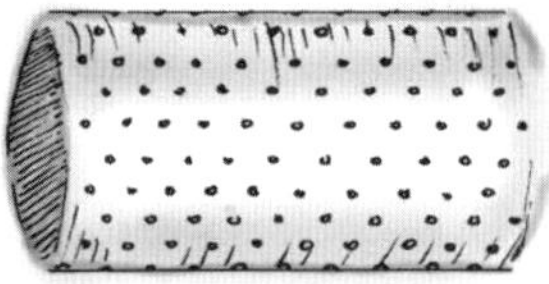

[그림 1-5-1] 타공이 없는 드럼과 타공이 있는 드럼

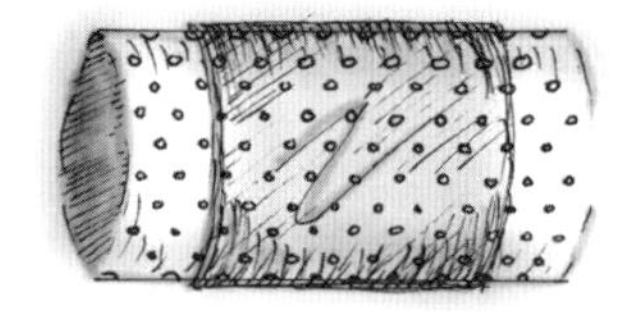

[그림 1-5-2] 타공식에 동판을 붙인 드럼

위 [그림 1-5-2]과 같이 동판을 덧붙였지만 양쪽에는 타공이 존재하여 뜨거운 대류열이 드럼 내부로 유입될 수 있고 중간은 덧붙인 동판에 의해 간접적으로 열전달이 이루어져 열효율을 높이고 표면의 탄화를 방지할 수 있다. 또한, 금속판에 둘러싸인 드럼은 얇은 드럼일 때보다 열적 관성을 높여 주는 효과를 얻을 수 있다. 비록 열적 관성이 높으면 초반 예열까지 좀 더 많은 시간과 열량이 필요하겠지만 충분히 예열된 드럼으로부터 방사되는 복사 웨이브는 원두 내부까지 고른 열전달을 가능하게 한다. 열적 관성이 높은 '동판'을 선택하는 이유이다.

2) 하우징(Housing)의 유무

두 번째로 살펴볼 특징은 하우징의 유무이다. 우리는 이미 팬 로스팅에서 뚜껑을 덮거나 수망 로스팅에서 포일로 뚜껑을 감싸는 이유에 대해서 알아보고 그 효과에 대해서도 살펴보았다. 이후 '이론' 편에서 자세히 기술하겠지만 수분을 가둠으로써 원두 표면에 절연막을 형성하여 전도열로부터 원두의 표면을 보호할 수 있다. 이와 같은 보호막 효과는 로스팅 초반 원두의 표면을 보호하고 원두 내부 고형물의 호화 과정을 유도함으로써 전분을 당으로 효과적으로 분해하는데 유용하며 로스팅 후반 고온의 열로부터 세포조직의 연소를 방지하고 열분해로부터 안정된 로스팅을 가능하게 한다.

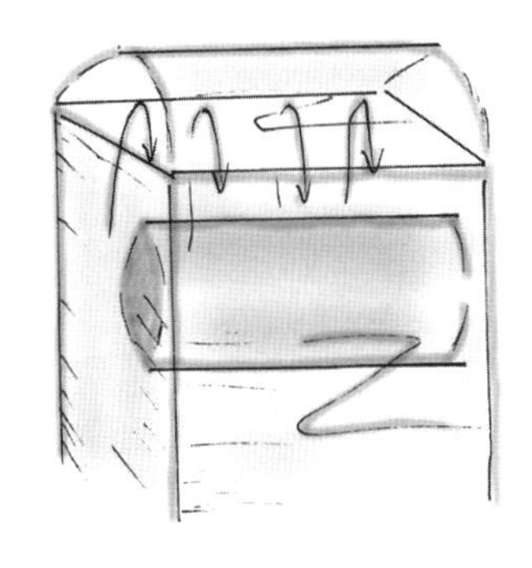

[그림 1-5-3] 하우징

더 좋은 로스팅 결과물을 얻어내기 위한 팁 하나를 제시하겠다. [그림 1-5-4]와 같이 통돌이의 경우 대부분 통의 한쪽 일부분이 생두를 투입하는 입구이자 수증기나 연기가 빠져나가는 출구가 된다. 다음 그림과 같이 입구를 포일이나 고온의 열에 안정한 재질의 도구를 사용하여 부분적 개폐를 가능하게 하면 그나마 댐퍼와 같은 효과를 얻을 수 있다.

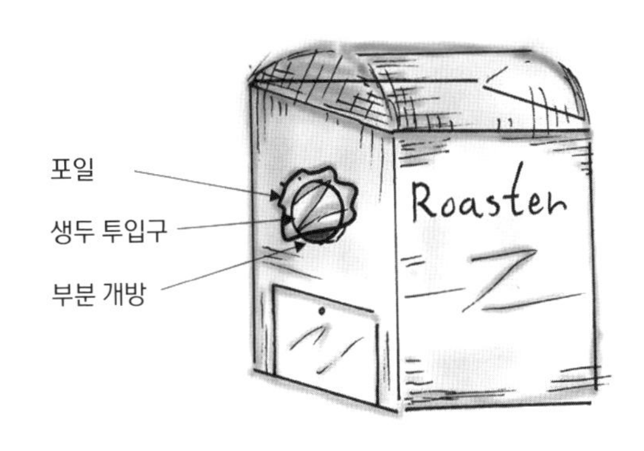

[그림 1-5-4] 댐퍼 효과

2. 통돌이 로스팅 과정

[준비물]
- 통돌이 로스팅기
- 생두 120g
- 냉각용 금속 채반
- 선풍기 또는 커피 쿨러

핸드 로스팅에서 통돌이 로스팅으로 넘어오면 자잘한 재료가 줄어들게 된다. 비록 다양한 형태의 로스팅기가 존재하지만 이 책에서는 외부 하우징이 있는 제품으로 한정하고자 한다. 앞에서 언급한 바와 같이 가격은 10만 원대 후반~수십만 원대까지 다양한 사양이 있다. 핸드 로스팅에서와 같이 냉각은 금속 채반을 사용할 수도 있지만, 좀 더 편하고 효율적인 냉각을 하고자 한다면 냉각용 쿨러(cooler)를 구매하면 된다. 비교적 저렴한 제품은 5만 원 정도면 구매 가능하고 10만 원 중후반대 가격의 쿨러(cooler)도 있다. 통돌이 로스팅의 전반적인 과정을 자세히 살펴보자.

1 가스 불 점화

2 예열

3 예열 온도가 180°C가 되면 생두를 투입한다.
가스 불을 점화하고 드럼을 회전시키며 예열한다. 예열 온도가 180°C가 되면 생두를 투입한다.

4 투입구를 90% 정도 막고 화력은 30%로 줄이며 드럼을 회전시킨다.
호화 과정을 유도하기 위해 화력은 30%만 공급하고 투입구는 90% 정도 막는다.

5 130°C를 전후로 화력을 50%로 올리고 투입구는 80% 막는다.

6 155°C를 전후로 화력을 80%로 올리고 투입구는 70% 막는다.

7 180°C에서 최대 화력, 투입구를 60% 정도만 막는다.

완만하게 화력을 증가시켜 원두 내부에서 충분한 열화학 반응이 일어나도록 유도한다.

8 190~200°C 구간에서 1차 파열음이 들리는 팝핑이 발생한다. - 연결음과 동시에 투입구를 완전 개방한다.

9 팝핑의 연결음과 동시에 화력을 50% 줄여 준다.
팝핑의 연결음과 동시에 투입구를 완전 개방하고 그와 동시에 화력을 50%로 낮춘다. 팝핑으로 인해 발생한 많은 수분이 투입구를 개방함으로써 상당량 배출되었기 때문에 화력을 같은 수준으로 유지하면 급하게 크랙으로의 전환이 빨라진다. 여유 있게 고형물의 충분한 열화학 반응을 이끌어 내기 위해 화력을 50%로 줄여 주는 것이다.

10 팝핑의 연결음이 끝나는 시점에서 다시 투입구를 70% 막아 준다.

11 2차 파열음이 들리는 크랙이 발생한다.

12 크랙이 시작하고 최적화 지점 이후 연결음이 들리면 5초 후에 투입구를 완전 개방하고 화력은 30%로 줄여 준다. 크랙이 시작하고 최적화 지점 이후에 연결음이 들리면 5초 후에 투입구를 완전 개방한다. 오일 성분의 발연점에 근접함에 따라 발연점에 도달하는 시간을 늦추기 위해 화력을 30%만 공급한 상태로 부정적인 휘발성 물질을 안정적으로 배출하기 위함이다.

13 최적화 지점 이후 연결음을 확인하고 적절한 지점에 원두를 배출한다. 크랙의 연결음 초반에 배출하는 원두는 최적화 지점 이후에 곧바로 댐퍼를 개방한다.

14 선풍기나 냉각용 쿨러의 찬바람을 이용하여 냉각시킨다.

■ 절차의 요약

[1] 가스 불을 점화한다.

[2] 예열

[3] 예열 온도가 180℃에 이르면 생두를 투입한다.

[4] 투입구를 90% 정도 막고 화력은 30%로 줄이며 드럼을 회전시킨다.

[5] 130℃를 전후로 화력을 50%로 올리고 투입구는 80% 정도 막는다.

[6] 155℃를 전후로 화력을 80%로 올리고 투입구는 70% 정도 막는다.

[7] 180℃를 전후로 최대 화력, 투입구를 60% 정도만 막는다.

[8] 190~200℃ 구간에서 1차 파열음이 들리는 팝핑이 발생한다. - 연결음과 함께 투입구를 완전 개방한다.

[9] 팝핑 연결음과 동시에 화력을 50% 줄여 준다.

[10] 팝핑의 연결음이 끝나는 시점에서 다시 투입구를 70% 막아 준다.

[11] 2차 파열음이 들리는 크랙이 발생한다.

[12] 크랙이 시작하고 최적화 지점 이후 연결음이 들리면 5초 후에 투입구를 완전 개방하고 화력은 30%로 낮춘다.

[13] 최적화 지점 이후 연결음을 확인하고 적절한 지점에 원두를 배출한다. (최적화 지점 2-14 참고)

[14] 선풍기나 드라이어 또는 냉각용 쿨러의 찬바람을 이용하여 냉각시킨다.

Part 2

로스팅의 원리 제대로 파헤치기

로스팅 기술이 발전하기 위해서는 주관적이지 않고 객관적일 때 신뢰하고 발전할 수 있다. 적당히 그럴 듯한 말로 신뢰도를 끌어올리기는 만무하다. 과학적 사실과 원리에 기반하는 공학적 사고로 풀어낸 지식일 때 논리적 사고를 통해 문제를 해결할 수 있다.

이번 part는 생두의 구성 성분과 특성을 기반으로 하여 로스팅 과정에 전도, 대류, 복사에너지가 어떻게 원두에 작용하고, 그로 인해 나타나는 다양한 반응과 문제점들을 필자의 경험을 토대로 공학적 관점에서 사고하여 해결책을 도출하는 과정을 담았다.

공학적 사고는 신뢰할 수 있는 과학적 사실을 기반으로 한다. 이를 근거로 로스팅을 하면서 나타나는 문제점을 인지하고 스스로 해결할 수 있는 능력을 고취시켜 좀 더 진일보한 로스팅을 구현하는 것을 목표로 한다. 로스팅 기술의 향상을 꾀하기 위해서는 공학적 접근 방식이 해답인 것이다.

COFFEE DESIGN

UNIT 01 표면의 증발과 내부의 끓음

1. 물질의 상

우리 주위의 모든 물질은 고체, 액체, 기체에 플라즈마가 더해져 4가지 상으로 존재한다. 쉬운 사례로 물을 살펴보면, 물에 주어진 온도와 압력에 따라 얼음, 물, 기체(수증기), 플라즈마(번개, 오로라)의 형태인 네 가지 상으로 존재한다는 걸 알 수 있다. 얼음은 물의 고체상이지만, 얼음에 에너지를 더하면 분자 운동이 활발해져 액체가 되고, 여기에 더 많은 에너지를 가하게 되면 기체인 수증기로 바뀌며, 보다 많은 에너지를 가해 주면 플라즈마 상에 이른다. 여기서 말하는 에너지란 물질에 열이 가해져 온도 상승의 이유인 분자들의 충돌로 한 곳에서 다른 곳으로 전달되는 열을 뜻한다. 즉 열이 들어오거나 나가면 전달된 열과 같은 양의 에너지를 얻거나 잃게 되는 형태로 에너지의 변화가 온도의 변화로 나타나는 것을 뜻한다. 로스팅 과정을 통해 생두에 전달되는 에너지는 전도, 대류, 복사의 형태로 전달되며 증발을 통해 상당량의 에너지를 잃게 됨으로 이를 감안한 그 이상의 에너지(열)를 지속적으로 전달하여 온도 상승을 이끌어 준다. 로스팅기의 화력이 중요시되는 이유이다.

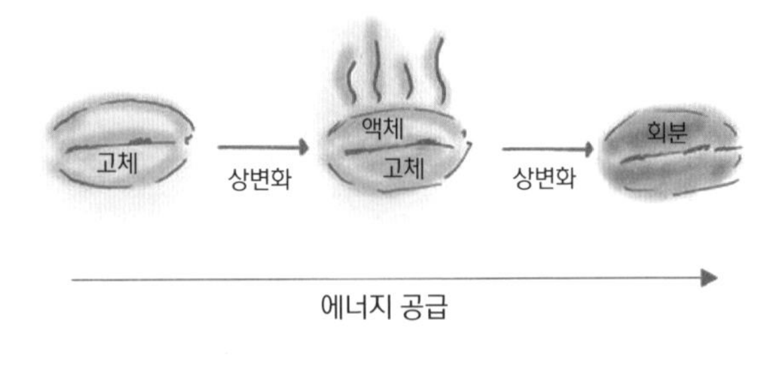

[그림 2-1-1] 원두의 상변화

2. 증발(냉각 과정)

액체상에서 기체상으로의 상변화는 로스팅 중에 생두 표면에서 일어나는 수분의 감소를 뜻한다. 물질은 끊임없이 운동하고 온도가 증가할수록 분자들의 운동이 더욱 활발해진다. 물 분자들은 제각각의 속력과 방향으로 무질서하게 움직이면서 충돌한다. 온도가 증가할수록 더욱 활발해져 충돌에 의해 어떤 분자는 운동 에너지를 얻고, 다른 분자는 운동 에너지를 잃게 되어 분자의 속력과 방향이 변한다. 이때 액체 표면에 위치한 분자가 안쪽 분자와 충돌하여 충분한 운동 에너지를 얻으면 액체상의 결합을 끊고 표면 위로 달아나 기체 분자가 된다. 즉 증발은 끓는점 이하에서 나타나는 현상이고 끓는점에서는 끓음의 형태로 나타난다. 원두와 같이 밀폐된 공간에서는 높아지는 압력으로 인해 끓음이 억제되고 내부 온도는 임계점에 이를 때까지 상승한다.

■ 참고

1. 압력과 온도는 비례 관계이다.
2. 느리게 움직이는 물 분자는 충돌 후 합쳐진다.

3. 증발은 냉각 과정이다.

에너지를 얻은 분자는 액체에서 탈출하고 에너지를 잃은 분자는 액체에 남으므로 남은 액체 분자들의 평균 운동 에너지는 감소한다. 일상에서 증발로 인한 냉각 작용의 예로 샤워를 하고 난 후의 경험에 비춰 보면 좀 더 쉽게 이해할 수 있다. 몸의 체온으로 물기가 증발하여 체감온도가 내려가는 것을 피부로 쉽게

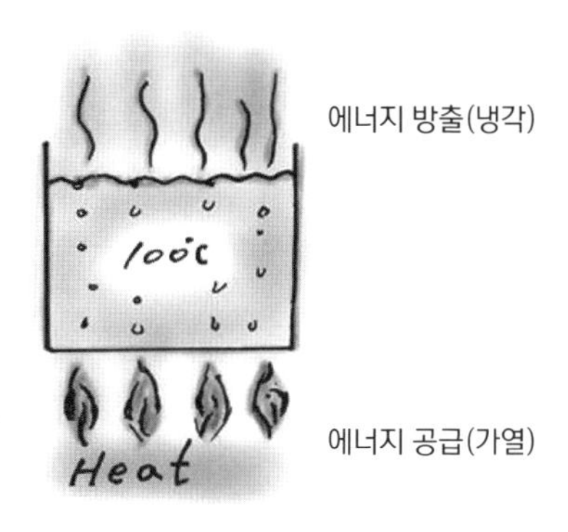

[그림 2-1-2] 가열에 의한 끓음

느낄 수 있다. 증발은 영하의 온도에서도 일어나며, 운동을 하면 땀이 나는 이유도 인체의 온도를 조절하기 위함이다. 증발의 반대 과정으로 기체상에서 액체상으로의 상변화가 응축이다. 액체 표면의 기체 분자가 액체 쪽으로 끌려오면 표면의 액체 분자와 충돌하여 액체의 일부분이 되어, 가지고 있던 운동 에너지가 액체에 더해져 액체의 온도는 올라가게 되는 가열 과정이다. 팝핑 이전 원두 내부에서 일어나는 반응으로 완전한 밀폐 구조가 아닌 원두는 증발에 의해 일부 수증기가 원두 외부로 빠져나가고, 남은 수증기는 액체와 결합하여 끓음이 억제되고 온도는 증가한다.

4. 끓음

물이 담긴 냄비를 가열하면 아래로부터 방울이 솟아오르는 끓음이 발생한다. 끓음의 과정은 열에너지가 냄비 바닥을 통해 물에 전도되어 포화 온도에 도달한 물이 기포 형태로 바닥에서 표면으로 떠올라 액체 표면으로부터 탈출하게 되는 일련의 과정이다. 이와 같이 액체의 표면뿐만 아니라 액체 내부에서 상변화가 일어나는 현상도 끓음이라고 하며 액체 내부와 외부에서 격렬하게 증발하는 현상이다. 증기 압력으로 인한 끓음으로 기포가 액체 내에서 발생하기 위해서는 기포 내의 수증기압이 주변의 수압과 대기압을 견딜 수 있을 정도로 커야 한다. 끓는점이란 대기압과 수증기압이 같아지는 온도에 도달하는 것으로 지속적으로 열에너지를 공급하여 기포 내의 수증기압을 높여줄 때 가능하다. 끓는점 아래에서는 방울의 압력이 충분하게 크지 않기 때문에 방울이 형성되지 않는다. 물인 경우에는 대기압에서 끓는점인 100°C에 도달했을 때 비로소 기체 분자들이 주변의 수압(대기압)을 견딜 정도로 충분한 에너지를 갖게 되어 끓음이 일어나며, 끓음이 일어난 후에는 지속적으로 가열하여도 증발에 의한 냉각 효과로 물의 온도는 상승하지 않고 100°C가 유지된다.

■ 참고 : 빠르게 움직이는 물 분자는 충돌 후 되 튄다.

끓음도 증발과 마찬가지로 냉각 과정이다. 물을 가열하여 끓이게 되는데 끓음이 냉각 과정이라니 이 당연한 물리 법칙이 매우 이상하게 들릴 것이다. 하지만 물을 가열하는 것과 물이 끓는 것은 아무 관련성이 없이 서로 다른 역할을 수행한다는 것이다. 대기압에서 끓는 물의 온도가 100°C로 유지되려면 가열되는 만큼 냉각되어야 한다. 그것을 가능하게 해주는 것이 끓임이다. 끓임으로 냉각되지 않으면 물의 온도는 계속해서 상승할 것이다.

5. 원두의 증발과 끓음

로스팅 초반 발생하는 수증기는 원두 표면에서 발생하는 증발 현상으로, 증발은 끓는점 이하에서 발생하기 때문에 생두를 투입한 후 곧이어 발생한다. (원두 내부의 수분은 정상 공기압보다 압력이 높아지더라도 수증기가 새지 못하는 밀폐 구조이다.) 가열하는 동안 외부로 빠져나가지 못한 수증기가 밀폐된 원두 내부에 쌓이게 되어 압력으로 작용한다. 온도와 압력은 비례 관계로 움직인다. 즉 온도가 증가할수록 압력이 상승하여 끓는점을 높여 준다. 일반적인 물질의 특성은 압력이 높아지면 기체 → 액체 → 고체로 상태 변화를 하게 된다. 하지만 물은 예외로 증발한 기체가 액체 상태로 변화한 후 더는 변화가 생기지 않는다. 이는 곧 끓음이 온도의 영향뿐만 아니라 압력에 따라서도 변한다는 것을 설명한 것으로 원두 내부 온도가 대기압에서의 끓는점인 100°C에 도달해도 끓음이 발생하지 않고 지속적으로 상승하게 되는 이유이다. 그러나 압력과 끓는점은 원두 내부에서 무한대로 상승할 수 없고 원두 표면 조직의 임계점에 다다르면 원두 조직의 가장 약한 부분이 갈라지면서 순간적으로 수분이 기화되어 빠져나가는 팝핑 현상이 발생한다. 밀폐된 구조의 압력솥을 가열하면 외부로의 에너지 유출이 없어서 냉각 작용이 발생한다. 즉 끓음이 방지되기 때문에 압력솥 내부의 온도가 높아지는 것이다. 열풍 로스팅기의 원리와 유사하다.

UNIT 02 자유수에 의한 호화와 호정화

성숙한 생두 내부는 흡습 또는 방습되는 형태로 저장 기간에 영향을 미치는 자유수와, 전분 형태로 탄수화물이나 단백질 분자와 견고하게 수소 결합된 결합수가 존재한다. 호화 과정은 분자량이 큰 원두의 고형물이 변화를 일으켜 다양한 맛과 향으로 열분해 될 수 있도록 비가역적으로 입자의 배열을 파괴해 주는 과정이다. 비록 맛과 향이 만들어지는 단계는 아니지만 다르게 표현하면 다양한 맛과 향이 되는 재료를 준비하는 과정으로 인식하고 로스팅을 진행하는 단계라고 말하는 것이 맞는 표현일 것이다.

1. 호화(Gelatinization)

생두를 투입한 후 팝핑 이전까지 열분해에 의한 고형물의 변화로 공동 내부에 분포한 자유수의 열운동에 의해 탄수화물이나 단백질 등에 발생하는 물리적인 변화를 말한다. 생두 내부에 가해지는 열에너지에 의해 기화된 수분은 밀폐된 원두 내부의 압력을 상승시킨다. 지속적으로 가해지는 열에너지에 의해 활발해진 물 분자의 힘이 고형물 입자 내부의 수소 결합을 끊어내면서 입자 내부로 물 분자가 침투하게 된다. 그로 인해 탄수화물과 단백질 분자의 결정성 구조를 붕괴시켜 기화된 물 분자가 전분 사이로 보다 자유롭게 이동하게 되어 입자가 부풀어 오르게 되는 물리적 현상인 팽윤에 의한 팽창 현상이 발생하게 된다.

고형물의 팽창은 90°C를 전후로 정점을 지나 고형물 입자들은 붕괴되어 공동 내부에 분산된 형태로 콜로이드(colloid)를 형성하게 되는 일련의 과정을 호화라 한다. 특기할 만한 사항은 전분 형태의 고형물이 콜로이드 상태로 변화한 이후로는 분산된 형태가 이전보다 높은 농도라서 온도 상승률이 완만하게 증가한다는 것이다. 높은 농도의 콜로이드 상태는 순수 물의 임계 온도인 100°C보다 높은 온도에서 형성되어 압력으로 작용한다. 이러한 특성을 고려하여 원활한 온도 상승률을 유지하기 위해서는 단계적으로 많은 에너지를 필요로 하게 된다. 어쩌면 로스팅을 하는 동안에 완만한 온도의 상승률을 위해 단계적으로 화력을 증가시키는 근본적인 이유가 될 수 있다.

2. 호화에 영향을 주는 요인

로스팅을 하는 동안 나타나는 호화의 특성은 생두의 품질과 가열 온도, 수분 함량, pH, 염류, 시간 등에 영향을 받는다. 고형물 함량이 많을수록 느린 속도로 진행되고 고온에서 일어나며, 반대로 부족할수록 낮은 온도에서 빠르게 반응한다. 또한, 수분과도 관계가 깊어 수분이 많을수록 낮은 온도에서 빠르게 일어난다. 그밖에 가용 성분의 산도가 높고 무기물에 함유된 염류가 많을수록 호화를 촉진한다.

3. 호정화(Dextrinization)

팝핑에 의해 끓는점 이상의 고온에 노출된 수분은 순식간에 기화되어 빠져나가고 상대적으로 분자 크기가 큰 콜로이드 상태의 고형물은 자유수의 이탈에 의해 반고체 상태의 젤과 같은 형태로 공동 내부에 잔존한다.

호정화란 전분 형태의 탄수화물에 물을 가하지 않고 160°C 이상의 고온에 건열 가열되어 여러 종류의 덱스트린으로 분해되는 현상으로 '팝핑' 이후에 발생하는 전분의 비화학적 분해 반응이다. 덱스트린은 전분 형태의 탄수화물이 분자량이 매우 작고 단맛이 나는 소당으로 분해되기 이전의 모든 가수분해 중간 산물을 총칭한다. 따라서 전분의 당화나 캐러멜화가 발생하지 않은 상태를 뜻한다. 호정화 이후로 발생하는 화학 반응인 축합 반응을 거쳐 다양한 맛과 휘발성 향이 발현되고 세포조직 또한 변화를 겪는다.

4. 호정화에 의한 갈변 반응

가용 성분의 비효소적 갈변 반응으로 고온에 산화되고, 아미노산과 반응하여 고소한 향이 나면서 갈색을 띠게 된다. 이때 발생하는 갈변 반응은 pH의 영향을 받는데 산성도에 따라 낮을수록 잘 일어나며 높을수록 반응이 억제된다.

탈수(Dehydration)

로스팅 과정에서 생두의 수분은 대부분 증발하거나 기화된다. 원두의 종류와 로스팅 방법에 따라 약 8~13%의 수분이 로스팅 과정을 거치는 동안 대략 0.5~3.5% 정도로 줄어든다. 로스팅을 하는 동안 수분의 역할과 그 작용을 이해하는 것은 매우 중요하다. 수분은 냉각 과정에 관여하여 초기 열전달에도 큰 역할을 하며, 내부에서 발생하는 가스와 함께 압력을 형성해서 팝핑을 발생시키기도 한다.

원두의 온도가 100°C에 도달하기 전까지는 증발(evaporation)이 발생하고 수분이 끓는 100°C에 도달하면 기화(evaporation)가 시작된다. 하지만 높은 압력이 형성되어 끓는점이 높아지는 원두 내부는 다른 상황이 펼쳐진다. 예열이 끝나고 생두를 투입하게 되면 생두 표면으로부터 증발이 일어나게 된다. [증발이란? 액체 표면에서 일어나는 액체상에서 기체상으로의 상변화를 말하는데, 액체 표면에 위치한 분자가 아래쪽 분자와 충돌하여 충분한 운동 에너지를 얻으면 액체 사이의 결합을 깨고 표면 위의 공간으로 달아나서 기체 분자가 된다 - (출처 : 〈Conceptual Physics〉- Paul G. Hewitt)] 고온에서는 액체로부터 탈출할 만큼 큰 운동 에너지를 가진 분자들의 수가 많아지므로 증발률이 증가한다. 충분한 예열 과정으로 높아진 드럼의 온도는 높은 증발 비율을 가지기 때문에 많은 양의 수분이 증발하게 된다.

원두 표면에서 증발이 발생하면 원두 핵으로부터 외부로 수분이 자발적으로 이동하게 되는데, 이는 수분은 밀도가 높은 곳에서 낮은 곳으로 이동하는 원리이다.

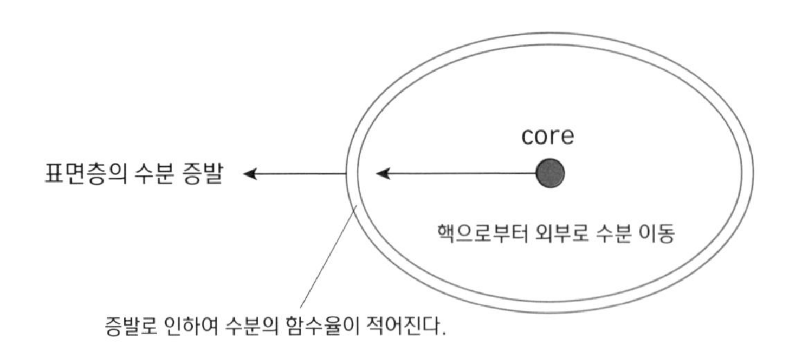

[그림 2-3-1] 수분의 이동

실제 목재의 건조에 있어서도 고함수율 부위에서 저함수율 부위로 수분이 이동하게 된다. [그림 2-3-1]

원두에 지속적으로 에너지가 전달되면 내부의 물리적 화학적 반응에 의해 수분이 발생한다. 이때 증발하는 수분에 의한 압력과 가스의 압력이 더해져 원두를 부풀게 한다. 열은 원두 외부에서 중심부를 향해 전달되며 수분의 이동처럼 원두 내부의 가스(이산화탄소)를 포함한 각종 휘발성 물질 등은 내부에서 바깥을 향해 이동하게 된다. 밀폐되어 있는 계에 온도가 상승하면 압력이 높아지게 된다. 생두는 내부와 외부가 완전히 막혀 있는 '완전 밀폐계'가 아니다. 미세한 공동이 발달되어 다공질 구조를 이루고 지속적으로 가스를 내보내지만 그 반투과막의 투과성이 내부 압력을 형성시키지 못할 정도는 아니다.

■ 발아구

1. 종자(씨앗) 부분 흡수 통로로 반투과성 구조이다.
2. 로스팅을 하는 동안 원두 내부 수분이 가장 활발하게 빠져나간다.

가열에 의한 증기의 형성은 원두 내부의 압력을 상승시키고 원두의 체적을 증가시킨다. 각각의 원두가 압력을 형성하는 과정은 마치 압력솥과도 같은데 압력솥의 뚜껑은 정상 공기압보다 압력이 높아지기 전에는 수증기가 나가지 못하도록 막혀 있다.

외부로 빠져나가지 못한 수증기는 밀폐된 압력솥 안에 쌓이며 표면에 압력을 증가시켜 수증기 방울이 액체로부터 탈출하는 것을 막아 끓임을 방지한다. 끓임이 발생하지 않으면 냉각 효과가 없어지기 때문에 압력솥 내부의 온도가 높아질 수 있다.[그림 2-3-2]

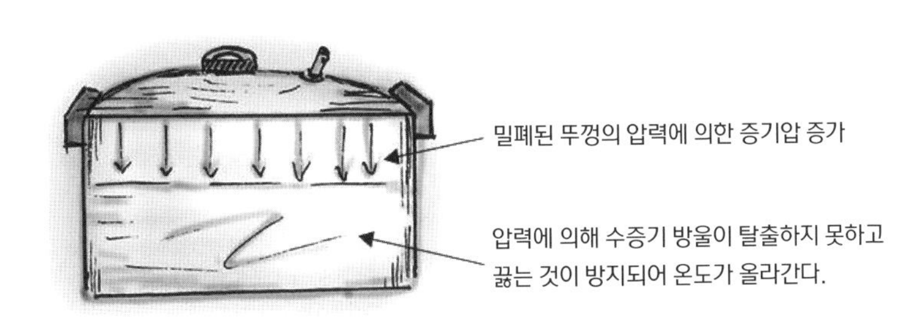

[그림 2-3-2] 압력솥에서의 끓임 억제

이와 마찬가지로 원두 내부에 수증기가 발생하면 액체로 존재할 때보다 더 많은 공간을 차지하게 되며 이로 인한 압력의 상승으로 끓는점이 높아지게 된다. 이후 팽창하려는 내부의 압력이 구조의 저항력을 넘어서 원두의 가장 약한 부분으로부터 파열음과 함께 다량의 수증기가 빠져나가게 된다. [그림 2-3-3]

이러한 팝핑(popping)의 결과로 내부 압력은 크게 떨어지고 수분의 기화는 가속화된다. 이 팝핑 이전의 탈수 과정에서 나오는 수분은 자유수다.

1차 파열음이 들리는 팝핑 이후부터 두 번째 파열음을 들려주는 크랙(crack) 이전까지의 수분은 아직 잔존하는 자유수와 결합수이다. 이 구간에서 발생하는 결합수는 고온에 의한 고형물의 산화 및 분해 산물들이 열분해에 의해 탈수 반응이 발생하여 방출되는 것이다. 크랙 이후 자유수는 대부분 제거된 상태이며 방출되는 수분은 대부분 분해, 축합, 산화 반응 등에 의한 결합수이다. 가스

내부에 쌓이는 압력이 일부 구조를 붕괴시키면 팝핑이 발생한다.

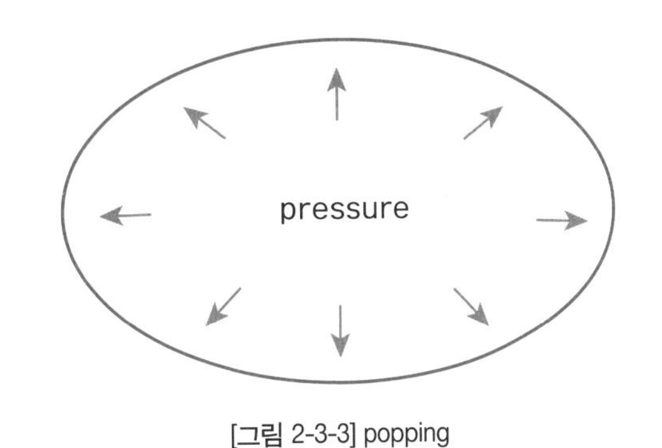

[그림 2-3-3] popping

(CO_2)에 의해 내부 압력은 지속적으로 상승하고 수분의 감소 비율은 점차 줄어든다. 이 지점은 원두의 발열 반응의 비율이 높아지는 단계로 볼 수 있는데, 이 과정에서 산화(oxidation) 작용에 의해 소량의 수분이 생성된다.

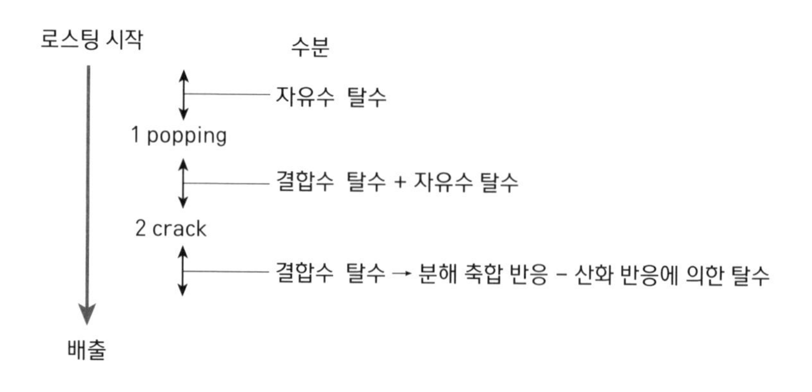

$$CH_4 + O_2 \rightarrow CO_2 + 2H_2O$$

탄화수소 산소 이산화탄소 물

여기에서 산화 작용이란 연소 반응으로 볼 수 있다. 연소 반응(산화 반응)은 탄화수소가 산소와 반응하여 이산화탄소와 물을 형성하는 반응으로 크랙 이후 뚜렷해진다.

■ 참고

1. 로스팅 과정에서 대부분의 자유수는 제거된다.
2. 로스팅 된 원두의 수분은 대부분이 결합수이다.

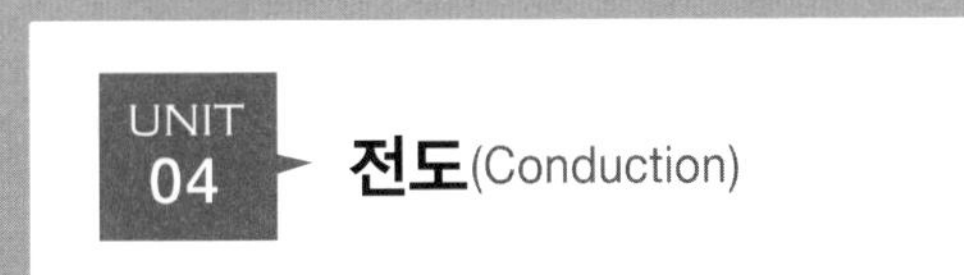

UNIT 04 전도(Conduction)

로스팅을 하는 동안 지속적으로 언급되는 '전도(conduction)'에 관하여 생각해 보자. 전도는 열에너지가 분자나 원자들 스스로의 이동이 아닌 분자 간 또는 원자 간의 상호 작용을 통하여 전달되는 것이다. 예를 들어 고체 막대의 한쪽 끝을 가열하면 가열된 끝의 원자들은 차가운 쪽 원자들보다 더 많은 에너지를 가지고 진동하는데, 이 진동하는 원자들과 그 이웃 원자들 간의 상호 작용에 의하여 열에너지는 막대를 따라 전달된다. 이것이 전도이다.

물질에 따른 열전도도는 각기 다른데 금속은 금속 안에서 자유로이 움직일 수 있는 자유전자가 금속 내의 원자들과 충돌할 때 열에너지를 주고받음으로써 열에너지 전달에 도움을 줄 수 있다. 이때 충돌로 발생한 에너지를 자유롭게 전달할 수 있는 약하게 결합된 외각 전자들이 많을수록 열이나 전기 전도체로 우수한 물질이다. 금속의 열전도도는 은(SI 단위계에서는 열전도도 429k)이 가장 우수하고 구리(401k), 알루미늄(237k), 철(80.4k)의 순서로 전도도가 좋다. 이에 반해 나무(참나무의 경우 열전도도는 0.15k이다), 콘크리트(0.19k) 등은 매우 나쁜 열전도체들이다. 이러한 절연체(나쁜 전도체)는 분자들이 외각 전자와 단단히 결합해 있다는 특징이 있다.

[표 2-1] 여러 물질의 열전도도 k

물질	전도도 k, W/m · K
은	429
구리	401
알루미늄	237
철	80.4
참나무	0.15
콘크리트	0.19
공기(27℃)	0.026
물(27℃)	0.609
유리	0.7-0.9

평소의 경험으로도 금속은 전도도가 좋으며 물기가 있는 행주는 전도도가 좋지 않다는 것을 알고 있다. 충분히 가열하여 조리 중인 냄비의 금속 손잡이는 너무 뜨거워 맨손으로 잡게 되면 화상을 입을 것이다. 물기가 있는 행주 등으로 감싸 잡는 것이 현명한데 이러한 원리를 응용하여 나무와 같은 좋은 절연체를 조리기구의 손잡이로 사용한다. 냄비 손잡이가 목재로 덧대어 있다면 요리 중 달궈진 냄비라도 나무로 덧댄 손잡이는 뜨겁지 않아 맨손으로 잡는데 별 무리가 없다. 만약 무리하게 열을 가해 쇠가 달궈질 정도라면 나무라는 훌륭한 절연체는 열을 전달하기 이전에 나무의 발연점이 낮아 접촉면이 타기만 할 것이다.

대부분의 기체와 액체는 나쁜 전도체이다. 그중 공기는 위의 표에서 보더라도 매우 나쁜 전도체이다. 작은 공동으로 이루어진 다공성 물질도 당연히 나쁜 전도체이며 좋은 절연체이다.

이제 이러한 성질을 로스팅 분야로 연결 지어 생각해 보자. 로스팅이 진행되는 로스팅기의 드럼은 금속으로 된 '좋은 전도체'이다. 반면 원두는 목재와 같은 '좋은 절연체'이다. 직화식 로스팅기의 경우 이 좋은 절연체에 전도 비율이 높은 열의 전달이 이루어져 자칫 잘못하면 원두 표면을 태우는 경우가 발생한다. 쇠로 된 조리기구와 나무로 된 손잡이를 생각해 보면 로스팅기의 금속 드럼이 '좋은 절연체'인 원두 내부에 전도 방식으로 열을 전달하기가 원활하지 않다는 결론이 나오며 기존의 '로스팅이 대부분 전도열과 대류열에 의해 일어난다.'는 생각은 성립하지 않는다는 사실을 잘 알려준다.

전도는 [그림 2-4-1]과 같이 최초 열을 받는 고온부에서 저온부까지 열전달의 시차가 발생하게 된다. 이러한 전도의 특성으로 원두의 외부에 전도 방식으로 열이 가해져 내부까지 열이 도달하려면 고온부에 해당되는 생두의 표면은 어쩔 수 없이 탄화하게 된다.

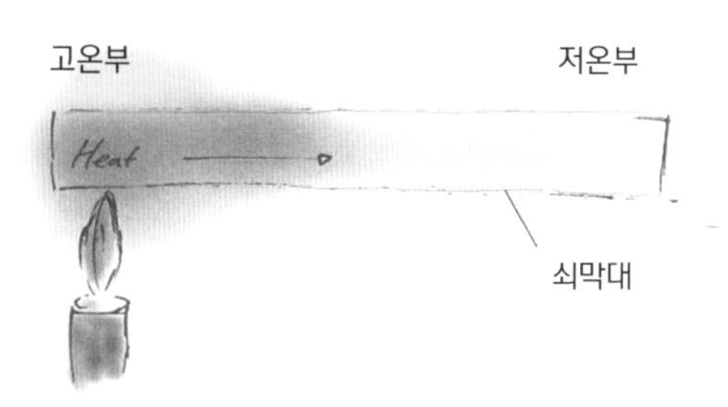

[그림 2-4-1] 쇠막대의 전도열 전달

전도열이 로스팅에 기여하는 부분은 원두 표면에서 발생하는 메일라드 반응(Maillard Reaction)과 드럼을 달궈서 복사열을 만들어 주는 복사열의 원천(source)일 것이다.

UNIT 05 대류(Convection)

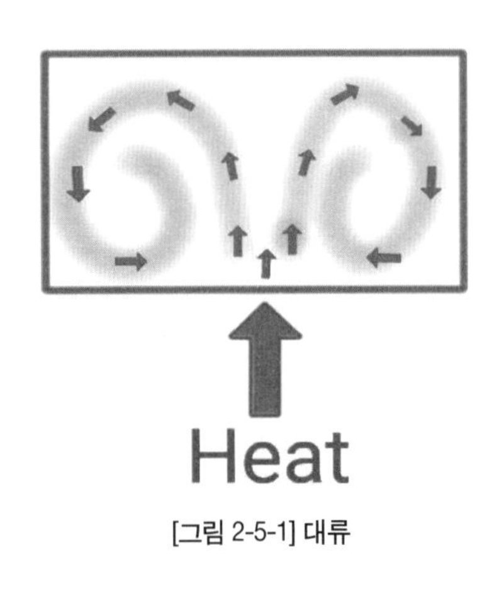

[그림 2-5-1] 대류

대류란 유체(액체나 기체) 자체의 운동으로 열이 전달되는 현상이다. 원자나 전자의 충돌에 의한 전도와는 다르게 대류에서는 열이 질량을 가진 입자들의 직접적인 이동에 의해 전달된다.

유체를 가열하면 과연 어떠한 현상이 발생하게 되는 걸까? [그림 2-5-1]과 같이 용기 아랫부분이 가열되면 아래에 있는 유체는 분자의 운동이 활발해져 분자 사이의 거리가 멀어지고(팽창 현상) 그로 인해 밀도가 작아지므로 위로 떠오른다. 동시에 밀도가 큰 차가운 유체가 바닥의 데워진(밀도가 줄어든) 유체와 자리를 바꾸게 된다. 다시 말해 데워진 유체는 가열 부위에서 멀어지고 차가운 유체가 가열 부위로 내려온다. 이러한 대류의 흐름이 지속적으로 발생하게 되어 가열되는 계 안에서 전체 유체를 데우게 된다.

팽창에 의한 냉각은 간단한 실험으로도 이해할 수 있다. 다음의 [그림 2-5-2, 2-5-3]과 같이 입을 넓게 벌리고 입김을 불 때는 손바닥이 따뜻해지지만, 입을 좁게 만들어 입김을 불면 손바닥이 차갑게 느껴진다. 이는 입김이 좁은 입을 빠져나오면서 팽창되어 차가워지기 때문이다.

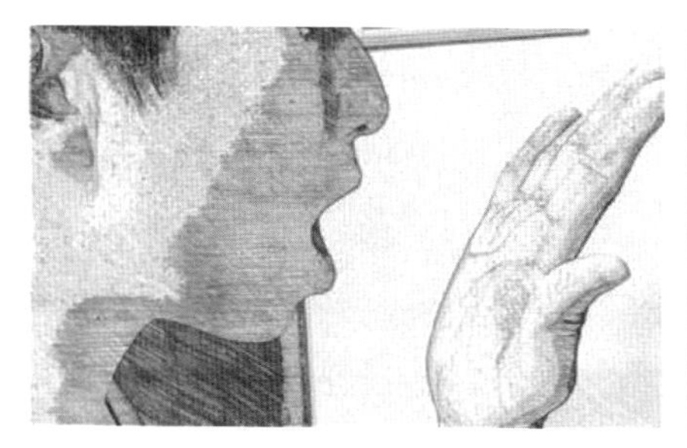

[그림 2-5-2] 입을 넓게 벌린 입김

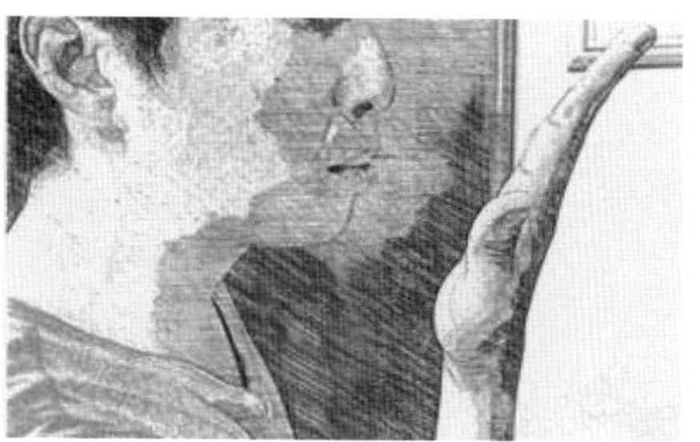

[그림 2-5-3] 입을 좁게 벌린 입김

그렇다면 따스한 입김이 좁은 입을 빠져나오면 왜 팽창하게 되는가? 유체역학에서 빼놓을 수 없는 중요한 원리 중 하나가 '베르누이의 원리'이다. 18세기 스위스의 과학자인 다니엘 베르누이(Daniel Bernoulli)가 관 속을 흐르는 유체를 연구하면서 이 원리를 발견하게 된다. 이는 '유체의 속력이 증가하면 유체의 내부 압력은 감소하게 된다.'로 간략하게 요약할 수 있는데 [그림 2-5-4]를 보면 유체가 좁은 관으로 흐를 때 속력이 증가하게 되고, 좁은 곳에 유선이 밀집되어 유속의 증가, 압력의 감소가 나타난다는 것을 시각적으로 알 수 있다. 이때 압력의 감소로 인하여 팽창 현상이 일어나게 된다.

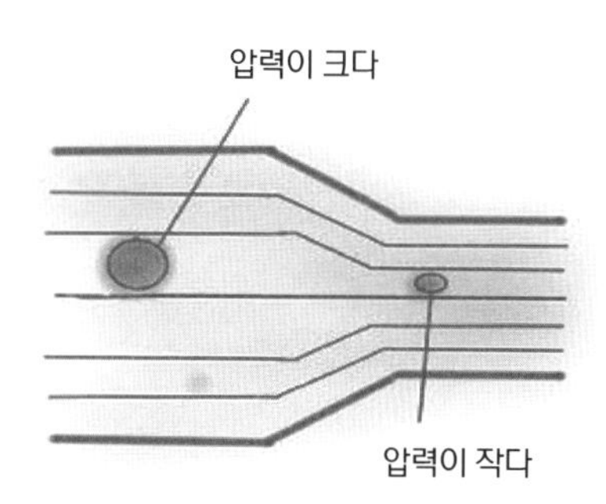

[그림 2-5-4] 압력 차이

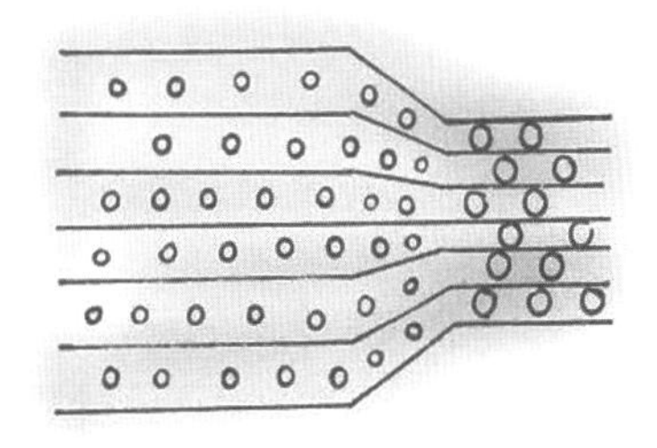

[그림 2-5-5] 기포 실험

[그림 2-5-5]에서와 같이 공기 방울이 들어 있는 물을 살펴보면 내부 압력의 변화를 관찰할 수 있다. 공기 방울의 부피는 주위의 수압에 따라 변하는데 물의 속력이 증가하면 압력이 감소하여 공기 방울이 커지고 물의 속력이 감소하면 압력이 증가하여 공기 방울이 작아진다. 이 베르누이의 원리는 unit 8 '댐퍼' 장에서 더 자세히 다루어 보겠다. 이 현상을 입김 실험에 응용해

보자. 입을 좁게 하면 유체(입김)의 흐름은 그 좁은 구역을 통과하며 흐름이 빨라지며 낮아진 압력으로 팽창하게 되는 것이다.

강제 배기 방식이 아닌 자연 배기 방식의 로스팅기에서도 데워진 공기의 상승에 의한 대류 현상을 이용하여 개폐 조작이 가능하다. 또한, 강제 배기 시스템이 아닌 직화식 로스팅기 중에서도 댐퍼가 달려 있는 경우가 있는데 드럼만 가열하고 열풍을 불어주지 않아도 달궈진 공기는 대류 현상으로 인해 위로 상승하여 댐퍼를 통과하게 될 것이다.

전 세계의 많은 열정적인 커피인들은 아직도 끊임없이 효율적이고 독창적인 방식을 생각하고 여러 가지 형태로 로스팅기를 제작하고 있다. 드럼의 재질이나 형태 댐퍼의 유무, 휘저음 날개의 형태, 온도 센서의 개수와 위치도 제작자의 생각에 따라 각각 달라진다. 그러나 각각의 특성은 개성이 아닌 성능의 차이로 나타난다. 만약 드럼 온도 센서(Roasting temp)를 대류가 댐퍼를 통과한 위치에 배치한다면 정상류 범위를 전후로 하여 드럼 내부와는 다른 온도 값을 갖게 될 것이다.

로스팅 과정에 있어서 앞서 언급한 내용들을 생각해 보면 다음과 같음을 알 수 있다. 댐퍼를 좁게 닫을 경우 대류는 좁은 공간을 통과하면서 유속은 증가한다. 반대로 드럼 내부는 느린 흐름을 보이고 압력을 쌓아가며 온도를 높여 주게 된다. 댐퍼를 넓게 개방할 경우 댐퍼를 통과하는 유체의 흐름은 좁게 닫을 때보다 상대적으로 느린 흐름을 보인다. 이때 드럼 내부의 공기는 넓게 개방한 댐퍼를 통과하며 원활한 대류의 흐름을 촉진시킨다. 좁게 닫았을 경우에 비해 압력이 쌓이지 않으므로 온도는 점차 하락한다. 이와 같은 사실을 고려하여 로스팅에 임할 때는 그 과정을 이미지화하는 습관으로 보이지 않는 흐름에 구체화를 꾀한다.

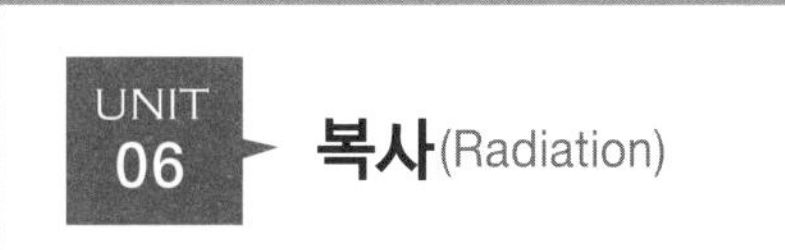

UNIT 06 복사(Radiation)

복사는 전도나 대류와는 다르게 열전달 매개체가 없이 전자기파 형태로 열을 전달한다. 이렇게 전달된 에너지를 '복사에너지'라고 한다. 태양과 지구 사이에 전도나 대류는 빈 우주 공간에서는 일어나지 않는다. 전도에서 설명했듯이 대기권을 생각해 봐도 공기는 나쁜 전도체이기 때문에 태양으로부터 발산되는 에너지가 전도 방식으로 대기층을 통과할 수 없고 대류 방식 또한 불가능하다. 그렇다면 복사는 어떻게 매질도 없는 공간을 심지어 진공 상태의 공간조차 지나서 열을 전달할 수 있는가? 처음에 언급한 것처럼 복사는 전자기파 형태로 전달이 되기 때문이다. 전자기파에는 라디오파, 마이크로파, 적외선, 가시광선, 자외선, X선, 감마선 등이 있다.

아래 [그림 2-6-1]은 전자기파를 파장이 긴 순서로 나열해 본 것이다.

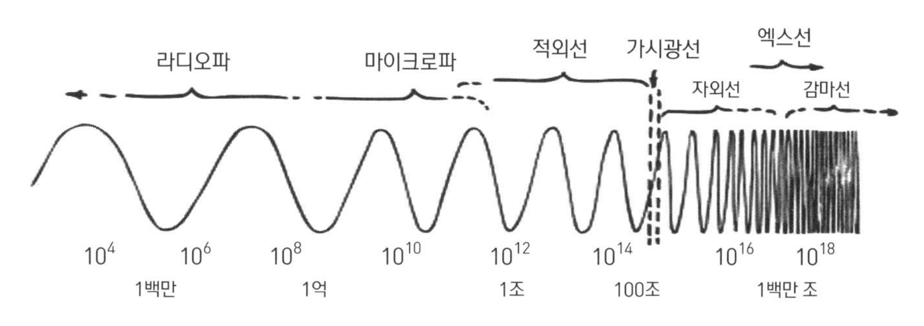

(출처 : 《Conceptual physics》 - Paul G. Hewitt)

[그림 2-6-1] 전기기파

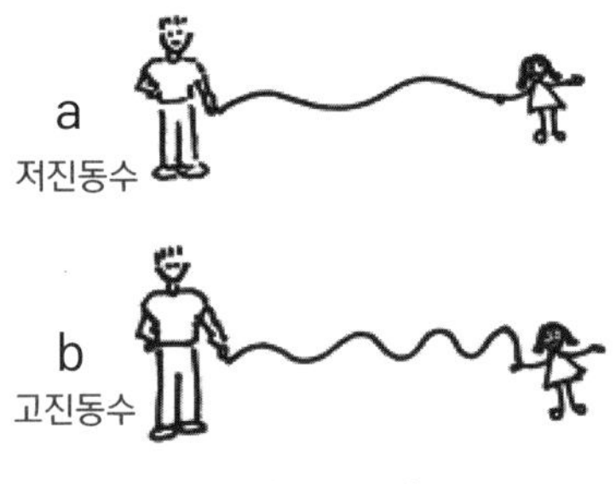

[그림 2-6-2] 파동

이 복사의 파장은 진동수와 관련이 있는데 진동수는 파동의 진동 횟수를 의미한다. 좀 더 이해하기 쉽게 [그림 2-6-2]와 같이 어른이 붙들고 있는 줄을 반대편에서 아이가 흔드는 그림을 살펴보자.

줄을 천천히 흔들면(저진동수) a와 같은 곡선이 완만한 장파장의 파동이 생기고 줄을 빨리 흔들면(고진동수) b와 같은 단파장의 파동이 생긴다. 이와 마찬가지로 전자기파도 고진동수의 진동은 파장이 짧은 파동을 만들고 저진동수의 진동은 파장이 긴 파동을 만든다.

물체는 저마다 고유한 진동수를 가지고 있으며, 이러한 진동수를 '고유 진동수'라고 한다. 실생활에서도 이러한 고유 진동수를 이용한 다양한 사례가 있다. 안경점에서 쓰는 초음파 세척기도 이를 이용한 사례로 안경의 고유 진동수와 그 오염물의 진동수가 다르기 때문에 특정 파장을 발산하여 안경에 붙은 오염물을 제거할 수 있다. 전자레인지의 원리 또한 이를 이용한 것으로 전자레인지에서 발산되는 마이크로파는 파장이 수 센티미터 정도이고 진동수는 물 분자의 고유 진동수와 비슷하여 물 분자에 의해 쉽게 흡수되어 음식물을 가열하게 된다.

절대 영도 이상의 모든 물질은 복사에너지를 전자기파 형태로 방출한다. 500°C의 고온에서부터 사람의 눈으로 확인 가능한 가시광선 중 파장이 가장 긴 빨간빛을 방출하는데 그 이전의 영역은 [그림 2-6-1]과 같이 적외선의 영역으로 사람을 포함한 일상 온도의 물체들은 대부분 저진동수인 적외선을 방출한다. 추운 겨울 뜨거운 난로로부터 나오는 고진동수의 적외선을 흡수할 경우 뜨거운 열기를 느끼게 된다. 그래서 적외선 복사를 '열복사'라고 한다.

앞에서 언급한 것처럼 모든 물체가 계속해서 복사에너지를 방출한다면 결국은 그 물체는 에너지가 고갈될 것 같지만 사실 모든 물체는 방출과 동시에 계속해서 에너지를 흡수하고 있다. 흔히들 로스팅에서 생두를 투입하면 초기 흡열 반응에서 발열 반응으로 열의 흐름을 구분지어 설명하지만 실제로는 그 비율의 차이가 있을 뿐 흡열을 하면서 발열을 하고, 발열을 하면서도 흡열을 하는 것이다. 온도와 상관없이 모든 물체는 복사에너지를 흡수하며 방출한다. 물체의 표면에서 방출하는 에너지보다 많은 에너지를 흡수하면 알짜 흡수체이고 흡수하는 에너지보다 많은 에너지를 방출하면 알짜 방출체인 것이다. 결국, 물체가 흡수체이냐 방출체이냐는 주변의 온도보다 낮으면 흡수체이고 높으면 방출체로 볼 수 있다.

복사에너지는 그 물체에 따라 각기 다른 흡수와 반사의 특성을 지니고 있는데 좋은 흡수체는 좋은 방출체이며, 나쁜 흡수체는 나쁜 방출체이다. 한 예로 두 개의 똑같은 금속 잔을 하나는 검게 칠하고 다른 하나는 반질거리게 잘 닦아서 각각의 잔에 뜨거운 물을 넣으면 검게 칠한 잔의 물이 온도가 더 빨리 내려가는 것을 확인할 수 있고, 복사에너지가 많이 방출되고 있는 난로 앞에 놓아보면 역시나 검게 칠한 잔의 온도가 더 빨리 올라가는 것을 확인할 수 있다. 이는 검은 표면이 좋은 방출체 역할을 하므로 온도가 빨리 식으며 좋은 방출체는 좋은 흡수체이기 때문에 난로 앞에서 복사에너지를 잘 흡수하여 빨리 뜨거워진다. 그렇다면 반사의 개념을 생각해 보자.

흡수와 반사는 정반대의 과정으로 좋은 흡수체는 매우 적은 양의 복사에너지만을 반사시키기 때문에 표면이 검게 보인다. 좋은 흡수체는 나쁜 반사체이고 반대로 좋은 반사체는 나쁜 흡수체이다.

로스팅기의 드럼 내부는 표면이 매끈한 좋은 반사체이며 나쁜 흡수체이다. 나쁜 흡수체이기 때문에 서서히 복사열을 방출하고 천천히 식는다.

또한, 좋은 반사체이기 때문에 내부의 복사열을 어느 정도 반사하고 가둬 두는데 효율적이다.

로스팅의 최초 과정은 예열이다. 이 예열 과정은 금속 드럼을 충분하게 가열하여 드럼에서 복사열을 방출할 수 있도록 준비하는 과정에 해당한다. 가스 열원에 의해 가열된 드럼은 복사열을 웨이브 형태로 발산한다. 이는 충분히 가열된 드럼에서 가스 불이 꺼져도 내부 온도는 고온으로 유지하고 있는 현상을 보면 납득할 수 있다. 혹자는 '스테인리스 정도로 복사를 반사시키기는 무리이다. 은이나 알루미늄 소재이어야 한다.'라고 하기도 한다. 물론 소재적 특성도 복사의 반사에 기여는 하겠지만 연마된 표면만으로도 충분히 좋은 반사체가 될 수 있다. 구식의 보온병은 내부 은도금 벽이 열 파동을 병 속으로 반사시켜 복사에 의한 열손실을 최소화한다. 보온병에 은도금을 하는 이유는 은의 팽창지수가 유리의 팽창지수와 같기 때문에 은도금을 하는 것이다. 만약 뜨거운 온도에서 유리에 팽창지수가 다른 물질이 도금되어 있으면 유리가 깨진다.

로스팅을 하는 동안 '복사에너지'가 눈에 보이지 않는 형태로 전달되어 복사 열 전달에 대해 회의적으로 생각하는 사람들이 많을 수밖에 없다.

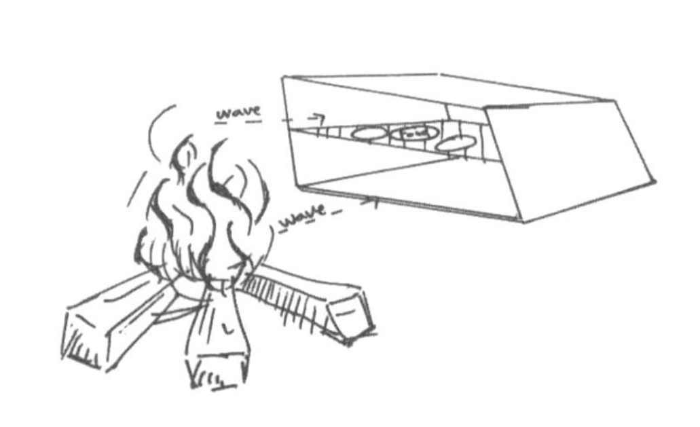

[그림 2-6-3] 반사 오븐

그러한 사람들을 위해 반사 오븐(Reflecter oven)을 소개한다. 다음 [그림 2-6-3]처럼 한 쪽만 개방되어 있고 모두 금속면으로 되어 있는 오븐이다. 이 오븐을 불 옆에 두면 불에서 나오는 복사 웨이브를 반사하여 가운데 음식물을 조리할 수 있도록 제작되었다. 여기에 흡수체와 반사체 이론을 응용하여 내부에 검은색의 조리 용기를 넣어 조리 효율의 극대화를 꾀할 수도 있다.

반사 오븐의 복사에너지를 이용하는 원리는 포일을 감싼 형태의 수망 로스팅에서 수망이 열원에서 조금은 벗어나더라도 안정적인 로스팅이 가능한 이유를 설명해 준다.

불 위에서 조리를 하면 대류열의 영향이겠지만 분명히 화염 옆에서 조리가 된다. 오븐 자체를 화염으로 가열을 하는 것도 아니다. 실제로 복사열만으로 조리가 되는 것이다. 이 반사 오븐을 가지고 외국에서는 캠핑 중 피자나 빵, 쿠키 등을 구울 수 있는 용도로 사용하는데 놀라운 점은 심하게 외부가 타지 않고 내부 음식이 안쪽까지 골고루 잘 익는다는 것이다. 복사의 장점이다. 로스팅 중에도 복사에너지는 열원(달궈진 드럼)으로부터 방출되는 전자기파가 원두 내부까지 효율적으로 열을 전달해 줄 수 있다. 따라서 원두 내부까지 안정하게 전달해 주는 복사열 전달 방식의 원리를 심도 있게 고려하여 로스팅에 임해야겠다.

UNIT 07 열전달 통합의 장

지금까지 전도, 대류, 복사 등의 열전달 방식에 대해 알아보았다. 다수의 로스터가 열전달이 적용되는 원리를 논할 때 대부분 이렇게 세 가지 방식을 분리하여 말하는 경향이 있지만, 실제 열전달은 독립적으로 발생하는 것이 아닌 복합적이며 유기적으로 작용한다.

열원에 따른 로스팅기의 조작 방법으로 그 비율이 틀려진다고 봐야 할 것이다. 다음의 [그림 2-7-1]을 보자. 모닥불이 냄비 안에 있는 물을 가열하는 과정이다. 불이 냄비를 가열하는 것은 복사가 주로 작용한다. 복사열 전달에 대해 이해가 부족할 경우 '복사열은 비중이 작아서 로스팅에 영향을 주지 않는다.'라는 주장을 한다. 하지만 열원인 불 자체가 복사로 열전달을 하고 있다는 것을 이해하지 못할 때 하게 되는 주장으로 로스팅에서 열의 원천(source)을 부정하는 말이 된다. 냄비에 전달된 복사열은 전도의 방식으로 냄비 전체에 퍼져 나가게 된다. 이후 내부의 물은 대류 현상을 보이며 전체가 가열된다.

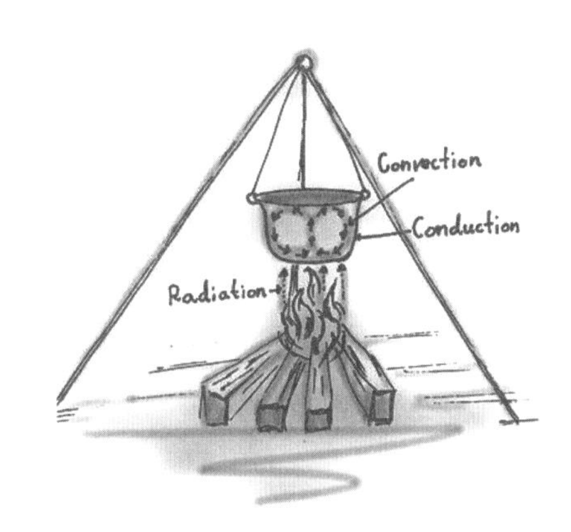

[그림 2-7-1] 열전달

자, 이제 몇 가지 변화를 줘 보자. 냄비를 불에서 좀 더 높게 조정해 보면 어떤 일이 발생할까?

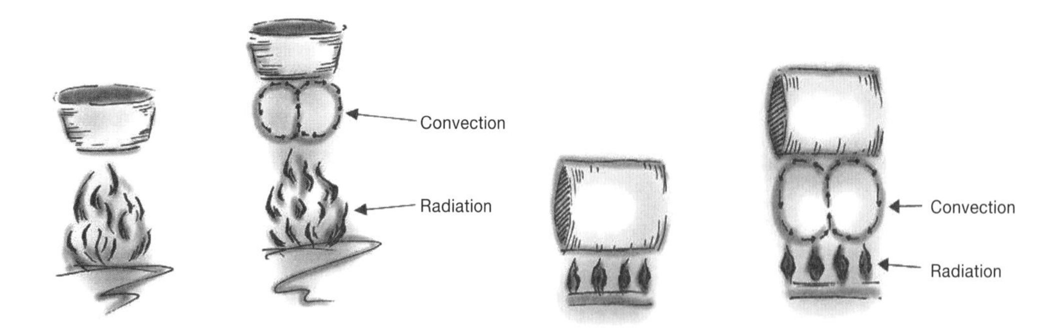

[그림 2-7-2] 냄비의 높이와 열전달

[그림 2-7-3] 로스팅 드럼의 높이와 열전달

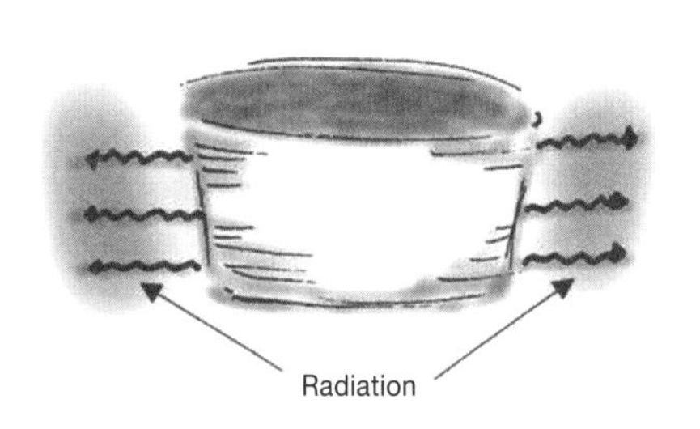

[그림 2-7-4] 복사열 방출

냄비를 위로 올리면 열의 효율은 떨어지겠지만 대류 열전달의 비중이 높아지게 된다. 화염(복사열)이 꼭 냄비만을 데우는 것이 아닌 공기까지 데우기 때문에 화염과 냄비 사이에 대류 현상이 일어나는 것이다[그림 2-7-2]. 마찬가지로 로스팅기의 드럼을 열원과 멀리하면 그 사이에 대류 현상이 발생한다[그림 2-7-3]. 이번에는 냄비에 가까이 손을 가져가 보자. 뜨거운 열기를 느낄 수 있다. 즉 충분히 가열이 된 냄비는 전도로 냄비 전체에 열을 전달하지만 본체를 벗어난 열이 복사열의 형태로 또한 방사하여 열기를 느낄 수 있게 된다[그림 2-7-4]. 여기서 냄비와 물의 접촉면은 전도가 될 것이다. 하지만 물 전체를 데우는 것은 대류가 주가 되며 복사 또한 작용을 한다.

열에 대한 심층적인 이해는 자신이 사용하는 로스팅기의 성능을 100% 활용하는 지름길이다. 로스팅기마다 다양한 구조와 방식을 채택하고 있는 상황에서는 근본적인 원리를 이해하고 기계의 특성을 파악하여 응용할 수 있어야만 원하는 방향으로 로스팅을 할 수 있게 된다.

예를 들어 보자. 로스팅기의 열원(Heat Source)과 드럼이 가까이 위치할 경우 드럼은 복사열의 비중이 높게 작용하고 드럼과 열원의 거리가 멀어진다면 복사와 함께 드럼과 열원 사이에 공기의 대류가 증가할 것이다. 드럼의 회전수가 빠르다면 드럼으로부터 원두에 맞닿아 전달되는 전도의 비중은 줄어들 것이고, 충분히 예열된 드럼은 방출하는 복사열의 비중이 높아지게 된다. 집에서 간단히 해볼 수 있는 수망 로스팅의 경우도 화력의 세기뿐만 아니라 그 높낮이로 열량을 조절해 줄 수 있다. 수망 로스팅에서 언급했듯이 수망의 윗부분과 옆면을 포일로 감쌀 경우 복사 웨이브의 반사로 복사 열전달 효과를 높일 수 있고 수분을 가둬 두는 효과로 원두 표면에 수분에 의한 보호막을 형성하여 급격한 탄화를 막을 수 있는 장점이 있다는 것을 충분히 설명하였다. 드럼 방식의 대형 열풍식 로스팅기의 경우 열풍식이지만 열풍으로 원두만 가열되는 것이 아니며 드럼까지 가열되고 그로 인해 배치가 늘어날수록 복사열 또한 증가할 것이다. 그러한 경우 첫 배치(batch)에 적용된 로스팅 프로파일 그대로 3번째 4번째 배치에 로스팅이 이어진다면 결코 같은 결과물을 얻을 수 없게 된다.

다수의 로스터가 간과하고 있는 또 다른 한 가지는 열(heat)과 온도(temperature)의 차이이다. 쉽게 예를 들어 보자. 여러분들이 핸드드립으로 커피를 추출하다 실수로 손등에 뜨거운 물 한 방울을 떨어뜨렸다고 가정해 보자. 손에 뜨거운 느낌을 주기는 하지만 화상을 입지는 않는다. 만약 포트에 있는 물을 한꺼번에 손등에 쏟았다고 가정해 보자. 손등은 심하게 화상을 입을 것이다. 물 전체와 물 한 방울의 온도는 똑같다. 하지만 그 열(heat)은 다른 것이다. 마찬가지로 드럼 자체의 온도가 높다고 전도열이 복사열보다 더 많은 열을 전달한다고 단정 지을 수는 없는 것이다. 뜨거운 드럼이지만 지속적인 회전과 휘저음 날개로 인해 원두에 닿는 짧은 순간은 포트 전체의 물이 아닌 한 방울의 열과 비교할 수 있는 것이다. 반열풍식의 대류열에 대해서도 정상류의 범위([그림 2-8-11] 정상류 범위 참조)에서 온도 센서에 감지되는 온도는 열원만큼 뜨거운 온도이지만 정상류 범위 이하의 댐퍼의 개폐로 나타나는 불완전 연소나 정상류 범위를 벗어난 개폐로 유입되는 차가운 공기로 인해 포트 전체의 물이 한 방울의 물에서 발생하는 열이 될 수 있을 것이다.

따라서 열과 온도는 구분해서 인지할 필요가 있다. 열에 대한 깊은 이해가 없다면 온도계로 표시되는 온도를 정확히 이해할 수 없을 것이다. 다시 말해 원두에 전달되는 열과 온도계의 온도는 다른 것이다.

한 방울 : 원두가 회전하는 드럼에 순간적으로 맞닿을 때 전달되는 전도열
쏟아진 물 : 로스팅을 하는 동안 원두에 끊임없이 가해지는 복사열

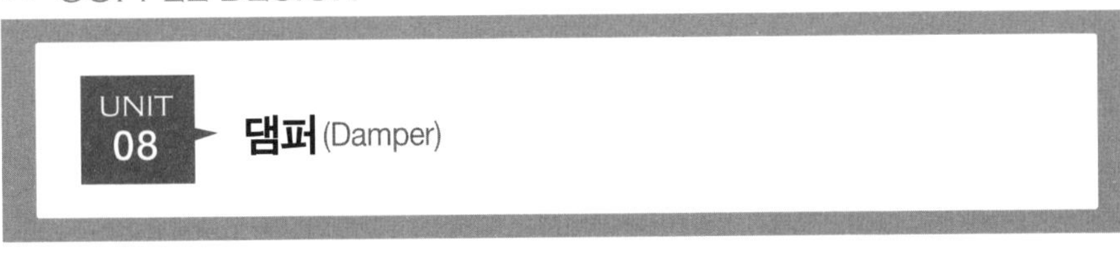

1. 댐퍼의 역할

댐퍼는 배기량 조절을 통해 대류열과 수분을 컨트롤하여 이상적인 로스팅을 가능하게 한다. 댐퍼에 대한 기존의 통념들을 모아 봤다.

- ‘댐퍼는 조절하지 않고 로스팅을 진행한다.’
- ‘향을 가둬서 원두에 코팅한다.’
- ‘갈변 반응이 시작될 때 댐퍼를 닫아서 향의 배출을 막는다.’
- ‘댐퍼는 로스팅에 영향을 주지 않는다.’
- ‘1kg 이하의 로스팅에서는 댐퍼는 의미가 없다.’

기존의 이러한 생각들에 대해 하나하나 반론을 제기하고 그에 대한 설명과 증명을 하려니 끝이 보이지 않을 것 같다. 아마도 이러한 생각들은 로스팅 중 발생하는 수분이 원두에 미치는 영향을 제대로 이해 못 하고 있기 때문에 생겨난 것으로 본다.

2. 댐퍼의 원리

댐퍼의 작용 원리에 대해 살펴보자. 강제 배기 장치가 부착된 반열풍식 로스팅기의 경우 열원으로부터 뜨거운 공기가 드럼 내부를 지나 댐퍼를 통과하여

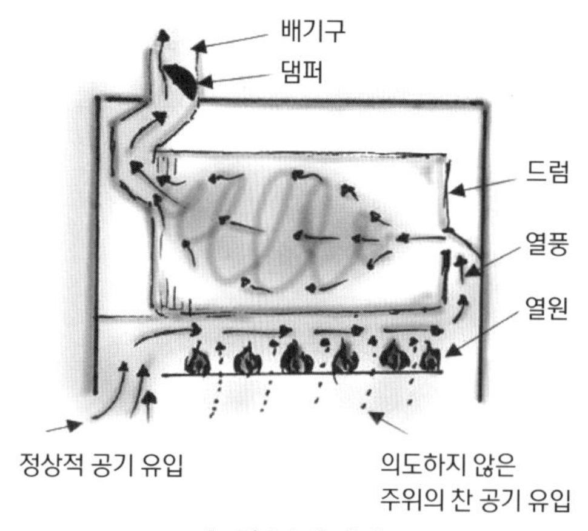

[그림 2-8-1] 댐퍼

외부로 배출되는 시스템이다. 댐퍼의 역할은 그 통과하는 구간을 확장하거나 좁게 축소하여 대류열을 컨트롤한다는 건 평소에 생각하고 있는 바와 별반 다르지 않을 것이다. 문제는 대류열의 통제만으로 역할을 한정지으면 그 역할이 지나치게 축소되어 로스팅을 하는 동안 발생하는 다양한 변수에 효율적으로 대처하지 못하게 된다. 대류열을 컨트롤(control)한다는 것은 원두에서 발생하는 수분을 컨트롤하는 것과 같다. 댐퍼를 통해 대류열의 흐름이 증가하면 드럼 내부에 잔존하는 수분은 감소하고, 대류열의 흐름이 느려지면 잔존하는 수분의 증가로 나타나는 상관관계가 존재하는 것이다. 수분의 역할에 대해 로스팅을 하는 동안 발생하는 자연적인 현상으로만 여겨서는 원두에서 나타나는 물리적 화학적 반응들을 설명하기가 불가능해진다.(수분의 역할 : unit 9 로스팅 실전 참조) 비록 수분만을 따로 분리하여 조절하기는 힘들겠지만 다행인 점이 댐퍼에 의한 대류열의 컨트롤과 맞닿아 있다는 점이다. 즉 서로 맞닿아 있다고 할 수 있는 것이 대류열과 수분은 대척점에 있기 때문에 가능하다. 수분은 원두에 가해지는 대류열에 저항하는 부하로 작용하고 부하로 작용하는 수분량은 대류의 흐름으로 통제된다. '베르누이의 원리(유체의 속력이 증가하면 유체의 내부 압력은 감소한다)'는 이를 보다 명확하게 이해하는데 가장 관련이 깊은 원리이다. (unit 5 대류 참조)

관 속을 연속적으로 흐르는 유체를 생각해 보자. 연속적인 흐름에서 유체가 넓은 부분에서 좁은 부분으로 흐를 때 유체의 속력이 증가한다. 수도꼭지에 연결한 호스에서 물이 나올 때 호스 구멍을 좁히면 물의 속력이 빨라지는 것 또한 베르누이의 원리를 잘 보여주는 한 예이다. 유체의 유선이 밀집된 곳에서는 유속이 빨라지고 압력이 감소한다.

유 속	빠른 유속	느린 유속
압 력	감소한다	증가한다

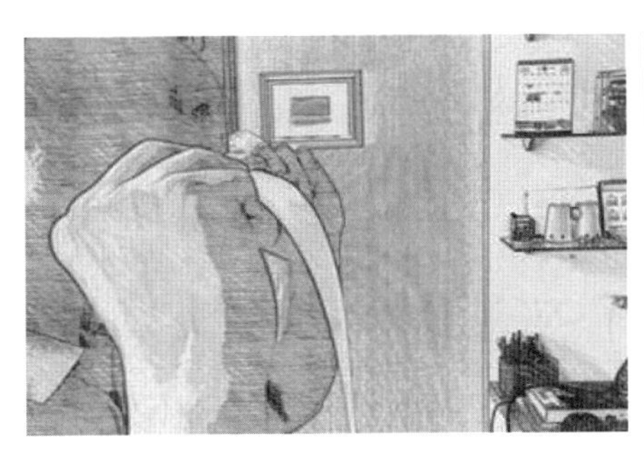

[그림 2-8-2] 불기 전

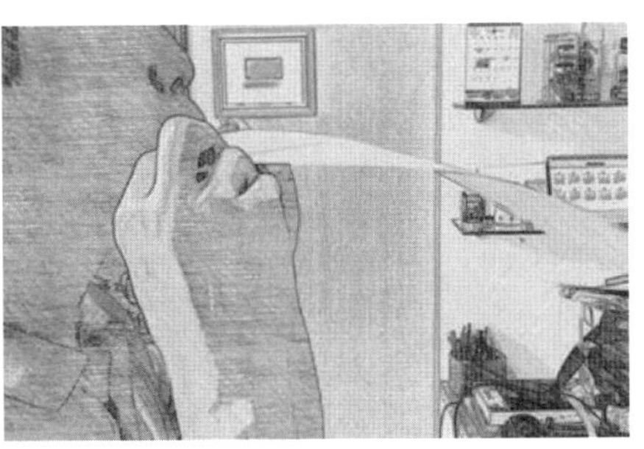

[그림 2-8-3] 불고 있을 때

초등학교부터 대학교 학부과정까지 일관되게 보여주는 과학 실험 중 하나가 입 앞에 종이를 대고 훅 불면 종이의 끝이 위로 올라가는 실험이다[그림 2-8-2, 2-8-3]. 이는 종이의 윗면에 작용하는 공기의 압력이 밑의 압력보다 낮기 때문이다.

종이의 윗면은 빠른 유속으로 인하여 압력이 감소하고 반대로 아랫면은 상대적으로 느린 유속에 의해 더 높은 압력이 종이를 위로 밀어 올리는 작용을 하게 된다[그림 2-8-4].

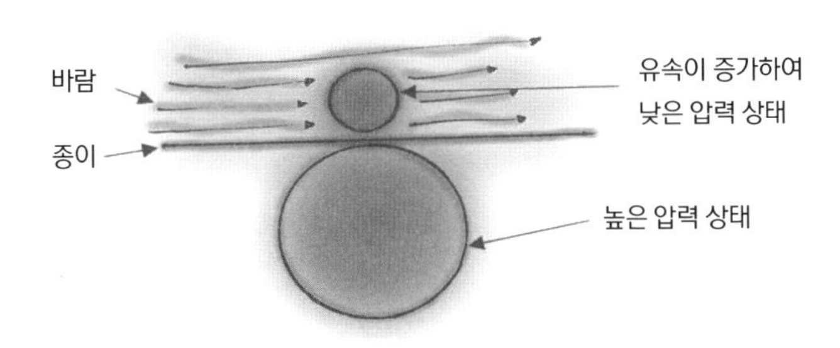

[그림 2-8-4] 종이가 올라가는 원리

필자는 좀 더 로스팅기에 최적화된 방식으로 베르누의의 원리를 실험해 보았다. 박스 안에 원두를 쏟아 놓고 진공청소기의 흡입 어댑터를 분리하여 원통에 판지를 일정 부분 막아가며 원두를 흡입하여 보았다. 여기에서 원두는 유속의 흐름을 눈으로 확인하기 위한 입자의 역할이며 진공청소기는 강제 배기 장치, 원통의 흡입구를 부분적으로 막는 판지는 댐퍼로 생각해 보자.

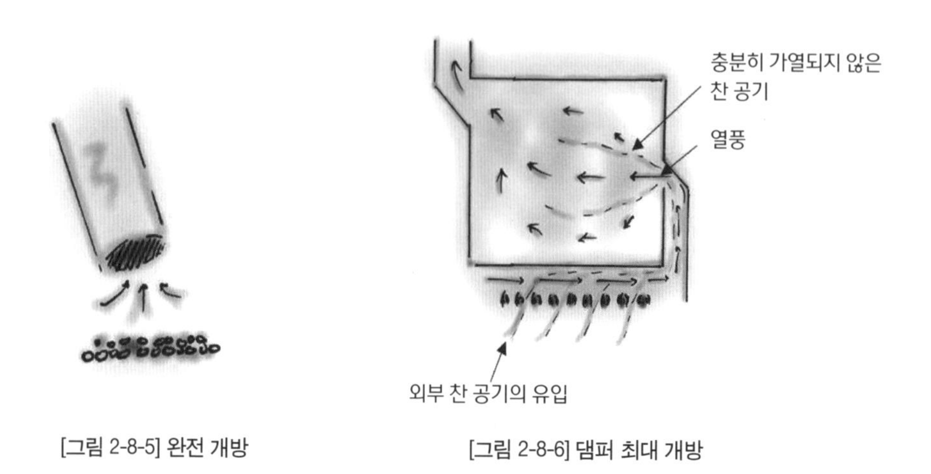

[그림 2-8-5] 완전 개방

[그림 2-8-6] 댐퍼 최대 개방

원두에 진공청소기 흡입구를 일정한 거리를 유지하여 접근시켰을 때 박스 내의 원두는 흡입은커녕 미동도 없다. 이를 댐퍼의 완전 개방 상태로 볼 수 있다. 즉 완전 개방은 드럼 내부와 배기관 사이의 압력차가 크지 않다는 걸 증명한다.

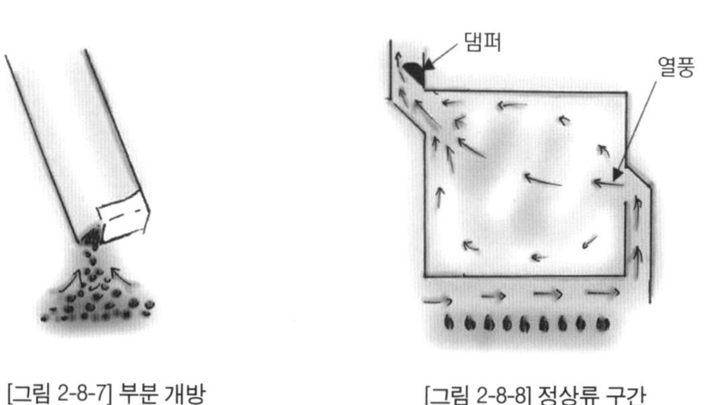

[그림 2-8-7] 부분 개방

[그림 2-8-8] 정상류 구간

이번에는 판지를 사용하여 어느 정도 진공청소기의 흡입구를 좁혀 보았다. 원두는 빠르게 흡입이 된다. 흡입구를 좁게 만들어 빠른 유속을 만들었고, 빠른 유속에 의해 낮아진 흡입구의 압력은 드럼에서 공기의 흐름을 효과적으로 배출시킬 수 있는 것과 같은 원리이다.

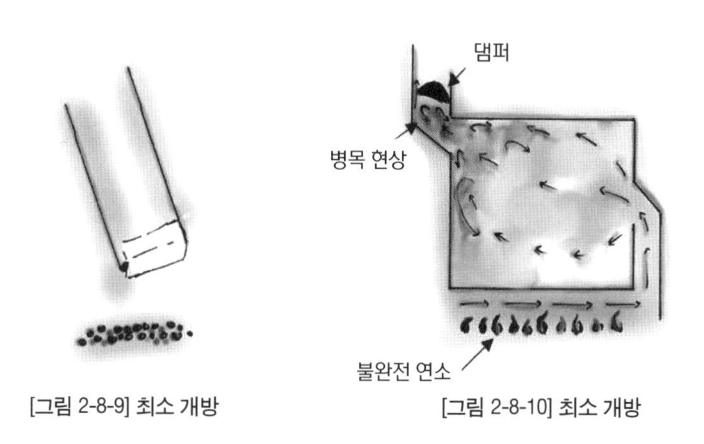

[그림 2-8-9] 최소 개방　　[그림 2-8-10] 최소 개방

재미있는 것은 가장 강력하게 원두를 흡입하는 범위를 지나서 아주 작은 공간만을 남기고 진공청소기 흡입구를 판지로 막았을 때 강력한 흡입은 볼 수 없다는 사실이다. 이 구간은 공간이 너무 작다 보니 병목 현상(bottle neck)으로 인해 드럼 내부의 대류를 효과적으로 배출시키지 못하고 내부 압력이 쌓여 공기의 순환을 저해하고 이는 '불완전 연소'로 이어진다는 점이다.

3. 정상류 범위

실질적으로 댐퍼와 연계해서 '로스팅' 중 일어나는 현상에 대해 보다 심도 있게 다루어 보자. 많은 로스터가 로스팅기를 다루면서도 의아해하는 현상 한 가지가 있다. 댐퍼를 열어줄 때 '대류 온도 센서'의 수치가 올라가다가 열어 주는 범위가 어느 순간 지나면 하락하게 된다. [그림 2-8-5] 실험에서 진공청소기의 흡입구를 거의 막지 않은 상태가 되는 것이다. 집중된 흡입력은 덜 하지만 연소실 주변의 찬공기를 흡입하는 상태로 볼 수 있다. 반열풍식 로스팅기의 구조의 특성상 발생하게 되는 현상으로 가열한 공기만 드럼 내부로 들어가는 것이 아니라 주변에 찬 공기까지 유입이 되어 발생하는 것이다. 이처럼 댐퍼를 너무 닫으면 병목 현상으로 인해 불완전 연소가 발생하며 너무 개방을 해도 주변의 찬 공기의 유입으로 온도의 손실을 본다.

완전 연소에 근접하고 대류의 흐름이 가장 이상적인 구간을 '정상류 범위'로 정의하자. 댐퍼를 열어 놓은 상태에서 조금씩 닫아 줄 경우 대류 온도 센서(air temp sensor)의 온도가 상승하다가 정점을 지나면 하락하게 된다. 진공청소기 실험에서 흡입구를 너무 막았을 때와 같은 경우인데 이때는 로스팅기의 연소실에 산소의 유입이 원활하지 않게 되어 '불완전 연소' 현상이 발생하게 된다. 이때 열원의 불길을 확인하면 정상적인 푸른 불꽃이 아니라 붉은색의 불완전 연소하는 불꽃을 확인할 수 있다[그림 2-8-10]. 이 온도 하락 이전의 대류 온도 센서가 최고점을 가리키는 지점이 '정상류 최소 개방' 지점이다. 정상류 최소 개방에서 댐퍼를 개방할수록 찬 공기의 유입은 늘어나 온도는 하락하게 된다. 여기서 대류 온도(air temp) 하락이 드럼 내부 온도만큼 낮아지는 지점을 확인하는 것이 중요하다. 바로 이 지점이 '정상류 최대 개방' 지점이다.

정상류 범위 내에서 댐퍼를 최소로 닫았을 경우 좁아진 배기구의 빠른 유속으로 인하여 배기구의 압력은 낮아지고 드럼 내부는 상대적으로 높은 압력이 쌓인다. 그로 말미암아 드럼 내부에서 배기구로 유체의 빠른 이동을 유도하게 되며 적절한 압력을 형성한다. 주변 찬 공기의 유입 없이 가열된 열풍만을 순환시켜 주는 가장 이상적인 지점이다보니 빠른 온도의 상승을 관찰할 수 있다[그림 2-8-7]. 반대로 정상류 범위에서 댐퍼를 최대로 열었을 경우 최소 개방에 비해 더 넓어진 배기구로 인해 낮은 압력 상태를 유지하며 온도가 낮아진다.

댐퍼	정상류 최소 개방	정상류 최대 개방
온도	온도 상승	온도 하락
압력	높은 압력	낮은 압력

댐퍼의 최대 개방은 물이 끓고 있는 냄비의 뚜껑을 순간적으로 열어서 다량의 수분을 배출하듯이 짧은 시간 종피(채프)의 제거가 용이하고 내부 압력과 수

분을 효과적으로 조절할 수 있지만 찬 공기가 유입된다는 단점이 있다. 그에 반해 정상류 최소 개방은 드럼 내부의 적정 압력과 수분을 일정하게 유지하지만 종피의 배출이 원활하지 않게 되는 단점이 따른다. 이렇듯 반열풍식 로스팅기는 그 구조와 원리의 이해 정도에 따라 커다란 결과의 차이를 가져온다.

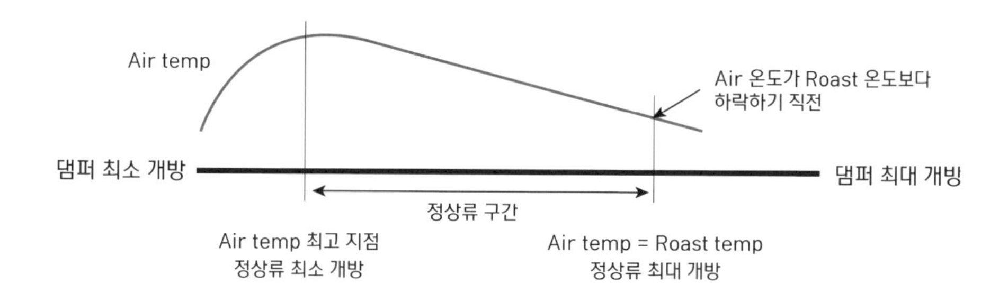

[그림 2-8-11] 정상류 범위

이를 이해하면, 열풍의 흐름이 가장 좋은 정상류 범위의 댐퍼 조작으로 생두의 특성에 따른 섬세한 로스팅이 가능하다. 그리고 크랙 이후의 유해한 불활성 가스의 배출을 용이하게 할 수도 있고, 댐퍼를 닫아 수분을 통제하여 열풍 로스팅기의 장점을 얻을 수도 있으며, 열어서 직화식 로스팅기의 장점까지도 취할 수 있다.

기존의 '댐퍼는 조절하지 않고 로스팅을 진행한다.'는 생각은 찜을 할 수 있고 죽도 가능하며 현미 발아, 잡곡밥, 그리고 밥을 질게 또는 되게도 할 수 있는 여러 가지 기능이 있는 전기밥솥을 그냥 '백미 취사' 기능만 사용하는 경우와도 같다.

UNIT 09 로스팅 실전(1) - 예열

구분	로스팅 드럼 내부 온도	댐퍼	화력
1	실내온도	완전 개방	점화 on 50%
2	120℃	half (5) 정상류 최대	on 100%
3	220℃	1/10 (1) 정상류 최소	off ·
4	200℃	"	on 100%
5	220℃	"	off ·
6	200℃	"	on 100%
7	220℃	"	off

[예열 과정]

■ 참고

- 각 로스팅기마다 정상류 최대, 최소 범위는 차이를 보인다.
- 드럼 내부 원두의 유무에 따라 정상류 최대, 최소 범위는 차이를 보인다.
- 부하로 작용하는 원두 투입량에 따라 정상류 최대, 최소 범위는 차이를 보인다.

드디어 실제 로스팅의 시작인 예열 과정이다. 이제부터는 앞장에서 언급했던 전도, 대류, 복사의 총체적인 이해를 하고 이야기를 풀어 보자.

1. 예열의 목적

그러면 예열은 왜 하는가? 그리고 왜 3번씩이나 혹은 그 이상으로 온도를 올렸다 내렸다 하는 과정을 반복하는가? 예열의 목적은 대개들 '안정적인 로스팅', '균일한 결과물을 얻기 위해' 등으로 설명하고 대부분 그러한 목적을 가지고 예열을 하고 있다. 하지만 그에 대한 구체적인 이해와 설명이 부족하다 보니 로스팅 과정에서 생기는 여러 가지 현상에 대해 의문만을 가지고 그저 반복된 경험에 의존하여 로스팅을 하게 된다. 원리를 이해하여 상황에 따라 적용하는 로스터와 그냥 남이 하는 어느 한 방식을 따라가는 로스터는 분명히 큰 차이가 있을 수밖에 없다.

1) 드럼(Drum)

예열의 목적은 사실 로스팅기에 부착된 온도계에 속지 않기 위함이다. 그건 또 무슨 소리인가? 로스팅기에 부착된 가장 정밀한 부분 중 하나가 온도계인데 이 정밀한 온도계에 속지 말라니 언뜻 이해가 안 되는 말이다. 일단 로스팅기 내부를 살펴보자. 로스팅이 이루어지는 드럼과 그 외부를 감싸고 있는 큰 틀(housing)이 있다. 소형 로스팅기의 경우 단일 드럼이 대부분 차지하고 외부 틀이 없는 경우도 있으나 로스터리 숍에 많이 보급된 반열풍식의 경우 단일 드럼과 이중 드럼 모두를 취하지만 그중 이중 드럼 방식을 많이 적용하고 있다. 열적 관성이 낮은 단일 드럼 방식에 비해 열적 관성이 높은 이중 드럼 방식은 그만큼 예열에 긴 시간을 요구하고 가열 후에 온도가 낮아지는 시간도 그만큼 오래 걸린다. 이와 같은 예는 낮과 밤의 기온차가 큰 사막의 집들을 두꺼운 진흙 벽돌을 이용하는 이유로 설명할 수 있다. "두꺼운 진흙 벽돌은 낮에는 바깥의 열이 집 내부로 들어오는 시간을 지연시켜 집 안을 시원하게 유지하고, 밤에는 집 안의 열이 바깥으로 나가는 시간을 지연시켜 집 내부를 따뜻하게 유지할 수 있는 기능을 한다. (출처 : 〈Conceptual Physics〉- Paul G. Hewitt)" 이는 진흙 벽돌의 '열적 관성'이 크기 때문에 가능하다. 마찬가지로 이중 드럼도 원통이 한 겹으로 되어 있는 단일 구조에 비해 열적 관성이 크기 때문에 가능하다. 그밖에 드럼의 소재에 따라서 열적 관성이 차이를 보인다. 주철이나 주강 소재의 드럼은 스테인리스(stainless) 소재의 드럼보다 열적 관성이 뛰어나다. 열적 관성이 뛰어날수록 빠른 전도의 영향으로 원두의 표면이 타 버리는 가능성을 줄여 주고 급격하게 온도가 증가하는 것을 지연시켜 좀 더 안정된 로스팅을 진행할 수 있다. 또한, 열적 관성이 높은 재질의 사용은 드럼의 열손실이 적다.

2) 틀(Housing)

이제 드럼에서 외부를 덮고 있는 틀을 생각해 보자. 드럼과 외부 틀(housing) 사이에는 공기층이 존재하고 있다. 공기의 열전도도는 고체에 비해 우수한 단열재이지만 드럼과 외부 틀 사이의 간격은 대류에 의해 열이 전달되어 단열 효과가 크게 줄어들게 된다. 이러한 현상은 일상생활에서 흔히 볼 수 있는 이중창 구조에서도 발견할 수 있다. 바깥 창문과 안 창문 사이의 간격이 크게 설계된 경우 대류에 의한 열전달 효율이 증가하여 단열 효과가 크게 줄어들게 된다. 이상적인 바깥 창문과 안 창문 사이의 간격은 너무 넓지 않은 2cm 정도가 적당할 것이다. 마찬가지로 뜨겁게 달궈진 드럼으로부터 상대적으로 온도가 낮은 외부의 틀로 열이 이동하게 된다. 즉 외부의 틀로 열을 빼앗기고 있는 것이다. 예열은 냉각에 대한 물리 현상의 이해가 있을 때 보다 명확해진다. 모든 열전달의 냉각에 대하여 '물체의 냉각률은 물체와 주위 사이의 온도차에 비례한다'는 것을 뉴턴(Newton)의 냉각 법칙에서 설명하고 있다. 물체의 냉각률은 물체와 주변 온도 차가 크면 클수록 비례하는 것이다. 뜨거운 국 한 그릇을 냉장고 안에 넣으면 식탁 위에 놓인 국보다 더 빨리 식는다. 국과 냉장고 내부의 온도 차이가 크기 때문이다. 이와 같이 로스팅기의 드럼에서 뜨거운 열이 외부 틀로 빠져나가는 비율은 그 온도 차에 비례하게 되는 것이다. 예열의 과정은 결국 외부 틀을 포함한 로스팅기 전체를 데우는 과정이다. 예열 과정 없이 로스팅기의 드럼만 가열한 경우 외부 틀과의 큰 온도 차 때문에 냉각률이 높아지지만 3차례 혹은 그 이상 예열 과정을 통해 외부 틀까지 충분이 가열이 되었다면 드럼의 냉각률은 낮아질 것이다. 만약 충분한 예열을 생략하고 진행하여 로스팅을 시작한다면 투입 직후 원두로 빼앗기는 열뿐만 아니라 외부의 틀 또한 드럼으로부터 열을 빼앗아 열효율이 감소한다. 결과적으로 220°C의 온도에 생두를 투입하더라도 높은 냉각률로 인해 실질적으로는 더 낮은 투입 온도가 되는 것이다. 말 그대로 온도계에 속는 일이 발생하는 것이다.

2. 예열 진행 절차

1. 댐퍼 개방

   초반에 댐퍼를 완전 개방하는 것은 로스팅기를 가동 전 내부에 산재한 수분을 제거하고 로스팅기에 무리가 없는 낮은 단계의 화력 조절을 위해서이다. 이후 점진적으로 댐퍼를 닫아서 로스팅기의 예열을 돕는다.

2. 전원 스위치 ON
3. 점화
4. 화력 50%

   화력 또한 기계에 무리를 주지 않기 위해 약한 불에서 점차 강한 화력으로 올려 주는 것이 바람직할 것이다.

5. 드럼 내부 온도가 120°C가 되면 절반(로스팅기마다 차이가 있다) 정도 닫아준다. 즉 댐퍼를 정상류 최대로 닫아 주고 화력은 최대로 한다.

   드럼 내부 온도가 120°C가 되면 댐퍼를 5 정도(정상류 최대 개방)로 닫아주고 화력은 최대로 유지하여 온도 상승을 이끈다.

6. 190°C가 되면 댐퍼를 1/10(정상류 최소 개방) 정도만 개방하고 화력은 유지한다.

   190°C 지점에서 정상류 최소로 댐퍼를 닫아준다(1/10 정도). 대류의 흐름을 늦춰 좀 더 외부 하우징에까지 영향을 주기 위함이다.

7~8 반복 구간

드럼 내부 온도 220°C가 되면 화력을 끄고 정상류 최소로 댐퍼를 유지한다. 이때 경험이 많은 로스터라면 220°C라고 특정한 온도가 마냥 막연하다고 생각할 것이다. 필자가 특정한 220°C는 필자가 사용하는 로스팅기의 드럼 용량에 투입 가능한 최대 생두량을 기초로 설정하였다. 더군다나 220°C는 여러모로 의미하는 바가 크다. 220°C를 전후로 한 온도는 커피의 오일 성분이 열분해하여 연기가 나기 시작하는 발연점으로 원두의 세포조직과 고형물의 연소가 시작되는 온도이기도 하다. 물론 생두의 품질에 따라 좋은 품질은 발연점이 높게 형성되고, 품질이 떨어지는 생두는 발연점이 낮은 온도에서 발생하게 된다.

생두의 조밀도와 경도를 포함하여 고형물의 함량에 따라 조금씩 차이를 보이는 것이다. 실제로 로스팅을 진행할 때 '크랙'을 지나 220°C 이상의 온도로 진행될 때는 공급되는 화력을 끄거나 최소로 하여 발생하는 연기로 인한 부정적인 맛과 향을 줄여 주는 노력이 필요하다. 그렇다면 투입하는 생두량이 적을 경우는 어떻게 해야 할까? 당연히 더 낮은 온도 대에서 반복 구간을 설정한다. 무엇보다 축적된 경험이 요구된다. 화력을 끄고 온도가 200°C로 하락하면 다시 점화하여 220°C까지 높여 주기를 반복한다. 3차례 정도 예열을 진행하면 그 외부 틀까지 충분히 열이 전달된 상태가 된다. 그로 인해 드럼과 외부의 틀의 온도 차는 낮아져 냉각률 또한 낮아지게 되고 표시되는 온도 수치와 실제 투입 온도와의 격차가 줄어들어 안정된 온도에서 로스팅을 진행할 수가 있다.

반복 마지막 220°C에서 생두를 투입하고 로스팅을 진행한다. 위 과정을 통해 온도의 왜곡을 최소화시킬 수 있는 것이다. 즉 반복되는 예열 과정을 통해 첫 번째 로스팅이 끝난 후 드럼에 남은 후열 값과 최대한 유사한 상태로 만들어 주는 사전 작업으로 안정적인 연속 로스팅을 가능하게 한다. 전문 로스팅기 제작 회사마다 그리고 개인들이 제작하는 자작 로스팅기까지 그 구조와 방식 센서의 위치는 제각각이다. 반열풍식의 경우 열풍이 투입되는 지점에 센서를 '대류 온도(air temperature)'로 표기하고 반대편 드럼 근처나 드럼 중간에 '드럼 내부 온도 센서(roasting temperature)'를 배치시키는 경우가 있는가 하면 댐퍼 쪽과 가까이에 또 하나의 온도 센서를 부착한 기계도 있다. 로스터라면 이 센서들의 위치와 그에 따른 영향 외에도 전체적 구조의 이해가 있어야 진정 원두가 받는 열의 수치를 파악하여 원두 상태를 가늠할 수 있다.

■ **절차의 요약**

1. 댐퍼 개방
2. 전원 스위치 ON
3. 점화
4. 화력 50%
5. 드럼 내부 온도가 120℃가 되면 절반(로스팅기마다 차이가 있다) 정도 닫아준다. 즉 댐퍼를 정상류 최대로 닫아 주고 화력은 최대로 한다.
6. 190℃가 되면 댐퍼를 1/10(정상류 최소 개방) 정도만 개방하고 화력은 유지한다.
7. 220℃가 되면 댐퍼를 1/10 정도를 유지하고 화력 공급을 중단한다.
8. 200℃까지 온도가 하락한 시점에서 다시 가스 불을 점화시킨다.
9. 220℃가 되면 다시 불을 꺼서 화력 공급을 중단한다.
10. 다시 200℃까지 온도가 하락하면 가스 불을 점화시킨다.
11. 220℃까지 가열해 준다.

※ 온도 하락 폭이 너무 크면 외부로 빼앗기는 열이 많아지기 때문에 200℃에서 220℃까지의 구간이 이상적이다.

UNIT 10 로스팅 실전(2) - 생두 투입

구분	드럼 내부 온도	댐퍼	화력
1	220° C	최소 댐퍼 0.5	최소 화력

예열이 끝나고 본격적인 로스팅 단계이다. 호퍼를 개방하여 생두를 투입하고 댐퍼는 최소 개방하며 화력 또한 최소로 줄여 준다.

앞선 예열 과정에서 220°C까지 올린 상태에서 생두를 투입한다. 왜 그렇게 높은 온도에서 투입을 하는가?

> 저명한 물리학자인 Paul G. Hewitt 교수는 그의 저서 《Conceptual Physics》에서 학부생들에게 다음과 같은 질문을 던진다.
>
> "추운 날 아침에 창고의 프로판 난로를 켜서 창고 안의 공기 온도는 20℃가 되었지만 농부는 춥다고 느낀다. 왜 그런가?"
>
> 답 : 창고 벽이 차갑기 때문이다.
>
> 차가운 벽에 빼앗기는 에너지가 벽에서 받는 에너지보다 많아서 농부가 춥다고 느끼는 것이다. 집 안이나 건물 안에서 따스한 것은 공기뿐만 아니라 벽도 따뜻하기 때문이다.

로스팅 과정에서도 똑같은 현상이 발생한다. 예열을 통해 드럼과 외부 하우징까지 충분히 온도를 올려 주지 않은 상태에서 생두를 투입하게 되면 비록 로스팅기를 작동하여 가열은 하고 있지만 원두는 차가운 외부계로 에너지를 빼앗기게 되어 원하는 열 반응을 얻어낼 수 없다.

1. 수분의 역할

왜 댐퍼를 최소로 열고 화력 또한 줄여 주는가? 여기에는 수분의 역할이 깊숙이 관여하고 있으며 이에 따른 두 가지 이유가 있다

1) 수분에 의한 보호막 효과

생두를 투입하고 고온에 노출된 원두는 흡열 반응이 진행되어 내부 온도의 상승과 표면의 증발이 발생한다. 댐퍼의 계폐를 최소화하는 방법으로 증발하는 수분을 가두어 원두 표면에 수분 보호막을 형성하여 표면의 탄화를 방지하고 화력을 최소로 하여 원두 내부까지 고른 열전달을 유도할 수 있다. 즉 수분을 가두고 완만하게 온도를 상승시켜 내부와 외부의 온도 차를 최소화하여 좀 더 고른 열전달을 할 수 있게 한다. 로스터라면 이 대목에서 떠오르는 말이 있다. '수분 날리기', 즉 원두로부터 수분을 제거해 준다는 말이다. 언뜻 들으면 소위 '뜸' 들이는 과정에서 수분 날리기라니 사뭇 상반되는 말로 오해할 여지가 있다. 그러나 생두를 투입한 후 댐퍼를 닫아 주고 화력을 최소로 하는 과정을 동반할 때는 맞는 표현이 된다. unit 1에서 언급했듯이 증발은 냉각 과정이다. 원두에서 발생하는 수분의 증발(수분 날리기)을 유도하고 증발하는 수분을 곧바로 배출하지 않고 일시적으로 드럼 내부에 가두어 원두 표면을 보호하는 보호막 역할을 유도하는 상호작용으로 안정된 고형물의 호화를 유도하고 세포조직의 임계점 상승으로 보다 높은 온도와 압력에서 안정되게 팝핑을 유도할 수 있다.

2) 원두 내부의 호화(gelatinization)

식물은 광합성을 하여 포도당을 만들어 낸다. 이 영양분을 전분(녹말=starch)의 형태로 뿌리나 열매, 종자 등에 저장한다. 커피의 생두에도 단당류, 이당류, 다당류 등으로 구성된 탄수화물을 60% 이상 함유하고 그중 대부분이 다당류로 이루어져 있다. 탄수화물의 고분자 녹말은 밀착되어 있어 물 분자도 들어갈 수 없는 치밀한 묶음으로 이루어져 있다. 이러한 화합체를 미셀(micelle)이라고 한다. 물과 함께 가열하면 열운동에 의해 물 분자가 전분 입자 내부의 수소 결합을 끊어 입자 내부로 수분이 침투하게 된다. 이 과정에서 일부 아밀로스가 빠져나가 분자 내 규칙적인 미셀(micelle) 구조가 파괴되어 풀과 같은 콜로이드 상이 되는 일련의 과정을 '호화(gelatinization)'라고 한다.

로스팅 과정에서는 열은 가하지만 원두가 물에 잠긴 상태는 아니다. 그럼 어떻게 호화를 발생시킬 것인가? 실제 오븐에 빵을 굽기 시작할 때 여러 가지 이유로 오븐 내부의 높은 습도가 중요하게 작용한다. 그중 한 가지가 녹말의 '호화'를 돕기 위함이다. 빵을 굽는 과정에서 녹말의 호화는 좀 더 쫄깃한 식감을 주게 되며 그 맛도 향상시키고 섭취할 때 소화도 돕는다. 제빵 시 호화를 위한 높은 습도는 전통적인 방식으로 오븐을 밀폐하여 열에 의해 발생하는 반죽의 수증기를 이용하거나 오븐에서 직접 스팀을 분사하기도 한다. 로스팅을 하는 동안 발생하는 호화 작용은 댐퍼 개방을 최소로 하여 원두로부터 발생하는 수분을 이용하여 유도할 수 있게 된다. 그렇다면 호화를 발생시키면 무엇이 좋은 것인가? 씨앗에 저장된 녹말은 종자의 경우 땅에 심어져 다음 세대의 식물로 자라기 전 발아를 위해 포도당으로 분해하여 영양분으로 쓰인다. 이때 발아하는 씨앗에서 발견되는 아밀라아제(amylase)라는 효소에 주목해 볼 필요가 있다. 우리 입안의 침에도 있는 성분이지만 식물에도 널리 분포하며 특히 씨앗이 수분을 만났을 때 아밀라아제 활성을 자극하게 된다. 아밀라아제에 열을 가하면 특정 온도에서 활성화되어 녹말을 두 개의 포도당 결합인 엿당(maltose)으로 분해하고 다시 포도당(glucose)으로 분해한다. 로스팅 과정에서도 아밀라아제 활성화로 호화 과정을 통해 좀 더 수월하게 당 성분을 생성하게 되는 것이다. 이렇게 발생시킨 당 성분은 로스팅 과정에서 지속적인 가열에 의해 메일라드 반응, 캐러멜화 반응 등을 거쳐 향미 성분으로 변하게 된다.

2. 생두 투입량에 따른 변화 요인

우리는 앞서 원두에 함유된 수분에 의해 열효율이 감소한다는 것을 알아보았다. 그렇다면 투입량이 많아진다면 수분 또한 증가하게 되고 그에 따라 열량도 증가시켜야 한다. 반대로 투입량이 적을 경우는 냉각 효과를 일으키는 수분이 상대적으로 줄어들어 많은 양을 투입할 때와 같은 동일한 화력을 가한다면 원하지 않는 급격한 반응을 겪게 될 것이다.

생두의 투입량에 따른 로스팅에 대해 알아보자.

1) 생두 투입량이 많을 경우

원두량의 증가분만큼 증발하는 수분량의 증가로 인해 드럼 내부로 증발하여 원두 표면에 분포하는 수분도 증가한다. 그로 인해 수분에 의한 냉각 효과가 커지며 그에 따라 더 많은 열량을 요구하게 된다. 또한, 늘어난 원두량은 드럼 내부를 차지하는 부피의 증가를 불러오고 그로 인해 대류열의 흐름에 과부하로 작용한다. 이러한 반응들을 인지하고 보정하기 위해서는 높은 온도 대에서 충분한 예열을 통해 복사열을 축적시키고 생두를 투입한 후 적정 용량보다 오픈된 댐퍼의 조작으로 대류열의 흐름을 원활하게 유도한다.

2) 생두 투입량이 적을 경우

총 칼로리 소모량이 감소한다. 또한, 감소한 수분으로 냉각 효율의 감소가 따르고 그로 인한 열효율(부하 감소)의 증가로 로스팅 시간이 단축된다. 만약 적은 투입량에 비해 과한 열량이 공급되면 향미 성분을 만들어 내는 화학 변화보다 물리적 변화가 급격히 발생하는 현상이 발생한다. 즉 맛 성분은 적게 생성이 되고 탄화를 향해 돌진하는 급격한 물리적 반응이 발생하게 된다. 해결책은 낮은 온도 대에서 예열한 후 생두를 투입하는 방법이다. 낮은 온도에서의 투입은 로스팅 시간을 늘려주어 화학적인 변화를 보충할 수 있다. 생두를 투입하고 조금은 닫은 상태의 댐퍼 조절과 낮은 단계의 화력 조절을 통해 원두가 받게 되는 열량을 적절한 수준으로 보정한다.

조치 사항	투입량이 많을 경우	투입량이 적을 경우
예열	충분한 예열	충분한 예열
화력	정상적 화력 조절	낮은 수준의 화력 조절
투입 온도	표준 투입 온도보다 높은 온도	표준 투입 온도보다 낮은 온도
댐퍼	댐퍼를 조금 더 개방한다.	댐퍼를 조금 더 닫아 준다.

3. 건조 방식에 따른 로스팅

여러 건조 방식 중 '내추럴(natural)' 방식에 대해 주목해 볼 필요가 있다. 말 그대로 햇빛에 자연적(natural)으로 건조하는 방식이다. 단순하고 원시적인 방식 같지만 태양열에 의한 복사열의 작용은 효소의 활성화로 이어져 전분의 분해, 지방의 산화, 단백질의 변성 등의 화학적인 변화가 진행된 상태가 된다. '워시드(washed)' 방식에 비해 원두 내부의 화학 변화가 좀 더 진행되어 있기 때문에 상대적으로 낮은 단계의 온도 상승률을 적용하여 로스팅 한다.

UNIT 11 로스팅 실전(3) - 팝핑(Popping)의 준비

구분	로스팅 드럼 내부 온도	댐퍼	화력	생두의 변화
1	130℃	1	미압계 가스압 100mmH_2O (약 50% - 최대 가스압은 200mmH_2O)	130℃를 전후로 하여 메일라드로 인한 갈변 시작
2	155℃	1.5	전체 화력의 80%로 상승 (가스압 150mmH_2O)	
3	180℃	2 (정상류 최소)	최대 화력 (가스압 200mmH_2O)	

로스팅을 하는 동안에는 육안으로 보이는 원두의 외부와 내부를 분리하여 고찰해 볼 필요가 있다. 130°C를 전후로 육안으로 보이는 원두의 갈변화가 발생한다. 갈변화는 메일라드 반응(Maillard Reaction)의 시작이다. 그렇다면 과연 우리가 관찰하는 갈변화는 외부와 내부의 균일한 반응을 보여 주는 것인가? 아니면 외부만의 반응인가? 로스팅을 하는 동안 발생하는 1차 파열음이 들리는 팝핑(popping)과 2차 파열음이 들리는 크랙(crack)은 원두 구조를 이루는 세포조직과 수분을 포함한 고형물에 열에너지가 가해져 순차적으로 발생하는 열분해 반응이다. 그와 함께 순차적으로 갈변 반응이 나타난다. 그러나 원두 표면에서 일어나는 갈변 반응은 원두 내부와는 구분되어 나타나기 쉽다. 과한 열량과 댐퍼

의 최소 개방이 팝핑 이전에도 표면의 캐러멜화(caramelization)를 발생시킬 수 있다. 실제로 원두 내부의 고형물은 화학 변화가 발생하지 않지만 원두 표면은 화학 변화를 할 수 있다는 것이다. 팝핑 이전에는 고형물의 화학적 분해가 일어나지 않은 상태로 고형물에 의한 맛 성분과 향 성분은 만들어지지 않은 상태이다. '그렇다면 팝핑 이전에 발생하는 단 향이나 고소한 향 등은 무엇인가?'라고 반문할 수 있다. 이는 원두 내부와 외부에 고른 열전달이 이루어지더라도 잔존하는 수분의 분포는 같을 수 없기 때문에 발생한다. 캐러멜화 반응은 팝핑 이후 고형물의 화학적 분해 반응으로 고형물의 결합수가 이탈한 이후 일어나는 반응이다. 그에 반해 팝핑 이전의 반응은 고형물의 화학적 분해 이전의 반응으로 증발에 의해 원두 표면에서 발생하는 메일라드 반응이 주된 원인이다. 댐퍼를 지나치게 개방하고 과도한 열량을 공급할 때 과도한 메일라드 반응과 팝핑 이후에 발생하는 캐러멜화가 원두 내부 고형물과는 독립적으로 원두 표면에서 미리 발생한다. 주로 댐퍼를 지나치게 개방할 때 원두 표면에 수분에 의한 보호막이 형성되기 어려운 상태가 되어 과도한 에너지가 원두 표면에 직접적으로 전달되기 때문이다.

■ **참고**
미압계 가스압은 미압계의 종류와 열원, 설치 환경(기온, 습도) 등에 영향을 받는다.

1. 메일라드 반응(Maillard Reaction)

메일라드 반응은 각각의 출처마다 150°C를 반응 온도로 혹은 160°C를 반응 온도로 저마다 다르게 기술하지만 실제로는 실온에서도 발생한다. 단 온도를 올릴수록 그 반응의 속도가 증가하게 된다. 이러한 메일라드 반응은 복잡한 화학 반응으로서 아직까지도 완전히 밝혀내지 못한 영역이다.

대략적인 개념은 '환원당'(알데하이드기를 가지고 있는 당 - 설탕을 제외한 단당류와 이당류)과 아미노산이 반응하여 다양한 향미 물질과 색소 분자를 만들어 내는 것이다. 100°C 전후로 미약하게 반응하여 160°C 이상 190°C 이하에서 반응이 가장 활발하며 그 이상 가열하면 탄 냄새가 강해져 긍정적인 향미 성분을 기대하기는 어렵다. 구운 고기, 군고구마, 호떡, 구운 빵, 로스팅 한 원두 등의 많은 향이 메일라드 반응에 의해 만들어진다.

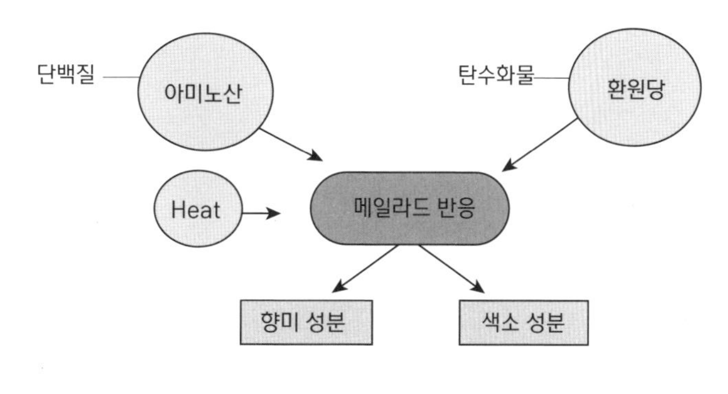

[그림 2-11-1] 메일라드 반응

메일라드 반응을 통해 발생되는 향기 성분은 구운 향을 느끼게 해주는 Pyrazines, 견과류의 고소함과 구운 향인 Alkylpyrazines, 쓰고 탄 느낌을 주는 Alkylpyridines, 크래커 느낌의 Acetylpyridines, 시리얼 같은 Pyrroles, 달콤하고 캐러멜 같은 향을 주는 Furan, Furanones 등의 다양한 향기 성분이 생성되어 음식물을 더욱 풍미 있게 해준다.

2. 캐러멜화(Caramelization)

캐러멜화(caramelization)는 팝핑 이후(자유수의 증발 이후)에 주로 발생하는 열분해 반응으로 가해 주는 열의 온도와 밀접한 관계가 있다. 캐러멜화 또한 서적마다 반응 온도를 제각각 기술하고 있지만 특정하여 반응 온도를 기록하기에 무리가 따르는 반응이다. 다양한 변수나 조건에 따라 조금씩 차이를 보이고 당의 종류에 따라 반응 온도가 달라진다. 과당(fructose)은 110°C에서 반응하고 설탕(sucrose), 포도당(glucose), 갈락토오스(galactose)는 160°C에서 반응하며 엿당(maltose)은 180°C에서 주로 반응하는 것으로 알려져 있다. 이러한 당류를 반응 온도 이상으로 가열하면 산화 및 분해 산물이 중합, 축합 반응에 의하여 갈색 물질을 생성하게 된다. 캐러멜화 반응에 의한 분해 생성물은 메일라드 반응과 함께 커피의 색과 풍미에 중요한 영향을 미친다. 또한, 캐러멜화와 메일라드 반응에 의해 여러 가지 향기 물질과 함께 '멜라노이딘(melanoidine)'이라는 색소가 만들어지는데 이는 고분자 물질로써 향미 성분을 가지고 있고 항산화 기능을 한다.

3. 진행 절차

급하지 않은 점진적인 화력 조절과 화력에 따른 댐퍼의 개폐 범위를 정상류 최소로 유지하는 이유는 수분을 가둬 원두의 표면을 최대한 보호하여 내부까지 물리·화학적 반응을 안정적으로 유도하기 위함이다.

이때 유의해야 할 사항으로 댐퍼(산소 공급)의 개폐 범위에 따른 화력(불꽃의 모양이나 움직임)과 미압계 압력이 유기적인 관계에 있다는 것이다. 즉 비례하여 조절해 준다.

1 드럼 온도 130°C를 전후로 댐퍼를 1로 좀 더 열어 주고 화력은 미압계 가스압을 100mmH_2O 정도로 높여 준다. (화력 50%)
수분에 의한 냉각 작용은 메일라드 반응과 캐러멜 반응을 억제하고 조절할 수 있는 좋은 수단이다. 로스팅 초반부터 발생하는 수분은 원두 표면을 보호하여 메일라드 반응을 억제한다. 증발하는 수분의 보호막 역할을 유도할 때는 댐퍼를 정상류 최소로 유지하여 안정된 로스팅의 진행으로 자유수에 의한 고형물의 호화를 유도한다. 드럼 온도 130°C 전후로 메일라드 반응에 의한 '갈변화'를 볼 수 있다. 이후로 조금씩 댐퍼를 개방하고 단계적으로 화력을 높여 간다. 급격한 온도 상승을 피하며 메일라드 반응을 본격적으로 발생시키기 위해서다.

2 드럼 온도 155°C를 전후로 댐퍼를 1.5(정상류 최소)로 더 개방하고 화력을 80%로 더 높여 준다. (미압계 가스압 150mmH_2O) 155°C 전후로 원두는 옅은 갈색에서 점차 짙은 갈색으로 변화하는 표면의 화학 변화와 응축에 의해 수축하는 물리적 변화를 관찰할 수 있다. 본격적으로 갈변화가 일어나는 구간으로 팝핑 이전에 원두가 수축하며 주름이 지는 현상을 관찰할 수 있다. 이러한 현상을 '응축(condensation)'으로 설명할 수 있다. 일반적으로 알

고 있는 바는 로스팅 초반 원두의 색이 갈색으로 변화할 때 원두가 가지고 있는 수분이 증발하여 나타나는 현상으로 오인하고 있지만 그 연관성은 미미하다. 수분의 증발에 의해 주름이 발생하는 경우는 생두를 수확하고 건조하는 기간에 수분의 증발에 의해 나타나는 반응으로 귀결되고, 로스팅을 하는 동안에는 응축에서 답을 찾을 수 있다.

응축이란 증발의 반대되는 개념으로 기체상에서 액체상으로의 상변화를 의미한다. 응축은 [그림 2-11-3]처럼 액체 표면에 기체 분자가 끌려와 충돌하여 운동 에너지를 잃고 액체의 일부분이 되며 이러한 충돌로부터의 에너지를 액체 분자들이 얻게 되어 액체의 온도가 올라가게 되는 과정이다. 즉 응축은 가열 과정이다.

우리는 실생활에서도 이러한 응축의 가열 효과를 어렵지 않게 확인할 수 있다. 그중 응축의 원리를 이용한 방열기를 살펴보자. 뜨거운 증기가 응축되면서 방출하는 에너지를 난방에 이용하는 원리이다. 추운 겨울 따스한 물로 샤워를 끝내고 샤워 커튼 밖으로 나오면 몸에서 수분이 증발할 때 열을 빼앗겨 추위를 느끼게 된다. 하지만 수증기가 가득한 샤워 커튼 내부는 수증기의 응축으로 증발이 억제되어 상대적으로 따스하다.

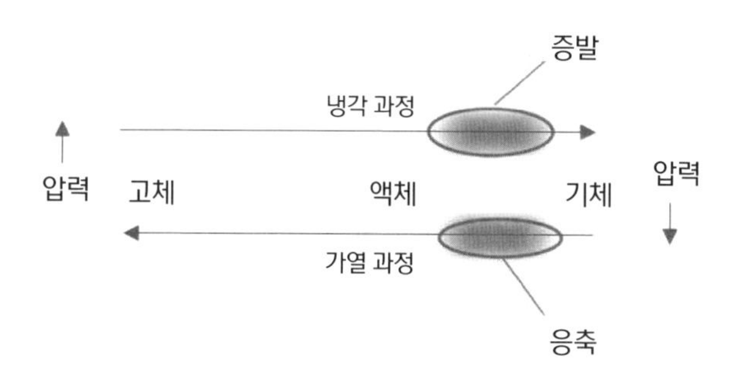

[그림 2-11-2] 상변화

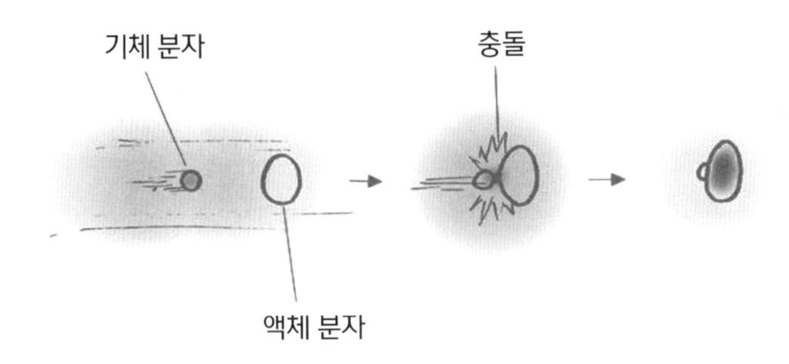

[그림 2-11-3] 기체 분자와 액체 분자의 충돌

무더운 여름 온도는 같아도 습도가 낮은 지역은 온도에 비해 시원함이 느껴진다. 공기 중에 분포하는 수분이 적기 때문에 증발 효과가 응축 효과보다 크게 발생하기 때문이다. 그와는 반대로 습한 지역은 공기 중에 분포하는 수분이 많아서 응축이 잘 일어난다. 그로 인해 공기 중에 수분이 피부를 두들겨서 충돌 에너지가 피부로 전달되어 더욱 무덥게 느껴지는 것이다. 이러한 원리를 생각해 보면 열분해의 효율성을 높이고 수분에 의한 보호막 역할은 표면의 탄화를 막아 안정적인 로스팅을 진행할 수 있게 해주는 '신의 한 수'라고 하겠다. 그렇다면 이러한 응축 과정이 원두와 같이 밀폐된 계에서 발생할 때의 경우를 생각해 보자. 그나마 경험이 많은 로스터들도 열을 가하면 부피는 증가한다는 생각 때문에 수축 현상이 발생한다는 데 대해서 의아해한다.

간단한 실험을 통해 확인해 보자. 페인트통과 같은 양철 깡통에 물을 끓여서 수증기로 가득 채운 후에 뚜껑을 닫아 보자. 깡통이 서서히 쭈그러드는 것을 관찰할 수 있다. 가열로 인하여 수분이 수증기로 기화되고 뚜껑을 닫아 주면 밀폐계가 되어서 응축이 일어나게 된다. 즉 압력은 높아지고 기화된 수증기

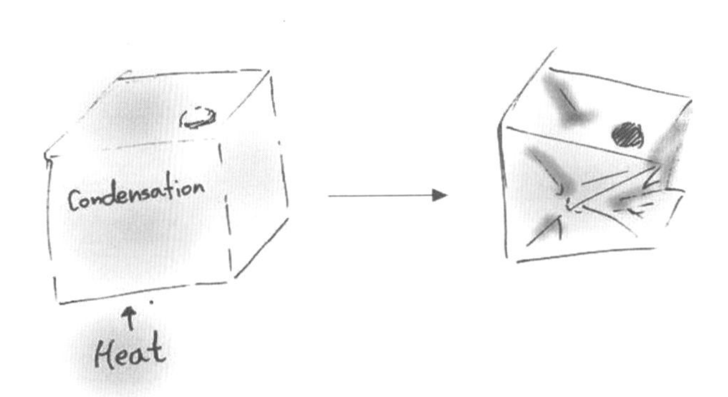

[그림 2-11-4] 응축

분자에 기체 분자가 충돌 후 합쳐져 양철통 안의 일부가 진공 상태가 만들어진다. 그로 인해 상대적으로 높은 외부의 대기압이 깡통을 눌러 쭈그러지는 것이다. 가열되는 원두 또한 이러한 현상이 발생한다. 플라스틱 페트병이라도 괜찮다. 누구나 실험으로 확인할 수 있다.

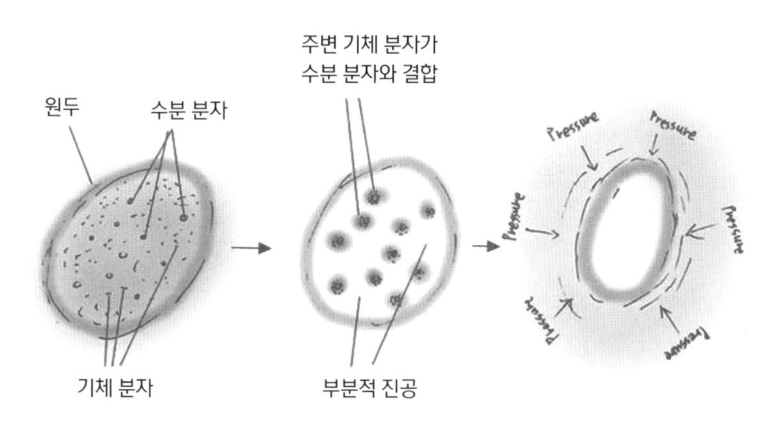

[그림 2-11-5] 원두에서의 응축

원두에서 발생하는 응축으로 인한 수축 현상은 155°C를 전후로 팝핑 이전까지 발생하고 원두의 세포조직이 임계점에 다다르면 팝핑과 함께 움츠러들었던 세포조직이 팽창하게 된다.

이제는 로스팅을 하는 동안 원두가 수축하고 주름이 생기는 이유를 명확하게 설명할 수 있을 것이다. 그밖에 많은 커피 마니아들 사이에서 원두의 주름과 향미의 연관성을 논한다. 그렇지만 실제로 그 연관성은 미미하다. 보다 근본적으로 살펴볼 수 있는 연관성은 원두의 품질에 영향을 주는 것은 원두의 고형물 함량과 수분이 밀접하게 관계하고 있다는 것이다. 품질이 떨어지는 생두는 조밀도와 경도가 부족하다. 즉 고형물 함량이 부족하여 수분 함수율이 높은 생두는 건조하는 동안 증발에 의한 주름과 로스팅을 하는 동안 응축에 의한 주름이 강하게 나타난다.

또한, 로스팅기 방식에 따라 응축에 영향을 미치는 수분의 관여 정도가 다르게 나타나 응축의 정도가 차이를 보인다.

공기 중 수분이 많을 경우	공기 중 수분이 적을 경우
증발 〈 응축	증발 〉 응축

증발하는 수분의 배출이 원활하지 않은 열풍식 로스팅기일수록 수분이 깊게 관여하여 응축의 정도가 강하고, 증발하는 수분의 배출이 원활한 직화식 로스팅기일수록 수분의 관여 정도가 약하게 작용하여 응축에 의한 주름이 깊지 않으며, 중간 형태의 반열풍식은 시간, 열량, 댐퍼의 조작을 통해 응축에 의한 주름을 컨트롤할 수 있다.

응축에 의한 수축과 반대되는 물리적 현상은 부풀음이다. 부풀음의 정도는 응축과 비례하여 응축에 의해 깊어진 주름만큼 부풀음도 크게 나타나는 것이다. 그밖에 볶음도에 따라 부풀음(주름이 펴짐) 정도가 다르게 나타나는 것을 알고 주의 깊게 관찰한다. 약한 볶음도에서 눈에 띄게 관찰되는 주름은 로스팅이 진행될수록 점차 고형물의 화학 반응에 의한 내부 압력으로 원두의 부풀음이 부피의 팽창으로 작용하여 주름이 펴지게 된다. 특이 사항은 품질이 떨어지는 원두일수록 강한 응축이 일어나지만 그만큼 약한 조직에 관여하는 수분 함수량이 많아 부풀음이 발생하기 쉬운 형태이기 때문에 쉽게 펴진다는 것이다.

3 드럼 온도 180°C를 전후로 댐퍼를 2로 좀 더 열어 주고 화력은 최대로 높여 준다. (미압계 기준 가스압 200mmH_2O)

원활한 팝핑을 위한 원두 내부의 압력을 높여 주기 위하여 180°C를 전후로 화력을 최대로 올려 주고 댐퍼는 2(정상류 최소)로 조절한다. 온도 상승이 긴 시간 너무 완만하게 진행된다면 팝핑이 일어나지 않을 수도 있다. 앞에서 언급했듯이 원두는 '완전 밀폐계'가 아닌 '반투과막' 구조로 표면과 발아구 등을 통해 조금씩 수분이 기화한다. 압력이 높아질수록 수분의 기화는 증가하여 그에 상응하는 열량을 공급할 때 원활한 팝핑을 유도할 수 있다.

■ 절차의 요약

1 드럼 온도 130℃를 전후로 댐퍼를 1로 좀 더 열어 주고 화력은 미압계 가스압을 100mmH_2O 정도로 높여 준다. (화력 50%)

2 드럼 온도 155℃를 전후로 댐퍼를 1.5로 더 개방하고 화력을 80%로 더 높여 준다. (미압계 가스압 150mmH_2O)

3 드럼 온도 180℃를 전후로 댐퍼를 2로 좀 더 열어 주고 화력은 최대로 높여 준다. (미압계 기준 가스압 200mmH_2O)

4. 댐퍼를 닫아 향을 가둔다?

원두에 열을 가하여 발생하는 반응은 '비가역적 반응'이다. 따라서 원두에서 배출된 향기 분자들이 댐퍼를 닫는다고 다시 원두로 들어가는 일은 현실적으로 불가능하다. 한편, 현대 과학에서 열의 개념은 분자의 충돌로 한 곳에서 다른 곳으로 전달되는 에너지를 열이라고 정의한다. 열을 포함한 확장된 의미의 에너지 보존 법칙을 '열역학 제1법칙'이라고 부르며 다음과 같이 기술할 수 있다. 어느 계에 열이 들어오거나 나가면 전달된 열과 같은 양의 에너지를 얻거나 잃는다. 다시 말하면 계에 에너지가 머물면(원두 내에 에너지가 머물면) 계의 내부 에너지를 증가시키고(원두 내부 에너지를 증가시키고) 계를 떠나면 외부에서 일을 한다. 열적으로 절연이 된 장소가 있다고 가정했을 때 이제 막 로스팅을 끝내고 뜨겁게 에너지를 받은 원두와 차가운 원두를 접촉시키면 뜨거운 원두가 차가운 원두에 열을 빼앗긴다. 이후 충분한 시간이 지나면 두 원두의 온도가 같아지는 열적 평형을 이루게 된다. 반대로 뜨거운 원두가 차가운 원두로부터 열을 받는다고 가정해 보면 차가운 원두가 에너지를 빼앗겨 더 차가워지더라도 두 원두 사이의 총 에너지가 변함이 없으면 열역학 제1법칙에는 위배되지 않는다. 하지만 열역학 제2법칙에 위배되기 때문에 이러한 현상은 일어날 수가 없다. 열역학 제2법칙은 열의 자발적인 이동 방향성을 정해 주는 법칙으로 다음과 같이 표현할 수 있다. 열은 찬 물체에서 더운 물체로 스스로는 흐르지 않는다(열은 뜨거운 물체에서 찬 물체로 흐른다). 결국 에너지의 흐름은 잘 조직된 에너지(질 좋은 에너지)에서 덜 조직적인 에너지(질 나쁜 에너지)로 바뀌게 되어 에너지의 질이 떨어진다. 즉 '질서는 무질서로 바뀐다.' 이는 차가운 원두에서 뜨거운 원두로 에너지가 전달되지 않는 것처럼 외부의 도움 없이 무질서 상태가 스스로 질서 상태로 되돌아가는 과정은 자연 현상에서 일어나지 않는 것을 증명한다. 이러한 열역학 제2법칙에 의한 에너지의 방향성은 시간이 흐르는 방향과도 일치한다. 이러한 무질서의 척도를 '엔트로피'라고 하는데 에너지는 엔트로피가 증가하는 쪽으로 흐르게 되며 절대로 감소하지 않는다.

예를 들어 향수병의 뚜껑을 열면 향기 분자들이 사방으로 퍼지게 되므로 무질서 상태가 된다(엔트로피가 커진다).

질서 상태가 무질서 상태로 바뀌는 것으로 향기 분자가 다시 향수병으로 들어가 질서 상태를 이루는 자발적인 반대 과정은 기대할 수 없다. 마찬가지로 원두로부터 빠져나온 향기 분자는 댐퍼를 닫는다고 해서 결코 다시 원두 속으로 들어가지 않는다. 이미 과학계에서 19세기에 증명이 된 사실에 대해서 무질서가 질서로 바뀌는 상황을 주장하며 방출된 향이 댐퍼를 닫음으로 해서 다시 들어가거나 코팅된다고 생각하는 근거 없는 주장은 설득력이 없다.

Paul G. Hewitt 교수는 그의 저서에서 수백 년 전 열을 잘못 이해한 칼로릭 이론이 19세기 중반에 럼퍼드가 열이 물질 내의 무엇이 아님을 밝힌 후에야 비로소 열의 흐름이 바로 에너지의 흐름인 것을 깨달았고, 그 후 칼로릭 이론이 서서히 사라진 것에 대해 다음과 같은 뼈 있는 메시지를 던진다. "잘 알려진 생각이 틀렸다고 밝혀지더라도 금방 버리기 어렵다. 사람들은 동시대의 생각에 동화되기 쉽다. 따라서 낡은 생각에 물들지 않은 젊은이들이 새로운 생각을 받아들이고 새로운 사실을 발견하여 일류 문명을 발전시키려는 경향이 높다." (Conceptual Physics - Paul G. Hewitt) 물리학자인 바이스코프(Victor Weisskopf) 또한 기술자가 농부에게 증기기관의 작동에 대한 설명을 끝내자 농부는 "모든 것을 잘 알겠소. 그런데 말은 어디 있습니까?"라고 질문했다는 이야기를 통해 잘 알려진 방법 대신 새로운 방법이 나오더라도 세상을 바라보는 낡은 관습을 버리기가 정말로 어렵다는 사실을 일깨워 준다. (《Conceptual Physics》 - Paul G. Hewitt)

팝핑 이전에 발생하는 향기 성분은 대부분 원두 표면의 반응으로 발생하며 지속적으로 생성되면서 포집되지 않고 휘발한다. 즉 로스팅을 마친 원두의 향미에는 아무런 영향을 주지 못한다. 마찬가지로 원두에서 이탈한 향기는 미련 갖지 말고 고형물의 열분해에 의해 지속적으로 생성되는 향기 분자를 포집하고 이탈을 최소화하는 데 집중하자.

UNIT 12 로스팅 실전(4) - 팝핑(Popping)

구분	드럼 온도	댐퍼	화력
1	190℃ 전, 후	팝핑 연결음과 함께 정상류 최대로 댐퍼 개방 (댐퍼 6)	50%로 감소 (미압계 가스압 100mmH2O)
2	195℃ 전, 후	Air temp 수치가 드럼 내부 온도와 비슷해져 갈 때 댐퍼 4 - 화력 50%에 해당하는 정상류 최대	
3	200℃ 전, 후	팝의 연결음이 끝날 때 댐퍼 1.5-화력 50%에 해당하는 정상류 최소	

1. 진행 절차

※ 로스팅이 진행되는 동안 원두의 상태에 따라 정상류 범위는 변화한다.

1 팝핑 연결음과 함께 댐퍼를 정상류 최대치로 개방한다.

팝핑의 임계 압력에 도달하기 위해서는 열을 지속적으로 증가시켜야 한다. unit 11에서 기술한 절차 중 180°C를 전후로 하여 댐퍼를 2(화력 100%에 해당하는 정상류 최소 범위)로 조금 더 열어 주고 화력은 최대로 상승시키는 이유가 바로 여기에 있다.

가열은 응축의 저항력을 넘어 원두 내부의 압력을 높이고 원두의 체적을 증가시킨다. 이 팽창하려는 내부의 압력이 원두 구조의 저항력을 넘어 원두의 가장 약한 부위를 파열하게 한다. 그와 동시에 다량의 수분이 순간 기화하여 파열음(팝핑, Popping)이 발생한다. 기존 팝핑의 설명은 "원두의 센터컷(center cut)이 갈라지며 나는 소리이다."라고 기술하고 있다.

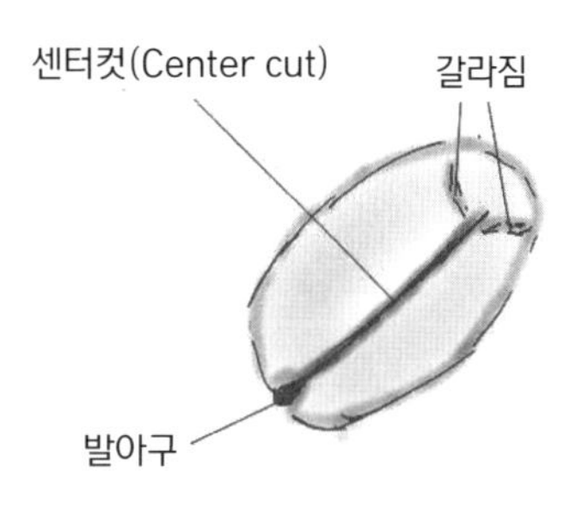

[그림 2-12-1] 팝핑이 발생한 원두

하지만 원두의 구조와 팝핑의 흔적을 좀 더 깊이 들여다보면 다음과 같은 특징을 통해 보다 정확한 판단을 할 수 있다.

[그림 2-12-1]과 같이 발아구를 중심으로 한 파열과 발아구 반대쪽에서 조직의 갈라짐을 발견할 수 있다.

[그림 2-12-2] 팝핑 시 파열 과정

[그림 2-12-2]처럼 에너지가 내부로 전달되고(흡열반응) 내부 압력이 상승하면 조직이 압력을 견딜 수 없는 임계점에 도달했을 때 발아구 반대쪽의 조직이 파열된다. 발아구는 생두가 발아할 때 발아를 위한 수분의 이동 통로이며 뿌리가 나오는 부분으로 내부와 외부를 연결하는 매개체가 된다. 팝핑 이후 에너지의 전달은 상당량이 이곳 발아구와 파열된 조직을 통해 흡열되고 발열된다.

같은 품종에 같은 등급의 원두를 로스팅 해도 팝핑이 발생하는 시점은 원두마다 편차를 보인다. 즉 모든 원두가 파열음을 내며 동시에 팝핑이 발생하지 않는다. 초반의 '탁 탁' 하는 소리로 시작해서 점점 '타 타다닥…' 하는 연결음으로 이어지는 편차가 그것을 증명한다. 그렇다면 팝핑의 시작점을 어느 지점으로 잡아야 할 것인가? 당연히 지속적인 연결음이 발생하는 지점으로 잡아야 할 것이다. 연결음이 발생한다는 것은 다량의 원두가 팝핑이 발생하고 있다는 것을 말해 준다. 팝핑과 동시에 댐퍼는 정상류 최소에서 정상류 최대(댐퍼 6)로 개방하고 화력은 50%를 줄여 준다. [화력이 50%로 줄어든 상황에서 정상류 최대 범위는 댐퍼 4 정도이다. 화력을 50%로 줄이기 이전 댐퍼 6은 화력 50%의 정상류 최대 지점(댐퍼 4)의 범위를 넘는 개폐이다.] 결과적으로 정상류 최대 이상의 개폐가 된다. 내부 압력에 의한 부피의 팽창으로 원두의 약한 부위가 파열하는 과정에서 다량의 수분이 빠져나오게 된다. 이 시점에서 댐퍼를 정상류 최대로 개방하여 원활한 수분의 배출과 종피(Silver skin)를 제거한다. 정상류 최대 범위의 댐퍼 조작은 고체인 종피의 원활한 배출을 용이하게(병목현상 방지) 하지만 닫힌 상태에 비해 찬 공기의 유입이 증가하여 대류열의 온도는 점진적으로 떨어지게 된다. (댐퍼장에서 언급했던 정상류 최대 범위의 정의에 대해 다시 한 번 상기해 보자. 찬 공기의 유입이 증가하지만 드럼 내부 온도에 영향을 주지 않을 정도의 개방이다. 즉 Air temp의 수치가 드럼 내부 온도와 가까워지는 정도의 개방을 의미한다.)

2 Air temp 수치가 하락하여 드럼 내부 온도와 비슷해져 갈 때 댐퍼를 다시 4 정도로 닫아 준다. 화력은 50%로 줄여 준다.

수분과 종피를 배출하는 동안 Air Temp의 수치가 드럼 내부 온도에 가까워질 때 댐퍼를 정상류 최대(댐퍼 4) 범위로 닫아 온도의 하락을 막고 드럼 내부의 온도와 가까워진 상태로 유지한다. 팝핑이 발생한 원두는 보호막 역할을 하는 수분을 다량 배출하여 불안정한 상태로 고온의 열에 노출된 상태이다. 이 때문에 완만한 온도 상승을 위해 화력을 줄여 주는 것이 바람직하다.

3 1차 팝핑의 연결음이 끝날 때 댐퍼를 1.5 정도(정상류 최소)로 닫아 준다.

적절한 온도 조절 없이 로스팅을 진행하면 '팝핑'에 이어 바로 '크랙'이 발생할 수 있다. 이를 방지하기 위해 팝핑의 연결음과 동시에 화력을 50%로 줄여 주며 연결음이 끝나갈 즈음에 댐퍼는 4에서 다시 정상류 최소 범위

(대략 1.5)로 줄여 준다. 비록 다량의 수분이 이탈했지만 아직 잔존하는 수분이나 이후 이탈하는 결합수가 지속적으로 발생한다. 수분을 가두어 원두 표면에 '보호막'을 형성하는 것이 무엇보다 필요할 때이다.

■ 절차의 요약

1 팝핑 연결음과 함께 댐퍼를 정상류 최대치로 개방한다.

※ 정상류 최대치 - 화력 100%에 해당하는 정상류 최대 개방 전체 범위를 10으로 볼 때 6 정도에 해당

2 Air Temp 수치가 하락하여 드럼 내부 온도와 비슷해져 갈 때 댐퍼를 다시 4 정도로 닫아 준다. 화력은 50%로 줄여 준다.

※ 댐퍼 4 - 화력 50%에 해당하는 정상류 최대 범위

3 1차 팝핑의 연결음이 끝날 때 댐퍼를 1.5 정도(정상류 최소)로 닫아 준다.

※ 댐퍼 1.5-화력 50%에 해당하는 정상류 최소 범위

2. 수분에 의한 보호막 효과

마른 손으로 뜨거운 냄비를 만지면 화상을 입는 것은 당연하지만, 젖은 손으로 잠깐 만지는 것은 괜찮다. 사실 손의 물기가 마르기 전까지는 손에 화상을 입지 않는 원인은 뜨거운 냄비에서 전달된 에너지가 손을 감싸고 있는 수분을 증발시켜 수증기가 손과 냄비 사이에 '보호막'을 형성하기 때문이다. 팝핑이 시작되고 연결음이 이어지면 화력을 50%로 줄이기는 하지만 드럼의 높은 열적 관성으로 줄여 준 효과가 바로 적용되지 않고 지속된다. 그러한 이유로 정상류 최소 범위로 댐퍼를 닫아 원두 표면에 보호막을 형성하여 보호하고 급격한 온도 상승을 막아 안정된 로스팅을 진행할 수 있다.

3. 팝핑에 영향을 주는 요소

고지대에서 재배한 생두는 저지대에서 재배된 생두보다 밀도가 높고 더 단단하며 조직이 치밀하다. 따라서 고형물이 좀 더 풍부한 고산 지대의 생두는 로스팅을 하는 동안 더욱 많은 칼로리가 필요하고 보다 높은 고온에서 팝핑이 발생한다.

품 종	1차 팝핑의 온도	조밀도와 경도	수분
고지대 품종	약 195℃	높음	낮음
저지대 품종	약 190℃	낮음	높음

■ **참고**

1. 원두 내부에 수분이 많은 경우 더 빨리 임계점에 도달한다.
2. 높은 조밀도와 경도는 팝핑과 크랙을 위해 더욱 많은 압력을 요구한다.

4. 호정화(Dextrinization)

호정화란 녹말에 물을 가하지 않고 160~170°C로 가열하거나 산으로 가수분해하면 글리코사이드 결합이 끊어지고 가용성 전분을 거쳐 Dextrinization라는 영문 명칭 그대로 덱스트린으로 분해되는 현상이다. 호화 과정에서 미처 분해되지 못한 녹말이 팝핑 직후 추가적으로 덱스트린으로 분해되어 다른 고형물과 함께 반고체 상태의 젤과 같은 형태가 된다. 이전보다 메일라드 반응이 활발하게 일어나며 160°C는 포도당의 캐러멜화가 발생하는 반응 온도라는 점이 흥미롭다. 차이점이라면 메일라드 반응은 당과 아미노산의 반응이고 캐러멜화는 당류를 가열할 때 발생하는 반응이다. 호정화는 소화되기 쉬운 분자량이 더 작은 당으로 분해되기 전에 전분 자체가 열과 반응하는 것이다. 팝핑과 동시에 다량의 수분이 빠져나간 상태에서 맛과 향이 만들어지는 본격적인 화학 반응 이전의 상태로 정의할 수 있다. 로스팅을 하는 동안 발생하는 갈변화는 이러한 화학 반응들의 복합적인 산물이라고 할 수 있겠다. 재미있는 점은 향미에 긍정적인 결과를 주는 이러한 복잡해 보이는 여러 반응들이 모두 녹말과 관계하고 수분을 가하든 열을 가하든 녹말은 더 작은 당으로 분해된다는 것이다. 이제부터 본격적으로 맛과 향이 만들어진다.

5. 녹말의 분해

식물은 광합성을 통하여 양분을 녹말의 형태로 저장한다. 다음의 [그림 2-12-3]은 포도당 연결에 의한 녹말의 구조를 간략하게 그려 보았다.

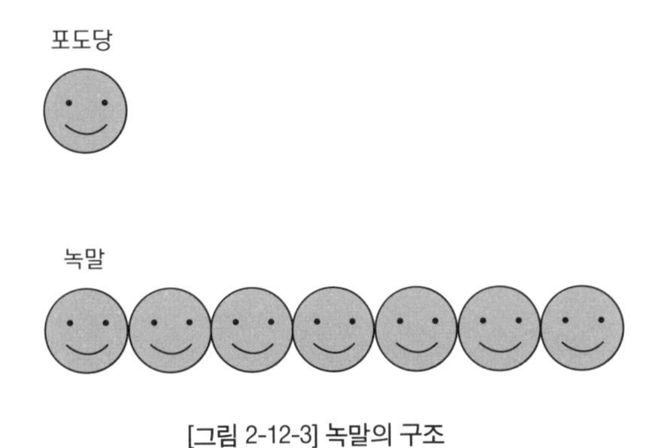

[그림 2-12-3] 녹말의 구조

포도당이 줄줄이 연결된 녹말은 당에 비해 그 크기가 커서 저장에 특화된 것으로 볼 수 있다.

발아 과정에서 아밀라아제 효소의 작용 조건은 온도와 수분이다. 다음 세대로의 생장이 힘든 겨울에는 휴면 상태에서 생장에 적합한 따스한 봄에 기온이 올라가고 비가 씨앗을 적시게 되면 아밀라아제 효소가 작용하여 포도당으로 분해하고 싹을 트이게 하는 것이다. 로스팅은 이러한 자연적인 분해 과정을 인위적으로 열을 가해 짧은 시간에 분해 반응을 촉진시켜 원하는 결과를 이끌어 내는 과정이다.

UNIT 13 로스팅 실전(5) - 크랙(Crack)

■ 크랙 연결음 이후 10초 후 배출 프로세스

구분	로스팅기 드럼 내부 온도	댐퍼	화력
1	대략 217℃	정상류 최대 개방(6)	화력 최소
2		10초 경과	
3		배출	
4		냉각	

■ 크랙 연결음 이후 15초 후 배출 프로세스

구분	로스팅기 드럼 내부 온도	댐퍼	화력
1	대략 217℃	기존 상태 유지(1.5)	화력 최소
2		5초 경과	
3		정상류 최대 개방(6)	
4		10초 경과	
5		배출	

■ 크랙 이후 20초 후 배출 프로세스

구분	로스팅기 드럼 내부 온도	댐퍼	화력
1	대략 217℃	기존 상태 유지(1.5)	화력 최소
2		10초 경과	
3		정상류 최대 개방(6)	
4		10초 경과	
5		배출	
6		냉각	

■ 크랙 연결음 이후 30초 후 배출 프로세스

구분	로스팅기 드럼 내부 온도	댐퍼	화력
1	대략 217℃	기존 상태 유지(1.5)	화력 최소
2		20초 경과	
3		정상류 최대 개방(6)	
4		10초 경과	
5		배출	
6		냉각	

■ 정상류 최대 개방

배출 10초 이전 화력을 100%에 해당하는 정상류 최대치(6)로 개방한다.

■ 10초

공통적으로 배출 10초 이전에 정상류 최대치로 개방

→ 정상류 최대치로 개방하면 빠른 속도로 대류열의 온도가 외부의 찬 공기의 유입으로 하락한다. 하락하는 대류열의 온도가 드럼 온도와 가까워지기까지는 대략 10초 전후가 소요된다. 만약 드럼 온도 이하로 떨어지면

아직 크랙이 발생하지 않은 원두에 외부의 찬 공기가 부정적인 영향을 주기 때문에 드럼 온도 이하로 떨어지지 않도록 주의한다.(10초는 로스팅기에 따라 유동적이다)

■ **최소 화력**

크랙 이후 향기 물질을 포집하는 오일 성분은 발연점에 근접하여 원두 표면이나 표면과 가까운 곳에 위치하여 불완전한 상태이다. 이 때문에 가해지는 복사열과 전도열은 안정적으로 공급하고 원두 표면에 직접적인 영향을 주는 대류열은 줄여 주기 위한 수단으로 화력을 최소로 조절한다. 즉 향기 물질을 지속적으로 포집하고 휘발하는 향기 물질은 최소화하기 위함이다.

1. 크랙(Crack)

팝핑이 끝나고 몇 분 후 크랙이 시작된다. 자유수가 원두 내부의 압력으로 작용하여 발생하는 팝핑과는 다르게 크랙은 결합수와 이산화탄소가 각각의 공동 내부에 팽창 압력으로 작용하여 표면 조직이 균열(크랙)하여 발생하는 소리이다.

팝핑과 마찬가지로 크랙의 시작점도 연결음이 시작되는 구간을 기준으로 한다. 세포조직의 탄화를 막기 위해 화력은 연결음과 동시에 최소로 줄여준다. 또한, 오일의 발연점에 가까워짐에 따라 불완전 연소에 의해 발생하는 휘발성 물질의 원활한 배출을 위해 끝마치기 10초 이전에 댐퍼를 정상류 최대 지점(화력 100%에 해당하는 댐퍼 6)으로 개방한다.

■ **참고** : 과도한 개방은 찬 공기의 유입을 불러온다.

■ **참고 : 오일의 발연점**
오일이 열분해하여 연기가 나기 시작하는 온도로 불완전한 상태를 나타낸다.

생두의 품종마다 소리의 특성이나 지속 시간은 조금씩 차이를 보인다. 또한, 온도 센서의 위치에 따라서 기계마다 표시되는 온도가 다르게 나타나 더욱 숙련된 경험이 중요해지는 순간이다.

크랙의 연결음을 기준으로 배출 지점을 특정하여 로스팅의 정도를 결정한다. 연결음 이후로 10초에 배출할 경우 연결음과 동시에 화력은 최소로 하고 댐퍼를 화력 100%에 해당하는 정상류 최대 지점(댐퍼 6)까지 개방한 후 10초가 되면 배출한다. 15초 후에 배출할 경우 연결음과 함께 화력을 최소로 줄이고 약 5초 후에 댐퍼를 정상류 최대치로 개방한 후 10초가 되면 배출한다. 20초 후 배출인 경우에는 연결음에 화력을 최소로 줄이고 10초 후에 댐퍼를 정상류 최대치로 개방하고 10초 후 배출한다. 강하게 로스팅을 하는 경우 30초 후 배출하는 과정은 역시 연결음과 동시에 화력을 최소화하고 20초 후에 댐퍼를 정상류 최대치로 개방하고 10초 후에 배출시킨다.

O.P(unit 14 최적화 지점 참조)에 가까울수록 오일이 표면의 균열된 틈으로 새어 나오지 못하는 구조이다. 그와는 반대로 O.P에서 멀어질수록 표면의 균열이 가중되어 오일 성분이 쉽게게 빠져나온다. 로스팅 중 커지는 부피는 강하게 로스팅 할 경우 품종에 따라 50% 이상 증가한다. 원두의 조밀도와 경도, 수분, 로스팅 온도 등이 부피의 증가에 영향을 주게 되는데, 조밀도와 경도가 높은 양질의 생두일수록 부풀음이 크지 않다. 그러나 상대적으로 세포조직이 두터운 원두는 압력에 저항하는 임계점의 상승으로 부피 변화가 크게 나타난다. 품질이 떨어지는 원두의 과한 부풀음이나 품질과 상관없이 의도적인 부풀음은 원두의 표면 조직을 약화시켜 보관 수명을 단축한다.

2. 로스팅 끝내기

로스팅의 진행 상황이나 볶음도의 판단은 온도, 시간, 색, 모양, 향기, 소리, 오일, 연기 등을 통해 이루어진다. 큰 틀에서 물리적인 요소인 온도, 시간, 모양, 소리를 기준으로 설정하고 화학적인 요소인 색, 향기, 오일(윤기), 연기 등을 판단하여 로스팅을 끝마친다.

[고려 사항]

1. 로스팅을 하는 동안 투입된 모든 원두의 변화는 같은 시간에 일률적으로 진행되지 않는다

① 보편적으로 1분~1분 30초간의 팝핑 지속 시간을 통해 1분 30초 만큼의 편차가 있는 것을 확인할 수 있다.

② 팝핑에서 크랙까지의 시간 동안 열량과 댐퍼의 조작으로 크랙까지의 진행 시간(편차)를 늦춘다.(늦춰 주는 조작이 없으면 팝핑의 지속 시간 이상으로 크랙의 진행 시간이 증가한다)

2. 순간적인 판단이 필요하다 : 로스팅이 진행될수록 물리·화학적인 반응량과 속도가 비례하여 가중된다.

3. 원두의 외견(크기)상 편차가 클수록 크랙의 지속 시간은 길게 나타난다.

① 크랙 초반 : 다수의 원두는 크랙이 진행되지 않은 상태이며 소수의 원두만 크랙이 진행된 상태다.

② 크랙 중반 : 다수의 원두는 크랙이 진행 중이고 소수는 진행하지 않은 상태이며 소수(크랙 초반에 진행한 원두)는 강하게 진행된 상태다.

③ 크랙 후반 : 다수의 원두(크랙 초반과 중반에 진행된 원두)는 크랙이 강하게 진행한 상태이고, 소수의 원두가 크랙이 진행되지 않은 상태다.

※ 단일 로스팅 된 원두라도 다양한 볶음도의 원두가 존재한다고 볼 수 있다. 깊고 풍부한 맛과 향, 바디감을 위해서는 크랙의 진행 시간을 단축하여 원두의 로스팅 편차를 줄여 준다. 편차가 클수록 개성을 상실한 커피의 향미와, 볶음도에 따라 선호하지 않는 신맛이나 쓴맛이 단맛을 지배한다.

■ 참고 - 스크린에 의한 분류
생두 크기의 편차가 적어 크랙의 지속 시간이 짧다.

※ 생두의 외견(크기)상 편차가 큰 원두를 화력과 댐퍼 조절을 통해 크랙의 지속 시간을 단축하더라도 스크린 분류법에 따라 분류된 생두의 지속 시간보다는 짧을 수 없다. 그러나 단축하려는 노력을 통해 부정적인 신맛이나 쓴맛을 지양하고 균형 잡힌 넓은 향미의 폭과 바디감을 지향할 수 있다.

※ 로스팅을 하는 동안 격한 팽창과 수축은 원두의 조직을 약화시켜 원두의 보관 수명을 단축한다.

무기물의 함량이 풍부한 강볶음 원두는 초콜릿의 맛과 향의 성격을 지닌다. 이러한 특성은 일부 아프리카 계열의 커피에서 많이 나타난다. 그에 반해 무기물의 함량이 부족한 강볶음 커피는 캐러멜의 맛과 향의 특성을 지닌다. 일부 남미 계열의 커피에서 많이 나타난다.

조밀도와 경도가 약하거나 불용성 섬유소에 의한 잡맛이 생두의 품질에 중요하지 않다면 굳이 추출 과정 없이 분말을 내어 마셔도 된다는 당위성이 성립한다. 또한, 바디(진함)가 강할수록 가치(긍정적인 부분) 있는 음료로 인식한다. 기본이 되는 단계별 볶음도의 화력은 일정한 것이 재현성에 유리하다. 변수에 따른 댐퍼 조작의 적용, 그것은 최상의 로스팅을 위한 최상의 재현이다

3. 냉각(Cooling)

배출과 동시에 냉각(cooling)에 최선을 다하자. 원하는 볶음도를 위해 초를 다투는 적정 시간에 로스팅을 끝마치고 빠르게 냉각시키지 않으면 배출 이후에도 잠열에 의한 열분해가 지속되어 원하는 로스팅의 결과물을 얻기 힘들다. 냉각 시간이 줄어드는 만큼 소실되는 향기도 적어진다는 것이 무엇보다 중요한 사실이다.

4. 티핑(Tipping)과 크레이터(Crater)

1) 티핑

원두 내부의 수증기는 원두 조직의 임계 압력에 다다르면 조직의 가장 약한 부분이 파열한다. 그와 동시에 파열하여 균열된 틈으로 기화된 수증기가 한꺼번에 빠져나가는 현상이 발생하고, 이후 갈라진 발아구를 통해 흡열 반응이 집중되어 발아구 주위가 약화된다. 흡열 반응 이후 연소 반응에 의해 지속되는 발열 반응은 다른 조직에 비해 열량의 출입이 자유로운 발아구에 집중되어 검게 갈변하는 연소 반응이다.

[빠른 수증기(결합수)의 배출과 과한 열량의 영향]

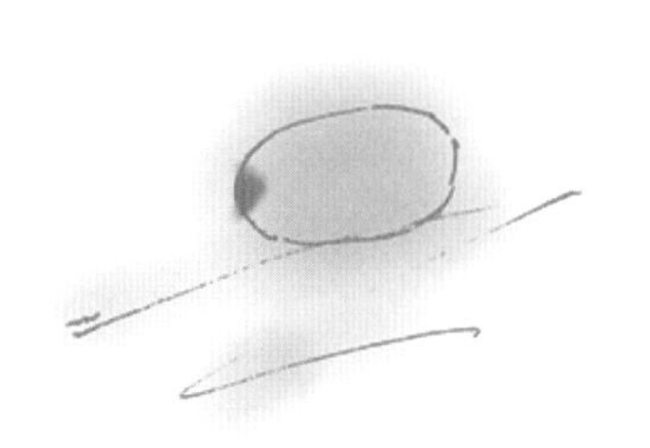

[그림 2-13-1] 티핑

빠른 수증기의 배출이란 연소 반응(산화 반응, $CH_4 + O_2 \rightarrow CO_2 + 2H_2O$)에 의해 발생하는 탄화수소가 산소와 반응하여 이산화탄소와 물을 형성하는 탈수반응이다. 이때 발생하는 물이 드럼 내부로 기화되어 원두 표면을 보호한다. 그러나 댐퍼를 과하게 개방한 상태로 로스팅을 진행할 경우에 수증기가 드럼 내부에 정체되지 못하고 빠르게 배출되어 발생하게 된다. 빠른 배출은 드럼 내부에 정체하는 수증기(원두 표면의 냉각 효과)는 감소시키고 공급되는 열량은 증가시키는 효과를 불러온다. 이처럼 열량이 원두(균열 조직)에 과도하게 전해질 때 발생하는 티핑은 투입되는 생두량 대비 과한 열량이 공급될 때 가중되어 발생하며, 주로 반열풍식과 직화식 로스팅기에서 수분 함수량이 적고 조밀도가 낮은 생두에서 발생하기 쉽다.

2) 크레이터(분화구, 터짐)

열분해를 하는 동안 공동 내부 고형물의 탈수 반응으로 발생하는 수증기와 이산화탄소는 구획된 공동 내부에 쌓이게 되어 점차 원두 내부에 강한 압력으로 작용한다. 가중되는 압력과 열분해로 인해 유리된 원두 조직은 높아지는 압력의 영향으로 점차 부피 팽창으로 나타난다. 이후 응력의 임계점에 다다른 원두는 표면 조직의 균열이 발생하고 그 틈으로 수증기를 포함한 이산화탄소가 집중되어 새어 나온다. 이때 표면 조직이 균열될 때 발생하는 소리가 크랙이며, 크레이터란 짧은 시간 과한 열량에 의한 높은 압력이 크랙이 발생하지 않은 상태에서 표면의 가장 약한 특정 부위를 뚫고 나오는 현상으로 압력 상승이 주된 원인으로 작용한다. 팝핑을 충분하게 발생시키지 못하거나 팝핑 이후 배출되는 수증기와 탈수 반응에 의해 발생하는 수증기를 드럼 외부로 원활하게 배출하지 못하여 드럼 내부에 과하게 정체될 때 주로 발생한다. 이는 정체되는 수증기에 의해 원두의 표면 조직이 과하게 보호되어 적정 임계점에서 균열하지 못하고 임계점이 상대적으로 높은 지점에서 형성되어 터짐의 형태로 발생하는 현상인 것이다.

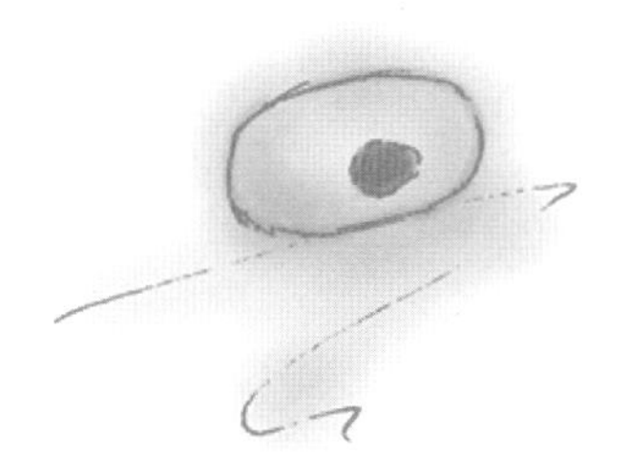

[그림 2-13-2] 크레이터

팝핑 이전 고형물의 충분한 열분해와 팝핑 이후 정상류 범위에서의 원활한 배기 흐름으로 통제 가능하며, 화력을 낮추어 임계점에 도달하는 시간을 늦춰주고 드럼 내부 기류의 흐름을 원활하게 유도할 때 방지할 수 있다.

UNIT 14 최적화 지점(Optimal Point)

로스터라면 누구나 한 번쯤 고민해 봤을 만한 것이 있다. 즉 최적의 로스팅 지점이 어디쯤인가 하는 생각이다. 생두마다 존재하는 적정 로스팅 포인트는 어디일까? 가장 맛있게 로스팅이 되는 지점은 어디인가? 언제쯤 배출해야 가장 맛이 있을까? 어디까지 반응을 이끌어내고 언제 멈춰야 과도하지 않은 적정 로스팅인가? 로스팅의 기준점은 어디인가? 모두 한 지점을 특정하고 있다.

이 지점을 로스팅의 Pak Point, 즉 최적화 지점의 Optimal Point를 줄여서 O.P로 부르자. O.P란 볶음도에서 맛과 향이 균형 잡힌 이상적인 지점을 가리킨다. 마시기 전에 후각으로 느끼는 향과 입을 통하여 비강으로 전달되는 향이 균형 있게 나타나 그 강도와 질이 높고, 단맛을 중심으로 신맛과 쓴맛이 조화로우며, 부드러움과 진함이 공존하는 최적의 로스팅 정도를 일컫는다. 따라서 최적화 지점은 원두마다 다르지 않고 로스팅을 하는 과정에서 모든 원두에서 공통적으로 나타나는 특정한 지점이다. 팝핑 이후 상당량의 수분이 빠져나간 공동의 고형물은 160°C 이상의 고온에 건열 가열되어 고형물의 분해, 탈수, 축합, 연소 등의 반응이 일어난다. 이러한 가용 성분의 화학적 분해에 의해 우리가 아는 커

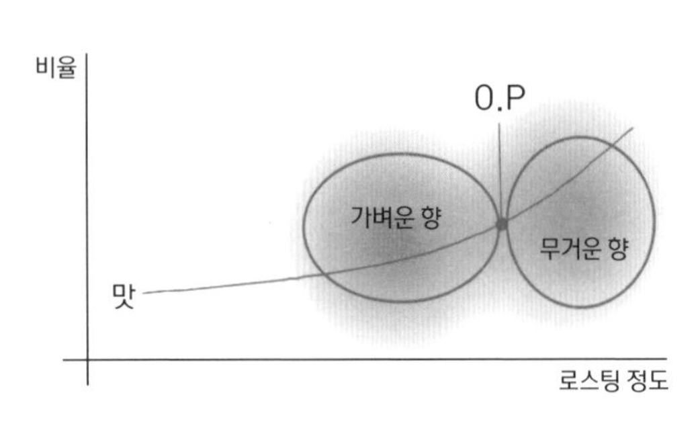

[그림 2-14-1] Optimal Point

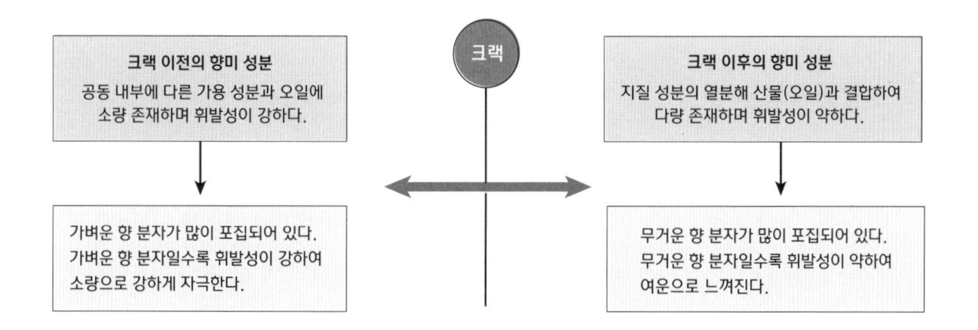

[그림 2-14-2] 크랙 전후의 향미 성분

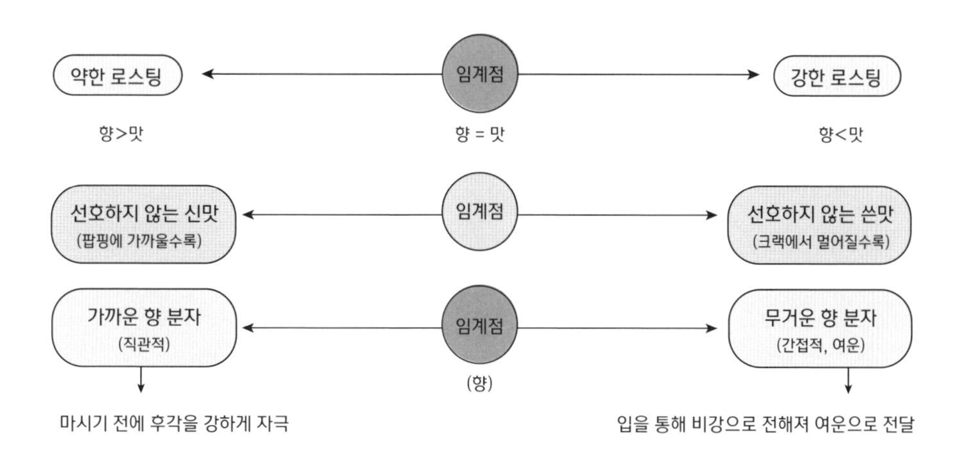

[그림 2-14-3] 임계점 전후의 향미

피의 맛과 향이 점층적으로 발달하게 된다. 이와 같은 반응을 거치는 동안 지속적으로 발생하는 수증기와 이산화탄소를 포함한 기체 성분은 공동 내부에 압력으로 작용하여 원두의 표면조직이 균열하는 크랙을 발생시킨다. O.P란 내부 압력에 의해 표면조직이 균열되는 지점, 즉 균열과 균열이 아님을 분간할 수 없는 임계 상태인 지점을 일컫는다.

1. 원두 1알의 평가

1) 맛과 향의 균형

O.P를 기준으로 양단의 끝으로 갈수록 산미와 쓴맛이 나타난다. 충분한 열분해(O.P에 가까울수록)에 의한 산미는 선호도가 높게 나타나며, 팝핑과 가까울수록(O.P에서 멀어질수록) 본능적으로 거부하는 신맛이기 쉽다. 고형물의 열분해(O.P에 가까울수록)에 의한 쓴맛은 선호도가 높지만 로스팅이 진행될수록(O.P에서 멀어질수록) 가중되는 불용성 섬유소의 쓴맛은 본능적으로 거부하는 쓴맛에 가깝다. 이러한 이론을 기반으로 로스팅 지점에 따라 맛과 향의 비율을 가늠할 수 있다.

<table>
<tr><th>최적화 지점 이전의 특성들</th><td rowspan="6">최적화 지점
Optimal Point
향 = 맛</td><th>최적화 지점 이후의 특성들</th></tr>
<tr><td>후각 〉 미각</td><td>후각 〈 미각</td></tr>
<tr><td>향 〉 맛</td><td>향 〈 맛</td></tr>
<tr><td>단조로운 맛</td><td>다양한 맛</td></tr>
<tr><td>조밀도와 경도가 높다.</td><td>조밀도와 경도가 낮다.</td></tr>
<tr><td>연한 질감</td><td>진한 질감</td></tr>
</table>

2) 최적화의 장점

최적화 지점까지 진행된 로스팅에서 다음과 같은 특성을 확인할 수 있다.

(1) 보관 수명이 최적화된 지점으로 미세한 균열은 공기 중의 수분은 차단하고 산소의 순환은 자유롭게 한다.

(2) 숙성이 용이하다.

(3) 보관 수명이 길어 상품성이 높다.

(4) 고형물의 충분한 화학 변화가 이뤄진 상태이다.

(5) 조밀도와 경도가 적절히 충족되는 지점

휘발성이 강한 향기 분자가 고형물과 오일에 일부 포집되어 있고 휘발되기 쉬운 향기 분자가 공동 내부에 충분히 갇혀 있다.

3) '맛'의 스펙트럼

로스팅이 진행될수록 그 맛의 변화는 '미성숙한 신맛, 신맛, 단맛, 쓴맛, 선호하지 않은 쓴맛'이 순차적으로 나타난다.

미성숙한 신맛	신맛	단맛	쓴맛	선호하지 않는 쓴맛

로스팅 진행 →

[그림 2-14-4] 로스팅 진행에 따른 맛의 스펙트럼

신맛과 쓴맛의 선호도는 제각기 다르다. 이후로 O.P(최적화 지점)를 기준으로 기호도와 선호도에 따른 특성을 살펴보자.

위에 기술한 진행에 따른 맛의 스펙트럼은 1차원적인 맛의 변화만을 설명했지만 실제 우리가 느끼는 맛은 단편적이지 않으며 다양한 맛이 어우러져 종합적인 풍미를 구성한다. O.P 이전에서는 신맛, 단맛, 짠맛, 감칠맛의 조합으로 O.P 이후로는 단맛, 쓴맛, 짠맛, 감칠맛의 조합으로 구성된다.

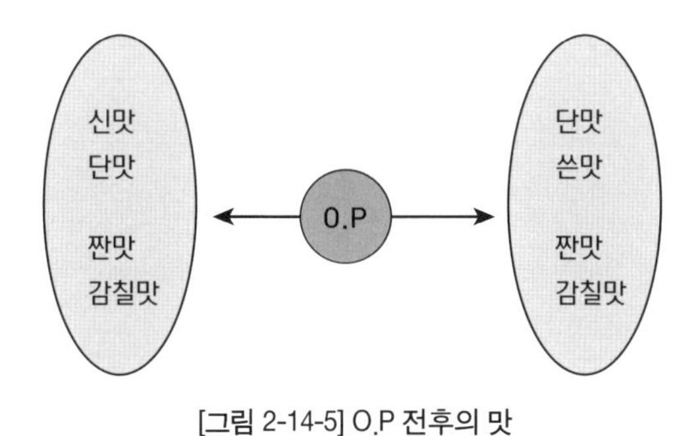

[그림 2-14-5] O.P 전후의 맛

4) 조밀도와 경도의 적용

O.P(최적화 지점)는 조밀도와 경도에 따른 볶음도를 판단하는데 있어서 기준이 된다. 조밀도와 경도가 낮다면 O.P 이전에 배출하는 것이 좋으며 조밀도와 경도가 높다면 충분한 열화학 반응을 유도하는 것이 가능하여 O.P 이후에 배출하는 것이 좋을 것이다. 또한, O.P는 고형물 함량에 따라 볶음도를 결정하는 기준이 되기도 한다. 고형물 함량이 부족하다면 열화학 반응에 의해 분해될 수 있는 성분이 소량이기 때문에 O.P 이후까지 반응을 유도할 필요가 없다. 반면 고형물 함량이 풍부하다면 충분한 열화학 반응을 유도하기 위하여 O.P 이후에 배출하는 것이 이상적이다.

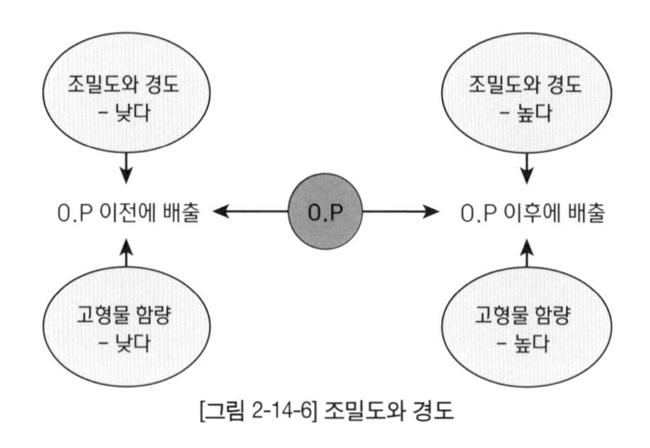

[그림 2-14-6] 조밀도와 경도

5) 미성숙한 '맛' (신맛)

O.P 이전에 배출한 원두는 열화학 반응이 충분하게 일어나지 않은 지점의 배출이다. O.P 이전에서 두드러지는 맛의 특징은 주로 산미 형태로 나타나며, 로스터의 기술이나 역량에 따라 더욱 풍부한 과일의 맛과 향이 발현될 수 있다. 하지만 생두의 특성을 고려하지 않고 특정한 맛(산미)만을 추구하다 보면 시큼함, 목질, 풀 등이 연상되는 부정적인 맛과 향으로 발현되며 아린 맛, 떫은맛 등과 함께 미성숙한 잡맛으로 작용하기 쉽다.

6) 지나친 '맛' (쓴맛)

O.P 이후에 배출한 원두는 최적의 반응 지점을 지나 좀 더 로스팅이 진행된 상태이다. 이때 나타나는 맛의 특징은 '지나친 맛'으로 주로 쓴맛의 형태로 나타나며 O.P 이전에서와 마찬가지로 로스터의 기술이나 역량에 따라 다양한 맛과 향으로 발현된다. 커피 본연의 맛을 더욱 다양하게 표현할 수 있고, 풍부함과 바디감을 더할 수 있지만 생두의 특성을 고려하지 않은 로스팅은 선호하지 않는 쓴맛과 함께 거친 맛, 텁텁함, 목질 맛 등이 지나친 잡맛의 형태로 발현된다.

2. 한 배치(Batch)의 원두 고찰

앞서 이론적으로 원두 1알을 특정하는 O.P에 대해서 살펴보았다. 이를 근거로 다량의 생두가 투입되는 로스팅에 맞춰 보다 실증적으로 접근해 보자. 한 배치(one batch)의 원두에서의 O.P는 원두 1알에서의 O.P와는 다르게 정의된다. 같은 품종의 원두라 할지라도 전체가 모두 같은 크기의 조밀도와 경도를 가지고 있지 않기 때문에 크랙이 모두 동시에 발생하는 것은 사실상 불가능하다. 따라서 어느 한 지점이라기보다는 특정 범위를 설정하게 된다.

즉 한 배치에서의 O.P란 원두 한 알이 아닌 한 배치의 원두에서 평균적인 최적화 구간이다.

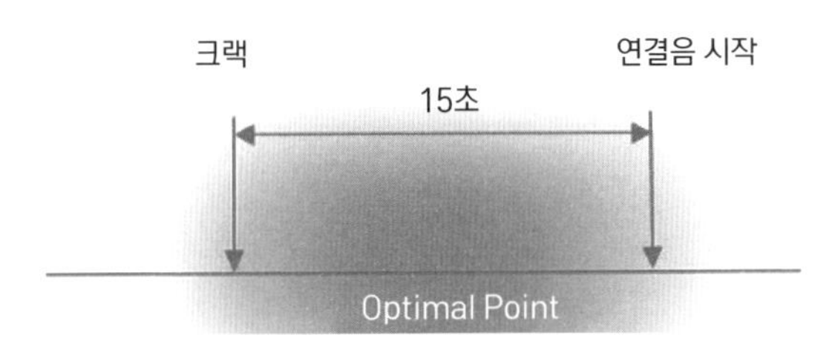

[그림 2-14-7] O.P 구간

1) O.P의 기준 설정

크랙의 시작을 알리는 소리가 들린 후 지속적인 연결음이 들리는 지점까지를 평균적인 구간으로 설정하여 'Optimal Point'로 명명한다. 대략 15초가 소요되는 구간으로 O.P 구간에서 배출한 원두를 한 알 한 알 구분하여 살펴보면 O.P 구간의 원두와 그 이전 원두들이 분포하고 O.P를 지난 원두는 존재할 수 없게 된다. 그렇다고 모든 생두를 O.P를 목표로 로스팅 하지 않는다. 각각의 생두가 가지고 있는 개성을 살리기 위해서 O.P를 기초하여 다양한 경험과 평가를 통해 볶음도를 결정한다.

2) 샘플 로스팅

최적화 구간을 찾아내기 위한 노력으로 언제나 낯선 원두를 접했을 때는 생두의 이력 정보를 바탕으로 샘플 로스팅을 실행한다. 생두의 특성을 분석하고 평가하여 얻어진 정보를 바탕으로 로스팅을 함으로써 맛과 향이 최적화되는 포인트를 찾아내는 과정이다. 또한, 샘플 로스팅을 통해 원두의 품질을 확인하고 평가하여 다량의 우수한 생두를 구매하기 위한 좋은 수단으로 시행한다. 그 외 샘플 로스팅을 통해 확인해야 하는 사항으로 크랙의 지속시간을 점검해야 하는 것 또한 매우 중요하다. 크랙의 지속 시간을 확인하여 본 로스팅을 하는 동안 O.P 구간을 전후로 맛과 향의 변화 폭을 가늠할 수 있는 지표를 설정할 수 있으며, 생두의 품질에 맞는 적절한 로스팅을 구사할 수 있는 좋은 참고 자료가 된다. 크랙의 지속 시간을 점검했다면 O.P 구간을 기준으로 배출 지점에 따른 맛의 차이에 대해 알아보자.

3) O.P를 전후로 나타나는 '맛'

샘플 로스팅을 통해 크랙의 지속 시간을 확인한 원두를 핸드드립으로 추출한다고 가정해 보자.

(1) O.P에서 배출

① 사용량 : 20g(140알)

② 배출 포인트 : 최적화 지점(Optimal Point)

③ 맛의 분포

- 신맛 20%(28알, 20초)
- 신맛 + 단맛 20%(28알, 20초)
- 신맛 + 단맛 + 쓴맛 20%(28알, 20초)
- 단맛 + 쓴맛 20%(28알, 20초)
- 쓴맛 20%(28알, 20초)

④ 여기서 알 수 있는 것이 성숙하지 않은 신맛 20%와 과한 쓴맛이 20% 존재한다는 것이다.

특징 : 신맛과 쓴맛이 균형 잡힌 볶음도이다.

신맛 20%	신맛 / 단맛 20%	신맛 / 단맛 / 쓴맛 20%	단맛 / 쓴맛 20%	쓴맛 20%
28알 20초	28알 20초	28알 20초	28알 20초	28알 20초

(2) O.P에서 10초 초과한 배출

① 사용량 : 20g(140알)

② 배출 포인트 : 크랙 10초(원두 10%가 크랙을 지난 원두)

③ 맛의 분포

- 신맛 10%(14알)
- 신맛 + 단맛 20%(28알)
- 신맛 + 단맛 + 쓴맛 20%(28알)
- 단맛 + 쓴맛 20%(28알)
- 쓴맛 20%(28알)
- 지나친 맛 10%(14알)

④ 특징 : 지나친 맛의 형태로 10%가 발현되며 신맛이 10% 감소한다.

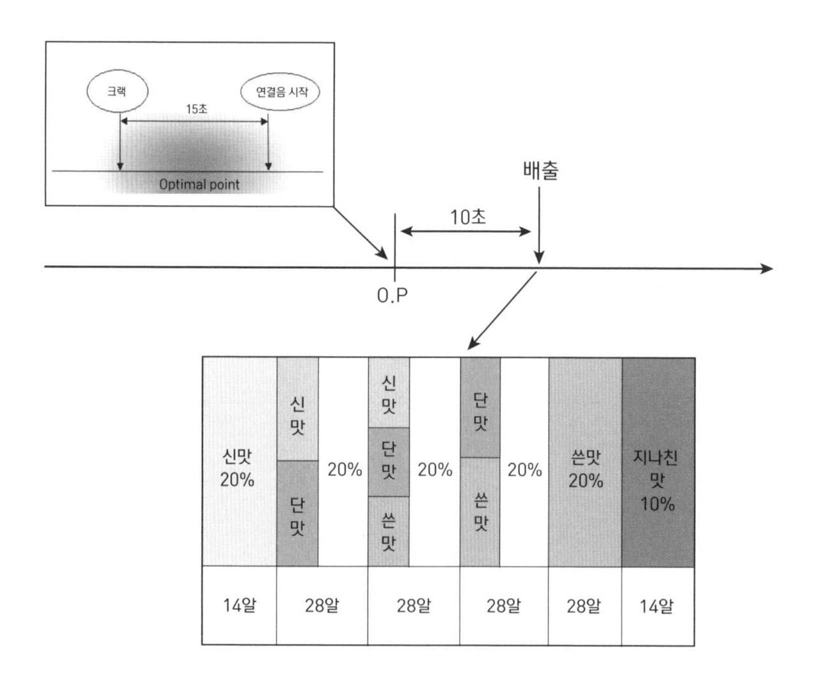

(3) O.P에서 10초 이전 배출

① 사용량 : 20g(140알)

② 배출 포인트 : O.P에서 10초 이전

③ 맛의 분포

- 미성숙한 맛 10%
- 신맛 20%
- 신맛 + 단맛 20%
- 신맛 + 단맛 + 쓴맛 20%
- 단맛 + 쓴맛 20%
- 쓴맛 10%

④ 특징 : 미성숙한 맛이 10% 증가하고, 쓴맛이 10% 감소한다. 미성숙한 맛을 신맛에 포함하면 신맛은 최소 30%에서 최고 70%에 이른다.

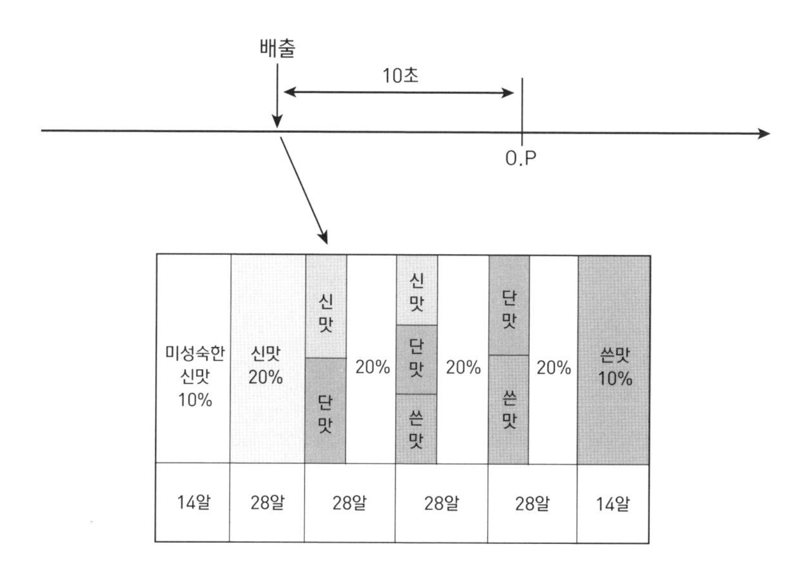

(4) O.P에서 30초 초과한 배출

① 사용량 20g(140알)

② 배출 포인트 : O.P에서 30초 초과

③ 맛의 분포

- 신맛 + 단맛 10%
- 신맛 + 단맛 + 쓴맛 20%
- 단맛 + 쓴맛 20%
- 쓴맛 20%
- 지나친 맛 30%

④ 특징 : 신맛 20%와 신맛+단맛에서 10%가 감소하고, 지나친 맛이 30% 증가한다. 지나친 맛이 쓴맛이라고 가정하면 쓴맛은 최소 50%에서 최대 90%로 증가세를 보인다.

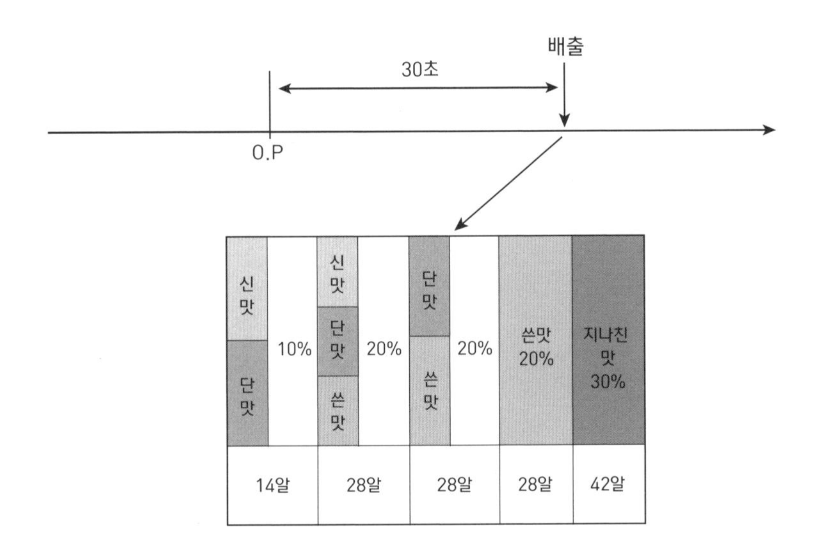

(5) O.P에서 30초 이전 배출

① 사용량 20g(140알)

② 배출 포인트 : O.P에서 30초 이전

③ 맛의 분포

- 미성숙한 맛 30%
- 신맛 20%
- 신맛 + 단맛 20%
- 신맛 + 단맛 + 쓴맛 20%
- 단맛 + 쓴맛 10%

④ 특징 : 미성숙한 맛이 30% 증가하고, 단맛+쓴맛 10%와 쓴맛 20%가 감소한다. 미성숙한 맛을 신맛에 포함하면 신맛은 최소 50%에서 최대 90%에 이른다.

- 최소 50% : 고형물을 포함하여 조밀도와 경도가 낮은 생두
- 최대 90% : 고형물의 높은 함량과 조밀도와 경도가 높은 생두

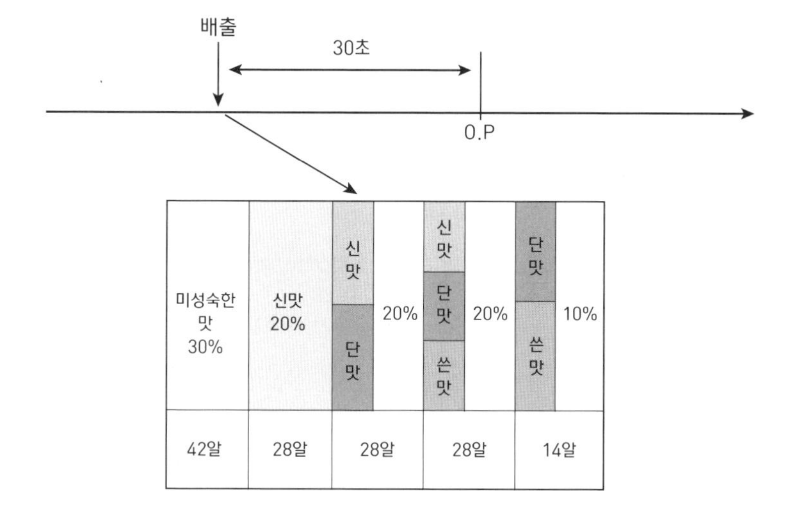

4) 변수

(1) 원두의 조밀도나 경도에 따라, 고형물 함량에 따라, 로스팅 하는 사람의 역량에 따라 신맛과 쓴맛의 함량이 다르게 나타난다.

(2) 미성숙한 맛이나 지나친 맛이 긍정적인 맛으로 나타나거나, 부정적인 맛으로 나타나는 것은 로스터의 역량에 달려 있다.

5) 고려 사항

(1) 생두의 품종, 조밀도와 경도, 투입량, 열원 등에 따라 O.P 구간은 10초 가까이 차이를 보인다.

(2) 신맛에서 단맛으로 변화하는 속도보다 단맛에서 쓴맛으로 변화하는 속도가 가파르다. 즉 로스팅 후반으로 갈수록 열화학 반응이 가속화된다.

(3) 조밀도와 경도가 약할수록 O.P 이전에 배출하는 것이 원두의 특성과 개성을 살리는데 유리하다.

(4) 조밀도와 경도가 강할수록 O.P 이후에 배출하는 것이 원두의 특성과 개성을 살리는데 유리하다.

(5) 크랙의 지속 시간은 생두마다 다르다는 사실을 인지한다.

(6) 생두의 품질을 꿰뚫어 보는 안목과 식견이 무엇보다 중요하다.

(7) 고형물이 풍부한 생두를 약하게 로스팅 할수록 신맛이 강하다. 그러나 신맛이 강하다고 더 좋은 맛으로 간주되지 않는다.

(8) 단맛이 많으면 많을수록 좋은 맛으로 인지한다.

(9) 향의 강도와 질은 단맛이 많을 때 가장 크게 발현된다.

(10) 블렌딩에서 볶음도의 차이가 큰 원두의 배합은 맛의 폭을 넓혀주지만 상대적으로 집중되어 발현되는 풍부함과 바디감이 부족하게 나타난다. 그로 인해 특징적인 맛의 감소로 개성이 약해진다.

(11) 원두 표면의 색만으로 볶음도를 논하는 건 무의미하다.

① 색은 열원에 따라, 생두 종류에 따라 다르게 나타난다.

② 원두 표면이 강볶음처럼 강하게 되었다고 해서 강볶음으로 볼 수 없다. 중요한 건 원두 내부 고형물의 변화이다.

③ 무기 화합물이 풍부할수록 원두의 색은 짙게 나타난다.

④ 로스팅 시간에 따른 표면의 색이나 주름 등은 원두 외부에서 일어나는 변화로 주관적인 기준이 되며 크랙 소리, 부피 변화, 연기, 향 등은 객관적인 기준을 제공한다. 로스팅에 임할 때는 생두에 대한 정보를 바탕으로 주관적인 기준을 설정하고, 객관적인 기준을 바탕으로 원두 내부의 변화를 예측하여 커피 본연의 맛이 최상으로 발현되는 구간에서 로스팅을 끝마치도록 최선을 다한다.

⑤ 강볶음 원두도 연결음의 지속 시간이 길면 신맛을 감지하기 쉽다. 즉 연결음이 지속될 때 로스팅을 마치면 아직 크랙이 진행되지 않은 원두의 일부 맛이 신맛으로 작용하는 것이다.

(12) 카페인에 의한 각성 효과는 볶음도와 상관없이 언제나 최소한의 만족감을 얻을 수 있다.

3. 생두의 종류에 따라 O.P 구간에서 생성되는 커피의 향미

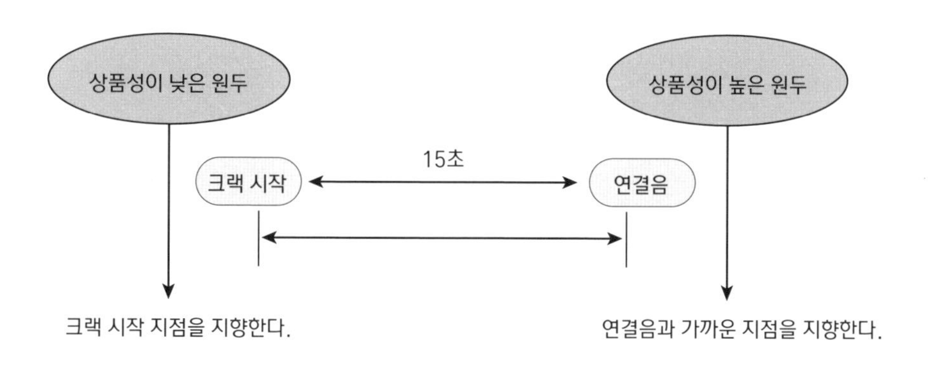

[그림 2-14-8] O.P 전후의 맛

1) 상품성이 높은 생두

(1) 고형물이 풍부하고 조밀도와 경도가 높은 생두일수록 좀 더 강하게 로스팅 하는 것을 지향한다.

(2) 특징

① 강한 로스팅에서 신맛은 감소하고 단맛은 증가하며 쓴맛의 변화는 미미하다.

② O.P를 기준으로 맛의 특성이 연결음에 가까운 지점에서 나타난다.

2) 상품성이 낮은 생두

(1) 고형물을 포함하여 조밀도와 경도가 약한 생두일수록 좀 더 약하게 로스팅 하는 것을 지향한다.

(2) 특징

① 약한 로스팅에서 단맛은 상승하고 쓴맛은 줄어든다.

② O.P를 기준으로 맛의 특성이 초반 지점에서 나타난다.

고형물의 함량이나 조밀도와 경도와는 상관없이 그 맛을 특정하는 것은 그 커피가 가지고 있는 가치와 개성과는 멀어지는 로스팅이 되기 쉽다. 생두의 품질을 꿰뚫어 보는 안목을 기르고 위와 같은 정보를 바탕으로 로스팅하는 것이 무리 없이 원두의 품질을 향상시키고 개성을 표현하는 로스팅을 가능하게 한다. 간혹 어떠한 생두는 약하게 로스팅 한 후 이 커피의 특징은 신맛이 특징인 커피, 또는 강하게 로스팅 하고 쓴맛이 특징인 커피라고 구분 짓는 것은 무의미하게 무리한 로스팅이 되어 개성을 상실한 커피가 되고 만다. 결국, 커피의 맛과 향을 결정하는 것은 로스팅의 정도가 높은 비중을 차지한다는 사실을 알고 커피 본연의 맛을 이끌어내는 로스팅 기술을 완성하자.

UNIT 15

수증기 그리고 연기에 대한 고찰 : 로스팅과의 유기적 관계

현재와 같이 많은 물리·화학적 변화가 규명되고 발전된 과학은 더불어 로스팅기의 성능 향상을 꾀하는 토대가 되었다. 그러나 아직도 로스팅 과정은 전반적으로 로스터의 관능에 의존하고 주관적인 평가로 과학을 기반으로 한 원리를 희석하는 모습이 다분하다. 로스팅을 하는 동안 원두의 화학적인 변화나 물리적인 변화는 직관적 사고를 통해 판단하여 컨트롤할 수 있는 척도가 된다. 기초로 하는 판단 기준에는 향, 소리, 색, 연기, 시간, 온도 등을 판단하고 조작하여 원하는 향미를 구현한다.

로스팅 과정에서 나타나는 열분해 과정과 유사한 분야의 예로 숯을 굽는 제탄공이 정확한 계측 장비 없이 가마 내부 숯의 상태를 확인하는 방법은 연기의 색과 형태를 주시하여 사고하는 것이다.

1. 로스팅을 하는 동안 발생하는 연기의 변화

생두 투입과 동시에 원두 표면에는 액체 상태에서 기체 상태로의 상변화를 의미하는 증발이 발생한다. 수분 또는 김(steam) 형태로 수증기와는 구별되는 액체 입자로 무색에 가깝다.[그림 2-15-1]

메일라드로 인한 갈변화가 시작되는 130°C를 전후로 지속적으로 발생하는 김과 함께 하얀색의 수증기가 소량 발생하기 시작한다. [그림 2-15-2] 끓는점 이상의 온도에서 발생하는 수증기(H_2O)는 주위의 낮은 온도에 노출되어 작은 물방

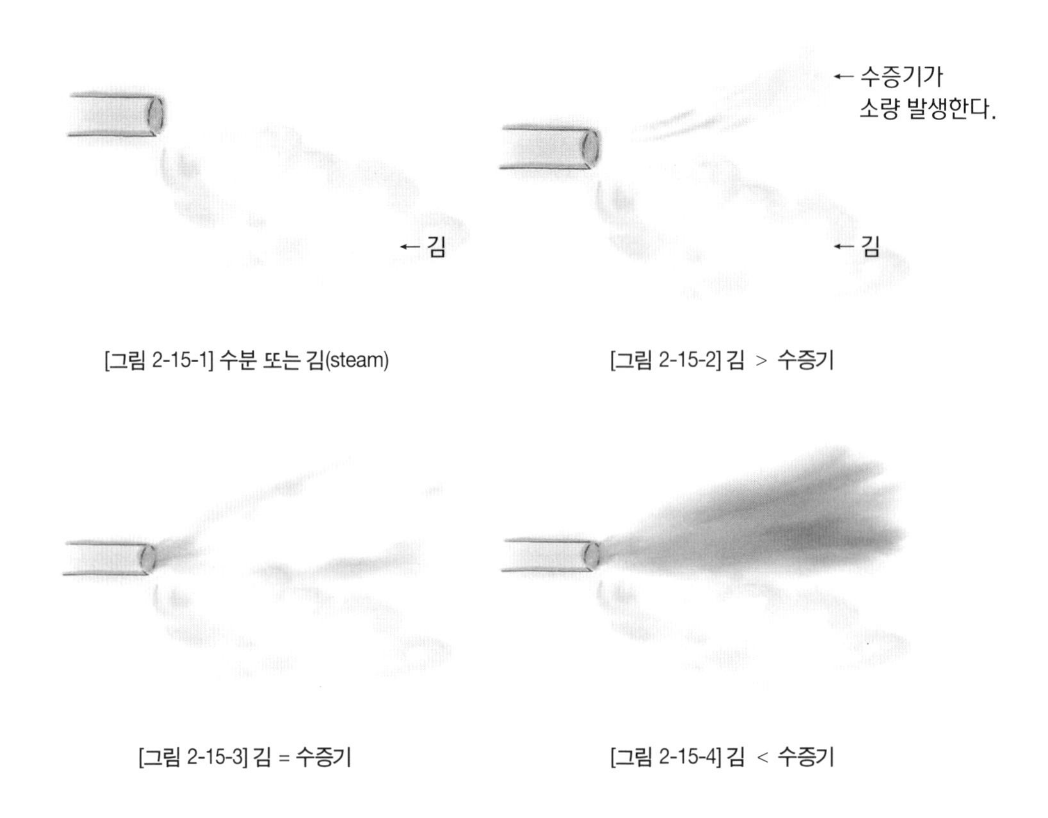

[그림 2-15-1] 수분 또는 김(steam)

[그림 2-15-2] 김 > 수증기

[그림 2-15-3] 김 = 수증기

[그림 2-15-4] 김 < 수증기

울 형태로 이슬점 이하로 응결하여 하얀색을 띠게 된다. 155°C를 전후로 이전까지 발생하는 기체는 눈에 잘 띄지 않지만 소량의 수증기와 함께 원두 표면에서는 지속적으로 무겁고 축축한 형태의 수분(김)을 방출한다. 이후 지속되는 열분해로 원두 내부에서 기화하는 수분은 내부의 압력을 증가시키고 일부 수증기가 반투과막(발아구)의 세포를 통해 빠져나와 점차 흰색으로 짙어 간다[그림 2-15-3]. 로스팅이 진행될수록 흡열 반응에서 발열 반응의 전환으로 원두 표면에서 증발하는 수분은 차츰 줄어들고 상대적으로 원두 내부에서 발생하는 수증기량의 증가로 인해 점차 하얀색의 수증기가 짙어 가고 물과 비슷한 비점을 띠는 유기물의 영향과 원두 표면의 열분해로 인해 미약하게 회색을 띠게 된다.

이후 원두 내부의 압력을 형성하는 수증기는 가장 약한 연결고리의 임계점에 도달한 세포조직의 파열로 다량의 수분이 순간 기화하여 뿜어져 나오는 팝핑이 발생한다. 많은 흰색 수증기가 발생하는 때이며 팝핑이 잦아들어도 가중되는 열분해로 인해 다량의 흰색 연기(수증기+연기)는 지속적으로 발생한다. 팝핑이 잦아들 때쯤 섬유소를 포함한 유기물의 화학적인 변화에 의해 수증기에서 연기(수증기+연기) 형태의 기체가 본격적으로 발생하면 이전의 수증기가 연기로 전환되었다고 볼 수 있다. 이후로는 탈수 반응에 의해 유기물에서 이탈한 결합수의 영향으로 젖은 형태로 짙은 흰색의 연기가 지속적으로 선명하게 나타난다. 차츰 연기는 축축하지만 좀 더 비중이 가벼운 연기의 형태로, 이전 수증기가 안개와 같은 형태로 분산되었다면 이후 연소 과정에 발생하는 기체는 수증기가 연기에 흡착되어 발생하는 연기로 점차 가벼운 비중의 연기로 전환되어 공중으로 휘발한다. 아직까지는 주변 환경의 영향을 받는 연기로 습도가 높은 날은 상대적으로 가라앉는다.

수분의 이탈로 가중되는 열분해는 원두 내부 공동에 증기와 가스 성분을 발생시켜 압력으로 작용한다. 압력의 영향으로 공동이 팽창하고, 서로 이웃한 공동의 집합체인 다공질 구조의 팽창이 표면의 균열로 이어지는 크랙이 발생하며 수증기와 연기를 격하게 방출하게 된다. 이후로 발생하는 연기는 이전과는 구별되게 좀 더 가벼운 연기의 형태로 지속적으로 발생하며 연소물의 영향으로 이전보다는 구별되는 짙은 색으로의 변화가 일어난다. 이후로 원두의 오일 성분과 원두 조직을 이루는 섬유소인 헤미셀룰로스, 셀룰로스, 리그닌의 열분해에 의해 황백색 연기가 나타나고 점차 짙어져 갈색 연기의 비중이 높아지며 점차 리그닌의 열분해에 의한 영향으로 청색 연기로 변화한다. 이후 원두의 탄화로 인해 연기의 색은 점차 검은색으로 변화되어 간다.

2. 연기의 특징

(1) 유기물과 섬유소의 불완전 연소에 의해 발생한다.

(2) 수분이 많을수록 하얀색에 가깝다.

(3) 완전 연소하면 연기가 발생하지 않는다.

(4) 수분에 의한 불완전 연소로 연기가 발생한다.

(5) 휘발성 가스 성분을 포함할 때 연기라고 부를 수 있다.

(6) 연기의 주성분은 탄소 성분의 작은 미립자(그을음)이다.

(7) 연기의 크기는 0.01~10미크론(1미크론은 1mm의 1/1000)으로 수증기를 포함한다.

(8) 물질에 따라 기화하는 온도가 다르다.

(9) 수증기에 비해 연기의 비중은 가볍다.

3. 환경에 따른 연기의 변화

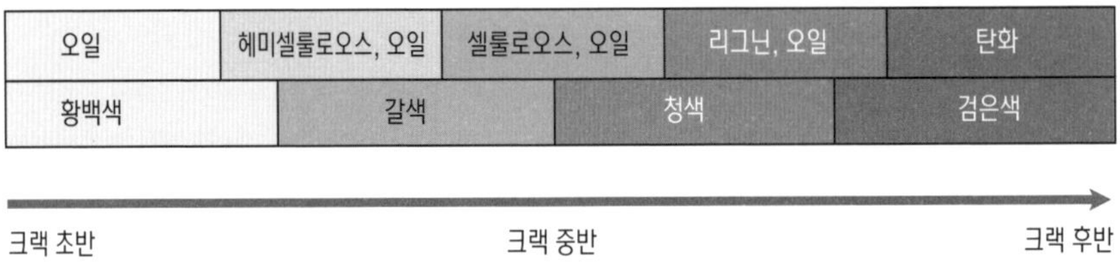

오일 | 헤미셀룰로오스, 오일 | 셀룰로오스, 오일 | 리그닌, 오일 | 탄화

황백색 | 갈색 | 청색 | 검은색

크랙 초반 → 크랙 중반 → 크랙 후반

눈으로 확인할 수 있는 연기는 대기의 기온이나 습도에 따라 다르게 관찰된다. 공기 중의 습도가 높을수록 수증기는 쉽게 액화하여 흰색으로 짙게 나타나 지면으로 가라앉고 반대로 습도가 낮을수록 상승한다. 그밖에 동일한 수증기량에서는 온도에 따라 다르게 나타난다. 높은 기온일수록 포화 수증기량이 증가하여 상대습도는 낮게 나타나고 낮은 기온에선 포화 수증기량이 감소하여 상대습도가 높게 나타나는데 이는 날씨나 계절에 따라 습도가 다르게 나타나는 이유이다.

4. 습도와 연소와의 관계

습도란 공기 중에 포함된 수증기량을 말하며 이는 로스팅을 하는 동안 가스의 연소에도 영향을 미친다. 습도가 높을수록 공기 중의 산소가 부족하고, 습도가 낮을수록 공기 중의 산소가 많이 분포하여 열원인 가스의 연소 속도에 영향을 미친다. 산소를 함유하지 않은 열원인 가스는 공기 중에 분포한 산소와 결합하여 연소하게 되는 확산 연소 형태로 연소한다. 이때 발생하는 연소 속도는 그날의 습도에 영향을 받게 되는데 습도가 높을수록 연소 효율이 낮아지고 습도가 낮을수록 연소 효율이 높아져 완전 연소에 가까워진다. 예를 들어, 같은 크기의 양초를 피울 때 습도가 높은 곳의 양초에 비해 습도가 낮아 건조한 곳의 양초가 빨리 줄어드는 것을 실험을 통해 확인할 수 있다.

1) 완전 연소의 결과

(1) 발열 온도가 높아진다.

(2) 연소 속도가 빨라진다.

(3) 열효율이 높다

2) 불완전 연소의 원인

(1) 공기 중의 산소 부족

(2) 낮은 기온

(3) 환기 또는 배기 불량

산소가 부족하면 불완전 연소로 인해 연소 효율이 낮아진다. 이는 불꽃의 모양과 색을 통해 확인할 수 있다. 완전 연소일 때는 파란색의 불꽃이 안정적이다. 반대로 불꽃이 흔들리거나 빨간색의 불꽃이 보일 때는 불완전 연소를 하고 있다는 것을 증명한다. 불완전 연소가 보일 때는 유입되는 산소량을 증가시켜 주는데 산소의 보충은 댐퍼의 개폐를 통하여 보충한다. 완전 연소에 의해 발생하는 이산화탄소는 대류열로 작용하여 드럼 내부로 유입되어 원두에 영향을 주고 댐퍼를 통해 정상류 범위 내에서 자연스러운 흐름으로 배출된다. 만약 댐퍼를 정상류 이하로 너무 줄이거나 닫게 되면 드럼에서 빠져나가지 못한 수분과 이산화탄소를 포함한 불활성 기체가 연소실로 역류하여 가득 채워지고, 그로 인해 산소 유입이 원활하지 않게 되어 불완전 연소에 의한 일산화탄소가 발생한다. 또한, 종피의 역류 현상이 발생하여 그을음, 빨간 불꽃을 가중시키며 흔들림, 꺼짐 등의 현상으로 나타난다.

로스팅이 진행되는 동안 원두 표면에 가해지는 불완전 연소에 의한 그을음이나 일산화탄소 등의 가연 성분이 원두 표면에 흡착되어 열분해를 가중시키고 갈변 반응을 촉진한다. 그로 인해 배출되는 수증기의 색이 짙어지고 연기의 색이 짙은 어두운색으로 변화되는 원인을 제공한다.

지금까지 로스팅을 하는 동안 배출되는 연기의 색과 흐름을 고찰하고 주위 환경이 연소 상태에 미치는 영향 등을 살펴보았다. 아마도 평소에 대수롭지 않게 여겼을 법한 지식이지만 로스팅을 진행하는 동안 매일같이 변화하는 다양한 변수들을 통제할 수 있는 중요한 수단이 되어 커피 본연의 맛을 이끌어낼 수 있게 된다는 것을 명심하자.

Part 3
커피콩에 대한 자세한 고찰

식품이란 식생활에서 사람이 섭취할 수 있는 모든 음식과 식재료를 총칭한다. 자연에서 식품을 수확하여 가공, 조리 등의 과정을 거치는 동안 식품은 복잡한 물리·화학적 반응을 거쳐 섭취 가능한 음식으로 만들어진다. 이렇게 식품을 구성하는 영양소는 모든 생물에 보편적으로 존재하는 탄수화물, 단백질, 지방, 비타민, 무기질, 물 등의 6대 영양소가 생장하는 동안 만들어지며 주위 환경에서 생존을 위한 목적으로 생산되는 각종 화학물질로 구성되어 있다.

커피 또한 마찬가지로 6대 영양소가 맛과 향의 근간이 되어 생두의 고형물을 형성하고, 타닌, 트리고넬린, 카페인 등의 '2차 대사산물'이 좀 더 특별한 맛과 향을 제공하고 심미적 가치를 끌어올린다. 로스팅 한 원두에서 다양하게 나타나는 물리·화학적 반응은 '1차 대사산물'에 해당하는 6대 영양소와 '2차 대사산물'에서 나타나는 교환 반응이다. 이는 맛과 향의 근간이 되는 생두의 조성, 구조, 구성 성분 상호 간의 특성을 파악할 때 비로소 열에 의해 발생하는 여러 가지 물질의 변화를 이해할 수 있고 예측하여 효율적으로 기호적 가치를 이끌어 낼 수 있는 것이다.

COFFEE DESIGN

UNIT 01 생두의 구조

커피나무의 열매를 커피 체리라고 한다. 열매가 익으면 노란색인 품종도 있으나 주로 붉은색을 띠며 그 과육은 달콤하다. 하지만 커피를 만들기 위해 사용하는 부분은 과육이 아니라 그 내부의 씨앗이다. 보통 하나의 열매에 두 개의 씨앗이 들어 있다. 서로 평평한 면이 밀착해 있어 이를 평두, 즉 플랫빈(plat bean)이라고 한다. 그밖에 하나가 들어 있는 경우 이를 피베리(Peaberry)라 하며, 세 개가 들어 있는 경우를 트라이앵글(triangle)이라 한다.

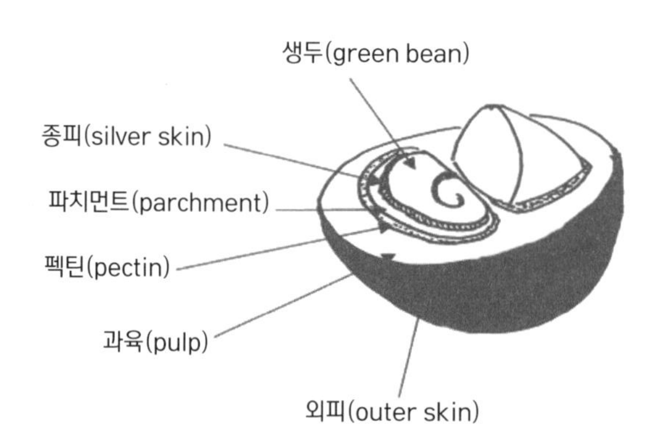

[그림 3-1-1] 생두의 구조

씨앗의 구조를 살펴보면 [그림 3-1-1]처럼 외피(outer skin)가 있고 그 내부에 과육(pulp)이 있다. 커피 열매의 과육은 매우 달아 먹을 수 있지만 과육이 차지하는 비중이 적어 체리와 같은 열매처럼 식용으로는 적합하지 않다. 과육을 제거하면 파치먼트를 둘러싸고 있는 점액질로 이루어진 막을 볼 수 있는데, 이를 펙틴층(pectin layer)이라 한다. 씨앗을 심을 때는 비교적 달달한 맛과 향 때문에 파리가 꼬이는 것을 막기 위해 펙틴층을 세척해서 제거한 후 심기도 한다. 펙틴(pectin)은 파치먼트를 둘러싸고 있는 부분 외에도 생두(green bean) 내부의 조직에도 존재하는데, 세포막의 구성 성분으로 수분을 많이 보유하고 일종의 겔(gel) 형태를 이루며 식물체 세포와 세포를 결착시켜 주는 접착제와 같은 역할을 한다. 펙틴층을 걷어내면 은피를 감싸는 딱딱한 껍질인 파치먼트(parchment)를 볼 수 있는데 '내과피'라고도 한다. 파치먼트를 제거하면 생두(green been)를 감싸는 얇은 막인 '채프' 또는 '은피'라고도 불리는 종피(silver skin)를 볼 수 있다. 이 파치먼트와 종피는 생두에서 자엽을 포함한 배를 보호하는 역할로 열매를 먹는 동물로부터, 또는 생두(씨)가 땅속에서 휴면을 하는 동안 곰팡이나 세균으로부터 보호 작용을 하는 역할을 한다. 리그닌이 주성분인 종피는 로스팅 과정에서 열분해에 의해 일부는 분리되거나 연소되고 일부는 짜부라진 형태로 내부에 연화된 상태로 잔존한다. 리그닌은 페놀과 같은 방향족 화합물의 중합체로 보관 중에 산화되어 이취의 주요 원인이며, 한 잔의 커피에서 불쾌한 향미의 원인으로 작용한다. 곱게 분쇄하는 에스프레소의 경우는 분리하기가 어렵지만 핸드드립이나 더치 원액을 추출할 때는 분쇄한 후 약하게 입으로 불어서 날려버릴 수 있으니 조금은 번거롭더라도 보다 나은 향미를 위해 꼭 필요한 행위이다. 실버스킨까지 제거하면 씨앗을 볼 수 있다. 잘라서 그 단면을 보면 떡잎을 이루는 조직이 마치 주먹을 쥔 것처럼 말려 있다. 생두 또는 green bean이라고 한다. 바로 이 생두(green bean)를 로스팅 하고 분쇄하여 한 잔의 커피를 추출할 수 있다. 보통 커피라고 불리는 생두는 다음 세대 식물로 번식하게 되는 커피나무의 씨앗이다. 씨앗(생두)은 그 자체로 하나의 독립된 생명체인 것이다.

커피나무가 광합성으로 포도당을 생성하는 과정을 살펴보자. 커피나무의 뿌리 세포막을 통해 물과 무기 양분이 삼투압 현상에 의해 농도가 낮은 곳에서 높은 곳으로 이동한다. 물관을 따라 줄기나 잎으로 수송된 물은 잎의 기공을 통해 공기 중의 이산화탄소를 흡수하며 잎 속 엽록체에서 빛에너지를 흡수하여 광합성을 한다.

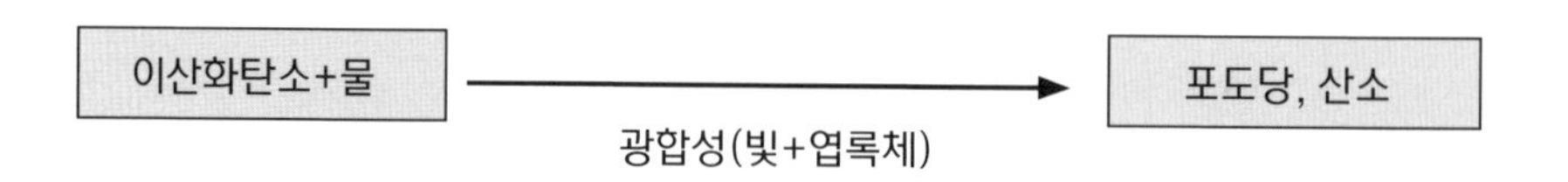

광합성에 의해 만들어진 최초의 유기 양분인 포도당은 녹말 형태로 저장되며 호흡에 필요한 산소를 생성하고 전분(녹말=starch)의 형태로 뿌리나 열매, 종자 등에 저장한다. 이렇게 저장된 전분은 습도와 온도가 적정 조건을 갖추면 아밀라아제 효소에 의해 다시 포도당으로 분해되어 씨앗의 발아에 필요한 양분으로 쓰이게 된다.

생두의 성분을 살펴보면 대략 60% 이상이 탄수화물이며, 그중 당성분이 8% 정도이고 나머지 50% 이상이 전분, 섬유소 등으로 구성된다. 뿌리로부터 흡수한 무기 양분을 매개로 광합성 작용을 통해 유기물을 생성하여 씨앗에 저장한다. 풍부한 유기 양분이 저장된 씨앗은 로스팅 과정을 거쳐 커피로 추출했을 때 그 맛 또한 풍부하다. 생두마다 특징적인 맛은 토양의 무기 양분에 따라 독특한 개성을 가지게 되는데 산지별로 맛의 특성이 달라지는 이유 중 하나이다.

그렇다면 맛있는 커피의 재료인 양질의 생두는 어떻게 구별하는가? 그냥 가격이 높은 생두는 무조건 품질에 비례하는가? 아니면 특정 지역의 커피는 모두 품질이 좋은가? 생두의 품질은 같은 지역에서 재배된 생두라 할지라도 등급의 차이가 발생하고 서로 이웃한 농장이더라도 품질이 다른 생두가 생산될 수 있다. 가격이 높다고 무조건 품질이 좋은 생두만 있는 것은 아니다. 그렇다고 생두를 판매하는 업자의 말만 믿고 무작정 구매할 수도 없는 노릇이다. 사실 품질이 매겨지는 과정에서 전문가들의 커핑을 거치지만 커핑 과정을 자세히 살펴보면 생두의 성분을 과학적으로 분석하여 '이러한 성분이 많고 적기에 품질이 어떠하다'가 아닌 소량의 샘플을 로스팅 하여 바로 시음해 보는 관능적 검사에 치우쳐 있다. 물론 훈련받은 평가사의 미각이라는 건 무시할 수 없는 인간의 능력이며 영역이다. 하지만 커피를 추출했을 때 최상의 맛을 표현하려면 최적의 로스팅을 하고 어느 정도의 숙성 단계를 거쳐야 하고, 그 추출 또한 정확한 원리를 기반으로 하는 전문적인 손길이 필요하다. 비록 이화학적인 방법을 사용한다고 해도 특화된 장비라든지 전문적인 인력의 부재와 측정하여 등급을 분류할 수 있는 합의된 시스템이 마련되어 있지 않아 이마저 신뢰하기 어렵다. 이렇게 시급한 문제들이 산적해 있는데도 필자는 가끔 생두를 수입하여 유통하는 업체가 소비자는 우선하지 않고 현지 생산자만을 우선하고 있지 않나 싶을 때가 종종 있다. 그렇다면 소규모 카페를 운영하거나 개인적으로 커피를 좋아하는 커피 마니아가 좋은 생두를 선택하고자 할 때 단지 생두의 가격이나 이름에 의존하지 않고 품질을 선별해 낼 수 있는 효율적인 방법은 없을까? 다음 장에서 리올로지(rheology)에 기초한 좋은 품질의 생두를 선별하는 방법을 소개하겠다.

UNIT 02 생두 형태

커피를 볶는 로스터가 매일같이 보고 접하는 생두의 구조와 기능을 알지 못하고 로스팅의 원리를 말한다면 과연 어떻게 설명할 수 있을까? 아마도 이론과 원리를 설명하고 적용 가능한 방법을 제시하는 것이 아닌 자기만의 개성이라 말하고 경험만을 앞세워 이해하기 어렵고 '이것을 왜 배우지?'라는 느낌만이 강하게 들 거라고 여겨진다. 그로 인해 배우는 입장에선 오히려 해답은 찾지 못하고 자신이 알고 있는 지식과 학문적으로 혼동하는 상황만 가중되고 갈등만 깊어갈 것이다. 로스터라면 생두의 구조를 이해하는 것이 로스팅을 배우는데 기초 지식이 되어 로스팅을 하는 동안 보이지 않는 원두 내부의 변화를 가늠할 수 있는 중요한 척도가 되는 것을 인지하고 살펴보자.

1. 생두의 구조와 기능

일반적인 씨앗의 구조와 마찬가지로 생두의 구조와 기능 또한 다소 단단하고 죽어 있는 세포벽과 살아서 대사 작용을 하는 원형질체로 이루어져 있다. 원형질체는 세포벽 안쪽에 있는 원형질의 단위를 일컬으며, '세포질'과 '핵'으로 구성된다. 세포질은 단일막인 원형질막(세포막)에 의해 세포벽으로부터 경계되어 물과 용질을 세포 내외로 통과시키는 중요한 기능을 수행하고 '핵'은 생명체의 유전 정보를 저장한다. 핵의 주위를 차지하는 세포질은 여러 소기관들과 단백질, 지질, 핵산, 물 등과 같은 다양한 물질들로 이루어져 있으며 일정한 흐름을 따라 움직이며 세포 속에서 그리고 그 세포와 환경 사이에 물질의 교환을 촉진한다.

1) 세포벽

세포벽은 세포질을 둘러싸고 있는 구조로 셀룰로스, 헤미셀룰로스, 펙틴 등으로 구성되어 있다. 세포벽의 기본 구성 요소를 이루는 셀룰로스는 섬유소라고도 부른다. 섬유소 분자들은 일정한 거리, 각도, 방향 등을 유지하면서 평행하게 배열되어 미셀(micelle)을 형성하며, 길고 가느다란 섬유소 분자들이 모여서 미세원섬유가 되고 미세원섬유가 모여서 거대원섬유를 만들어 세포벽의 골격을 이루어 단단한 구조를 만든다. 그에 반해 헤미셀룰로스 분자들은 미세원섬유의 표면에 수소 결합으로 붙어 있으며, 펙틴은 셀룰로스와 헤미셀룰로스의 그물 구조 속에 섞여 장력을 형성하여 압착에 저항하는 역할을 하고 이웃한 세포벽의 중간체에서 접착제의 역할을 한다.

2) 식이섬유

식이섬유는 물에 대한 친화성을 기준으로 '수용성 섬유소'와 '불용성(난용성) 섬유소'로 구분할 수 있다. 채소, 서류, 콩, 정제되지 않은 곡류에 많이 함유되어 있는 식이섬유는 '식품 중에 사람의 소화효소로는 소화되지 않는 난소화성 성분의 총칭'이라고 정의되고 있으며 대부분이 다당류이다.

(1) 수용성 섬유소 : 과일의 과육, 해조류, 콩류에 주로 함유되어 있다. 이는 섬유질, 섬유소로 이루어진 세포 조직의 구조물이다.

(2) 불용성(난용성) 섬유소 : 셀룰로스, 헤미셀룰로스, 리그닌, 펙틴 등이 주를 이룬다. 이는 주로 목재, 짚, 곡류의 겨층, 과일 껍질 등의 구성 성분이다.

2. 커피 찌꺼기 탐구

생두의 섬유소는 불용성 섬유소로 이루어져 있다. 분쇄한 원두에 물을 이용하여 추출하고 남은 대부분의 찌꺼기는 불용성 섬유소이며 커피 맛과 향에 부정적인 영향을 끼치는 주된 물질이다.

1) 셀룰로스(cellulose)

생두 세포벽의 구성 성분으로 세포조직의 구조를 견고하게 유지해 준다. 다당류로 이루어져 영양소는 되지 못한다. 물에 용해되지 않으며, 인체에 소화되지 않고 장의 운동을 자극하며, 혈청 콜레스테롤을 낮추며 포만감을 가지게 하는 등의 생리적 기능을 한다.

2) 헤미셀룰로스(hemicellulose)

셀룰로스에 결합하여 세포벽의 구조를 보다 견고하게 만들어 준다. 여러 가지 단당류로 이루어진 복합다당류이다. 비유하자면 셀룰로스가 건물의 철근이라고 보았을 때 시멘트에 해당하는 섬유소는 헤미셀룰로스가 된다.

3) 펙틴질(pectin)

수분을 많이 보유하여 일종의 겔(젤) 형태를 이룬다. 다당류로 구성되어 식물 세포와 세포벽 사이 공간에서 세포와 세포를 서로 결착해 주는 역할을 하여 두 세포가 만나는 곳에서 세포판을 형성한다. 로스팅 한 원두를 보관하는 동안 원두 조직이 약해지는 산화의 주된 원인이 되어 오래된 원두에서 나타나는 부정적인 향미의 주된 물질이다.

비록 수용성 물질이지만 찬물에는 잘 녹지 않는 성질 때문에 뜨거운 물로 추출하는 커피에 반해 더치 커피와 같은 차가운 물로 추출하는 커피에서는 소량 추출되어 상대적으로 쓴맛이 반감된다.

4) 리그닌 & 종피 & 실버스킨

세포의 생장이 중지된 후에 형성되며, 수분은 소량 함유하고 단단한 조직의 지질 성분으로 구성되어 식물 세포의 목질화에 기여한다. 생두에서 자엽을 포함한 배를 보호하는 역할로 열매를 먹는 동물로부터, 또는 생두(씨)가 땅속에서 휴면하는 동안 안전하게 곰팡이나 세균으로부터 식물체 자신을 보호한다. 셀룰로스, 헤미셀룰로스, 펙틴 등의 세포가 생장하면서 집적되어 1차 세포벽을 만들고 지지 작용을 하는 조직의 세포에서는 '2차 세포벽'을 형성한다. 그밖에 목질소(리그닌)와 목적소는 2차 세포벽을 구성하는 지방성 물질로 이루어져 있다. 지질 성분의 단단한 조직은 '배' 조직을 둘러싼 구조로, 세균이나 곰팡이 등에 저항하고 방수 기능을 하며 점차 리그닌(lignin) 성분이 비후되어 후벽세포(종피)로 발전한다. 리그닌이 주성분인 종피는 페놀과 같은 방향족 화합물의 중합체로 원두 보관에 부정적인 영향을 끼치는 주된 원인으로 작용하며 한 잔의 커피에서 불쾌한 향미의 원인으로 작용한다.

3. 자엽 = 생두

자엽은 생두 그 자체이다. 현미경을 이용하여 자엽(생두)을 자세히 관찰하면 공동이 이웃하여 다공질 구조로 이루어져 있는 것을 확인할 수 있다. 이는 로스팅 과정에서 공동이 형성되는 것이 아닌, 생두인 상태에서 이미 존재하고 로스팅 과정에서 물리적인 변화와 화학적 작용으로 좀 더 선명하게 드러나는 것이다. 자엽 내 세포가 성장하고 확장하는 과정에 무수한 액포는 점차 커지고 서로 융합되어 각각의 세포 중앙에 하나의 커다란 액포를 형성한다. 액포가 커가면서 세포질은 세포벽 주변으로 밀려나 얇은 층을 이루어 이웃한 액포를 구획한다. 결과적으로 확장하는 액포에 의해 팽압이 형성됨으로써 세포 조직을 견고하게 유지할 수 있는 구조를 만들어 주고, 액포 내부는 세포가 생장하는 동안 자엽의 저장 물질인 유기 화합물로 채워지게 되어 고형물을 형성한다.

로스팅이란 공동(액포) 내의 저장 물질(고형물)을 열분해하여 커피 본연의 맛과 향을 끌어내는 과정이다. 로스팅을 하는 동안 눈에 보이는 원두의 변화는 열분해에 의해 결합도가 약화되어 이들 성분 간의 열분해로 나타나는 변화들로 열분해의 형태는 조금씩 차이를 보인다. 상대적으로 분자 크기가 작은 헤미셀룰로스는 세포벽 표면에 위치하여 직접 열분해에 영향을 받고, 지질 성분으로 이루어진 리그닌은 오일의 발연점을 기점으로 빠르게 열분해 되며, 상대적으로 분자량이 큰 셀룰로스는 조금은 시간 차이를 두고 열분해 반응이 일어난다.

UNIT 03 생두, 원두의 평가와 로스팅

몇 가지 가정을 해보자. 당신이 카페를 운영하게 되었다. 업자로부터 생두를 가져와서 로스팅을 하거나 로스팅이 된 원두를 구매해야 한다. 당연히 좋은 제품을 적절한 가격에 구매해야 한다. 그렇다면 당신은 어떻게 좋은 생두와 원두를 구분할 것인가? 또한, 당신이 집에서 맛 좋은 커피를 마시기 위하여 원두를 구매해야 할 때 어떤 원두가 맛있고 얼마만큼 좋은지 어떻게 구별할 것인가? 아마도 떠오르는 이미지에선 답을 찾기가 불분명할 것이다. 이후로는 이전에 알고 있는 주관적인 평가나 관능검사에 의한 평가에 의지하지 않고 좀 더 객관화한 평가 방법을 제시해 보았다.

1. 생두의 등급 분류

생두의 품질을 분류할 때에는 사실 대부분 커피의 원산지에 따라 매겨진 등급에 의존하게 된다. 생두는 원산지별로 그 고유한 등급제를 따르고 있다. 에티오피아와 같이 결점두를 기준으로 등급을 매기기도 하고 과테말라, 코스타리카, 니카라과와 같이 재배 고도에 따른 등급도 있으며 콜롬비아, 케냐 등과 같이 크기를 기준으로 선별하기도 한다. 여기에 전문 감별사들이 관능적 평가를 하는 '커핑(Cupping)'이라는 과정이 더해진다.

1) 표고차에 의한 품질 평가(중앙 아메리카)

- SHB(Strictly Hard Bean) : 1500m, 또는 1600~1700m 이상의 고도에서 재배(나라마다 기준이 다르다)
- HB(Hard Bean) : 1300~1500m 고도에서 재배

소비자가 확인하고 평가하는 가장 객관적인 기준을 제공한다. 하지만 나라마다 표고의 기준 높이가 다르고 실제로 정확하게 적용하고 있는지 의심스러울 때가 많고 유통 과정의 문제(혼입) 등으로 품질이 일정하지 않는 경우가 발생하고 있다.

2) 스크린 사이즈(Screen Size)에 의한 품질 평가

일정 크기의 구멍이 뚫린 판에 생두를 올려놓고 흔들어서 그 크기를 선별하게 된다. 케냐의 경우는 스크린 사이즈 17에서 18 정도를 AA, 15에서 16을 AB로 분류하고, 콜롬비아의 경우 스크린 사이즈 17 이상을 Supremo 그보다 작은 등급을 Excelso로 분류한다.

■ 참고 : 스크린 사이즈
폭을 기준으로 1/64인치, 즉 1스크린 사이즈는 0.4mm를 나타낸다.

(1) 같은 생두 사이즈 : 적절한 강우량과 풍부한 일조량이 충족한 상황에서는 고지대의 생두일수록 유기 화합물이 높은 밀도로 축적된다.
(2) 같은 지역의 품질 : 외관상 굵기가 큰 생두일수록 양질의 생두이다. 유기 화합물의 원료가 되는 무기 화합물의 함량이 적당하고 일조량이 풍부했을 것으로 추정할 수 있다
(3) 하향 평준화 : 현장에서 보고 느끼는 아쉬운 점은 매해 생두의 품질이 하향 평준화하고 있다고 느끼는 점이다. 한정된 고지대에서 생산되는 양질의 생두 생산량은 일정한데 매년 유통되는 생두 수확량이 가파르게 증가

하는 것은 저지대의 생두 수확량이 혼입되어 증가하기 때문이다.

3) 스크린 & 결점두에 의한 품질 평가

스크린 사이즈+결점수+미각 테스트 등을 복합시킨 등급 분류 방식이다. 위 스크린 사이즈에 의한 품질 평가와 같은 문제점으로 품질의 편차가 나기 쉽다. 결점두에 의한 문제는 후처리를 하는 과정에서 인력이나 설비에 의한 원가 상승이 뒤따른다.

몇 가지 커피의 선별과 등급 분류 방식에 대해 간략하게 다뤄 보았다. 경험이 있는 독자라면 어렵지 않게 각각의 등급 기준이 다양하며 같은 등급의 분류라 할지라도 나라별로 그 기준이 다르다는 것을 충분히 알고 고려하고 있을 것이다. 또한, 일부 통찰력 있는 독자라면 있는 그대로 신뢰하지 못하고 의문점을 제기하기도 한다. 필자 또한 생두 유통에서 세계적으로 알려져 있고 일정한 영향력이 있는 협회는 존재하지만 상업성이 우선한다는 생각이 다분하다. 그 때문에 강제력이 작용할 수 있는 협의된 공신력 있는 기구나 상업성이 우선하지 않은 협회의 필요성이 대두되고, 생두를 평가하고 판단할 수 있는 최소한의 지식에 기반을 둔 합의된 시스템을 필요로 한다. 과연 그 등급을 믿을 수 있으며 비싼 가격이 책정된 만큼 좋은 품질의 생두인가? 커핑(cupping)을 제외하고 딱히 평가할 기준이 없는 상황에서 직접 추출하여 맛을 보더라도 기호도와 선호도를 자신할 수 없기 때문에 생산국에서 매겨진 등급을 믿고 구매하거나 원두를 판매하는 단골 카페의 추천에 의존할 수밖에 없다. 그렇다면 양질의 생두를 구별하기 위한 객관적인 기준은 없는가? 우선 양질의 생두에 대해 좀 더 본질적인 사항에 대해 알아보자.

2. 생두의 평가

양질의 생두를 선별하기 위한 기본 지식을 제시해 본다. 우수한 품종의 '아라비카'종은 전 세계 커피 생산량의 70%를 차지하고, 그중에서도 보다 고지대에서 좋은 품질의 아라비카종이 생산된다. 이는 고산 지대가 커피나무의 생장과는 별개로, 양질의 커피 열매가 맺히는데 적합한 생태 환경이 조성되기 때문이다. 고도가 높을수록 평균 기온의 하강으로 일교차가 크게 나타나 커피 씨앗에 유기물을 서서히 축적한다. 또한, 강우량의 증가로 커피나무의 신진대사를 촉진하며 잦은 안개의 발생으로 일사를 완화하고 많은 산림은 공기와 습도 조절에 유리하여 엽록소와 아미노산의 함량이 증가된다. 통상적으로 고산 지대의 토양은 풍화 작용이 활발하여 화산재, 부식토 등에 함유된 무기 미네랄이 풍부하고 통기성이 우수하여 커피나무가 웃자라지 않고 양질의 커피 열매가 맺히기에 적당하다. 물론 조금은 저지대에서 수확한 생두 중에서도 위와 같은 조건에 부합하는 높은 일교차, 적당한 강우량, 습도 등의 기상 조건과 토양 등의 영향으로 우수한 품질의 생두가 생산되고 유통되고 있는 만큼, 천연적인 생태적 환경은 얼마든지 고품질의 생두를 수확할 수 있는 데 중요한 역할을 한다. 우리가 눈여겨볼 사항은 고지대의 생두일수록 활동성 저하로 고형물을 포함한 섬유소가 오랜 시간 겹겹이 축적되어 조밀도가 향상된다는 점이다. 세포조직에 함유한 고형물의 함량이 많을수록 경도가 높고, 표고가 높아지면 기온은 낮아지고 그만큼 시간이 걸려 천천히 열매가 익기 때문에 그 조직이 단단하고 조밀도가 높아 간다. 표고차의 분류에서 고도가 높은 지역일수록 높은 등급을 부여하며 그 이름을 SHB - Strictly Hard Bean, 즉 '엄격하게 단단한 콩'으로 명명하는 이유이다.

3. 리올로지(Rheology)에 의한 평가

이제 이러한 양질의 생두의 특성을 '리올로지'라는 학문에 적용하여 양질의 생두와 원두를 구별해 보자. 리올로지(rheology)란 무엇인가? 리올로지는 물질의 변형과 유동에 관한 학문으로 합성 물질을 포함하여 기름, 점토, 셀룰로스, 녹말 등 천연 물질에 외력을 가했을 때 물질의 탄성, 소성, 점성, 점탄성 등의 성질과 물질의 구조를 이루는 분자나 원자 간의 힘과 관계가 깊은 물질의 변형 및 흐름의 특성을 규명하고 정략적으로 표현하는 학문이다.

■ 참고

- 탄성 : 물체에 힘을 가하면 비례하여 원래대로 되돌아가는 성질을 말한다.
- 소성 : 물체에 힘을 가했을 때 탄성 한계점을 넘어 변형된 상태에서 힘을 제거해도 원 상태로 돌아가지 않는 성질을 말한다.

앞에서 우리는 단단한 생두, 즉 일교차가 큰 고지대에서 재배되어 고형물 함량이 풍부하고 조밀도가 높아 경도가 높은 생두가 양질의 생두임을 알았다. 우리는 크고 작은 다양한 성분들로 구성된 생두나 원두에 외력을 가해 나타나는 물리적 특성을 정략적으로 판단하는 리올로지적 분석으로 경도를 판단하고 분석하여 양질의 생두를 구별할 수 있다. 대표적인 방법으로 경도 시험기를 이용한 계측을 들 수 있다. 이는 가장 신뢰할 수 있는 측정 방법으로 시험판 위 생두에 한 지점을 특정하여 일정한 하중으로 압력을 가하는 방식이다. 그 외 적외선을 스캔하여 평균값을 구하는 색도계나 밀도 측정기를 이용하여 생두의 수분이나 밀도를 검사하여 고형물의 적량 분석이 가능하지만 개인이 사용하기에는 고가의 장비들이다. 그러나 더욱 문제가 되는 것은 고가의 장비를 구매하여 정밀하게 측정해도 측정한 등급을 분류할 수 있는 합의된 시스템의 부재이다.

■ **경도 시험기를 이용한 평가**

- 평가 : 생두가 손상되지 않고 들어가는 자국의 깊이나 표면적, 복원력을 측정하여 수치화할 수 있다.
- 문제점 : 이러한 경도 시험기를 이용한 계측은 적확한 측정치를 구할 수 있다는 장점이 있으나 생두나 원두를 특정하여 제작된 것은 찾아보기 어렵고 유사한 유형의 경도 시험기를 개인이 사용하기에는 고가의 장비로 인한 비용 부담으로 사용이 어렵다.

이러한 점을 고려해 독자들을 위해 간단하지만 전문가 수준으로 양질의 생두를 구별하는 방법을 공개한다.

생두나 원두의 조직을 알아보기 위해 칼로 잘라 보고 손가락으로 눌러 보거나 깨물어 봄으로써 조직이 단단한지 부드러운지 등의 물리적 특성이나 작용하는 힘의 차이나 정도를 통해 리올로지 특성이 차이를 보인다. 이러한 특성을 이용하여 양질의 생두를 구별해 보고 그에 따른 로스팅의 방법을 알아보자.

1) 리올로지를 통해 평가한 생두의 특성

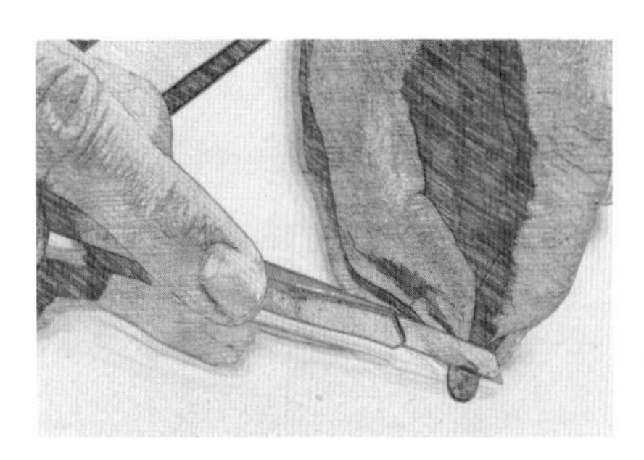

[그림 3-3-1] 자를 때의 리올리지 특성

칼을 이용하여 생두를 잘라 본다. 쉽게 잘려지지 않으니 주의를 요한다. 잘려지는 생두의 단면, 소리, 느낌, 튕김(탄성) 등으로 나타나는 다양한 반응을 관찰하고 자신의 경험치를 살려 생두의 질을 평가할 수 있다. 높은 등급의 생두일수록 칼로 자를 때 잘 잘려지지 않는다. 잘린 단면을 관찰해 보면 고형물과 세포조직이 층을 형성하여 높은 밀도로 단단하게 조직화된 모양으로 빈 곳 없이 꽉 들어차 있다. 이는 조밀도와 경도가 높다는 것을 말해 준다.

그 외 육안으로 관찰한 점액질층이 선명하고 굵게 이어져 있다. 이는 고형물이 넓고 고르게 분포해 있다는 걸 시각적으로 확인할 수 있게 해준다. 이와 함께 좋은 생두는 자를 때 탄성이 느껴지는데, 마치 단단한 고무를 자르는 것처럼 잘 잘려지지 않다가 마지막에 탄성이 느껴지며 잘려진다. 이는 생두에 반고체 상태의 고형물이 다량 축적되어 점탄성의 특성을 띠기 때문이다. 또한, 잘릴 때의 둔탁한 느낌은 공간이 없음을 말해준다.

그와는 반대로 낮은 등급의 생두는 칼로 자를 때 부스러지는 느낌으로 생두가 쉽게 잘려나간다. 이는 고형물 함량이 낮고, 목질화한 불용성 섬유소가 많기 때문이다. 자른 단면을 살펴보면 센터컷(center cut) 주위로 빈 곳이 보이고 점액질층이 얇게 이어져 있거나 끊어져 있는데 탄성이 부족하고 조밀도와 경도가 낮으며 고형물 함량이 낮음을 육안으로 확인할 수 있다. 이러한 생두는 건조하며 반고체

[그림 3-3-2] 단면의 점액질층

상태로 고형물 함량이 부족하기 때문이다.

평가 요소	높은 등급	낮은 등급
조밀도와 경도 고형물 함량	잘 잘리지 않는다.	부스러지듯 잘 잘린다.
	단면이 반고체 상태의 젤을 형성하여 빼곡하게 들어차 있다.	센터컷 주위로 공간이 보인다.
	자를 때 탄성이 느껴진다.	탄성이 느껴지지 않고 부스러지는 느낌이다.
	단면이 매끈하다.	단면이 부스러지고 거칠다.
	점액질층이 굵고 선명하게 이어져 있다.	점액질층이 가늘거나 끊어져 있다.
단면도		

2) 색을 통한 생두의 평가

생두의 특성을 파악하기 이전에 생두를 선별하기 위한 다양한 지식과 경험을 생두의 색에 투영하여 효율적으로 리올로지 특성을 평가하고 판단 능력을 향상시킬 수 있는 유용한 정보를 제공한다. 일반적으로 생두의 신선도와 관련이 깊어, 밝고 선명할수록 우수하고 어둡거나 변색된 생두는 그 가치가 낮다.

(1) 고형물 함량과 수분 함수율

뉴크롭(1년 미만 생두)을 기준으로 고형물 함량이 풍부하고 수분 함수량이 적당하면 녹색으로 짙고 밝은 빛이 나며, 반대로 고형물 함량이 부족하고 수분 함량이 많을수록 청색으로 어둡고 짙다.

> 단백질이 응고하면 흰색을 띤다. - 건조하는 동안 고형물에 함유된 단백질의 응고로 인해 흰색을 띄게 된다. 비교적 고형물 함량이 많을수록 청색보다는 좀 더 밝은 녹색에 가깝다.

수세식 방식으로 건조한 생두일수록 녹색이나 청색이 짙으며, 내추럴 방식의 건조일수록 색이 옅고 햇빛에 의해 효소적 갈변 반응이 진행되어 갈색을 띄게 된다.

> - 지나치게 건조된 생두는 밋밋한 흰색을 띠게 되며 조직의 손상과 품질 저하를 불러온다.
> - 지나친 수분 함량은 효소 작용, 화학 반응, 미생물의 생육 등에 영향을 받게 되어 갈색으로 변색된다.

생두를 오픈한 상태로 공기 중에 노출되면 상대습도와 평형에 이를 때까지 건조 또는 흡습한다. 즉 생두 중의 수분 함량은 주위 환경에 따라 항상 변할 수 있는 동적인 상태이다. 따라서 생두가 휴면한 상태로 미생물의 생육을 억제할 수 있는 수준의 건조로 보관성을 높여 주고 적당한 온도와 습도를 유지하여 저장성을 높여 준다.

(2) 생두의 수분 활성도

생두의 수분 함량은 주위 환경에 따라 공기 중의 수분을 흡습 또는 탈습하여 평형에 이르게 되는 유동적 상태로 유통된다.

[보관상 주의 사항]
- 낮은 습도 : 생두에서 수분이 증발한다.
- 높은 습도 : 생두가 수분을 흡수한다.
- 온도가 높을수록 수분 함량이 낮아진다.
- 온도가 낮을수록 수분 함량이 높아진다.
- 보관 중 지나친 흡습 및 탈습은 생두의 품질 저하를 불러온다.

수분 활성도(Aw)는 임의의 온도에서 식품이 나타내는 수증기압(p)과 순수한 물의 수증기압(p°)의 비율로 정의된다.

$$Aw = p/p^{\circ}$$

생두 또한 마찬가지로 수분 함량을 백분율(%)이 아닌 수분 활성도(Aw : water activity)로 표기하는 것이 맞는 표현이다. 생두의 저장성은 미생물(곰팡이)의 증식과 밀접하게 관계된다. 건조 생두의 적당한 수분 함량은 12% 이하로 수분 활성도 0.50Aw 이하의 범위이다. 이러한 수분 활성도는 측정기를 사용하여 손쉽게 확인할 수 있다.

■ 참고
지나친 건조는 생두 조직이 균열하고 오히려 오일 성분의 산화를 촉진시켜 저장성을 떨어뜨린다.

3) 비중을 이용한 평가

고형물 함량 대비 세포조직을 이루는 불용성 섬유소의 비율이 높을 때 부피 대비 중량이 가볍다. 그와는 반대로 고형물 함량 대비 세포조직을 이루는 불용성 섬유소의 비율이 낮을 때에는 부피 대비 중량이 무겁다. 즉 양질의 생두일수록 중량 대비 부피가 작게 나타나는 밀도의 차이를 통해 분별이 가능하다.

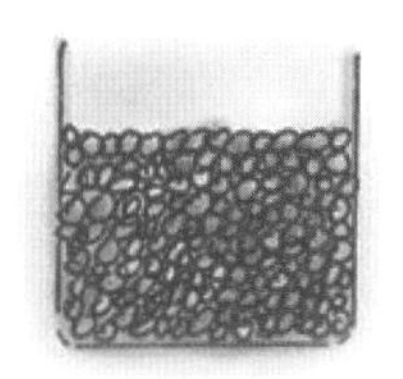

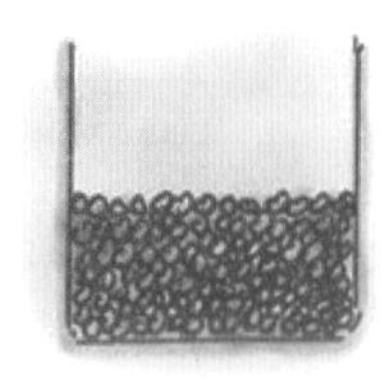

무게 = 무게

불용성 섬유소 > 고형물　　불용성 섬유소 < 고형물

[그림 3-3-3] 비중을 이용한 평가

같은 용량의 생두를 각각의 계량컵에 담고 담긴 높이를 측정한다. 측정 결과 담겨진 높이가 낮은 생두가 조밀도와 경도가 높은 품질이 우수한 생두이다. 이러한 차이는 로스팅 한 원두에서 더욱 크게 드러난다.

■ 결과

① 불용성 섬유소는 부피에 영향을 준다.

② 고형물은 무게에 영향을 준다.

4. 리올로지를 통한 로스팅 적용

1) 조직이 두터운 경우

■ 적용 방법

- 예열 과정을 좀 더 반복하여 실행한다.
- 투입 온도를 낮추어 로스팅 시간을 길게 진행한다.(무리 없는 로스팅)

유전적인 요인에 영향이 깊고, 재배 고도가 높을수록 단단하다. 조직이 두터운 생두는 두터운 만큼 좀 더 강한 화력을 요구할 것이라고 생각하기 쉬우나 생두는 절연체(다공질의 세포 구조)로 조직되어 뜻대로 되지 않았다. 따라서 열이 전달되는 효율이 낮아져 더 많은 칼로리가 필요하다. 무턱대고 화력만

높인다면 전달되는 열량은 증가하지만 내부까지 효율적으로 전달하지 못하고 표면에 과하게 집중되는 결과를 초래한다. 해결 방법은 복사열의 비중을 증가시켜 원두 내부에 가해지는 칼로리를 증가시키는 것이 현명하다. 즉 예열 과정을 좀 더 반복하여 드럼 내부와 외부 하우징에 충분한 복사열을 축적하여 드럼으로부터 방출되는 '복사 웨이브(wave)'의 비중을 증가시키고 복사열의 증가분만큼 투입 온도를 낮추어 무리 없는 로스팅을 진행한다. 이처럼 복사열의 비중을 높여 주면 같은 온도에 생두를 투입하고 같은 시간에 로스팅을 끝마쳐도 원두 내부까지 가해진 칼로리는 증가된다. 그밖에 원두 조직에서 차지하는 유기 미네랄의 함량이 많고 열에 잘 견디는 특성은 좀 더 진행된 로스팅을 가능하게 한다. 이는 크랙(Crack)까지 충분한 열화학 반응을 유도할 수 있는 근거가 되어, 풍부하고 다양한 맛을 표현할 수 있게 된다.

유기 미네랄 성분 중 마그네슘, 칼슘 등은 주로 쓴맛에 영향을 주며 바디감을 높여 주는데, 이러한 유기 미네랄이 풍부한 생두는 나트륨이나 칼륨 등에서 쓴맛을 수반한 짠맛으로 바디감을 높여 주며 난용성 염의 형태를 구성하여 원두의 경도를 높여 준다. 또한, 무기 미네랄이 풍부한 원두는 단맛이 감도는 좋은 쓴맛을 살리는데 유리하다.

2) 조직이 얇은 경우

■ 적용 방법

- 드럼의 회전 속도를 증가시켜 전도열을 감소시킨다.
- 충분하게 예열하여 복사열을 축적한다.
- 조직이 두터울 때보다 낮은 온도에서 투입한다.

품종(유전적인 요인)의 영향으로 조직이 얇은 생두는 세포조직(절연체)의 폭이 좁아 열전달 효율이 좋다. 그러나 압력의 임계점이 낮기 때문에 상대적으로 낮은 압력에서 팝핑과 크랙이 발생한다. 열에 취약한 특성은 전도열과 대류열의 영향이 가중될 때 고형물의 열화학 반응을 충분하게 유도하지 못하고 표면의 호화, 호정화 반응이 가중되어 표면 조직이 약화되고 향기 분자가 이탈하기 쉬운 구조는 보관 수명의 단축으로 이어진다. 이러한 특성을 고려하여 두터운 생두에 비해 드럼의 회전 속도를 증가시켜 드럼과 원두의 접촉을 최소화하는 방법으로 전도열을 감소시킨다. 또한, 충분한 예열을 통하여 복사열은 증가시키고 조금은 낮은 온도에서 생두를 투입한다. 로스팅을 진행하는 과정에서 열분해로 발생하는 부풀음의 변화 폭이 크게 나타나 두터운 원두만큼 충분한 열분해 반응을 이끌어 낼 수 없다. 즉 약한 로스팅에 적합하다. 이러한 생두는 유기 미네랄의 함량이 부족하여 짠맛이나 짠맛에 의한 바디감이 부족하지만 좋은 신맛을 표현하기에 유리하며 부드러운 맛에 적합하다.

3) 고형물 함량(밀도)이 높은 생두

■ 적용 방법

- 충분하게 예열하여 복사열을 축적한다.
- 투입 온도를 낮추어 로스팅 시간을 늘려 준다.

고형물 함량이 높은 생두는 향미가 풍부하다. 고형물이 많다는 것은 로스팅 과정에서 열 반응의 재료가 풍부하다는 것을 대변하여 다양하고 풍부한 향미 성분을 발현할 수 있게 된다. 당연히 그 향미가 풍부할 수밖에 없다. 재배 고도가 높아 불용성 섬유소의 형성이 불리하지만, 그에 반해 아미노산을 포함한 유기 화합물을 많이 생성한다. 상대적으로 세포조직 주위로 분포한 수분(자유수)량이 적고 유기 화합물에 함유된 수분(결합수)이 많다. 이렇게 고형물 함량이 풍부한 생두는 로스팅 중 충분한 호화와 호정화를 위해서 더 많은 칼로리가 요구된다. 따라서 예열을 충분히 하고 투입 온도를 낮추는 것이 바람직하다. 투입 온도를 낮추는 것으로 로스팅 시간이 늘어나 원활한 호화와 호정화 반응을 유도할 수 있고 만족할 만큼의 화학 반응을 이끌어 낼 수 있다. 충분한 예열을 통해 충분한 복사열을 축적하여 원두 내부의 화학 반응을 향상시키고 물리적 반응을 컨트롤한다.

4) 고형물 함량(밀도)이 낮은 생두

■ 적용 방법
- 낮은 단계의 화력으로 조절한다.

고형물 함량(밀도)이 낮은 생두는 향미가 부족하다. 로스팅에서 열분해 반응의 재료가 되는 고형물 함량이 부족하여 생성되는 향미 성분도 부족하게 나타난다. 재배 고도가 낮아 불용성 섬유소의 형성이 용의하고 유기 화합물 주위로 분포한 수분(자유수)이 차지하는 비율이 높다. 로스팅을 하는 동안 상대적으로 적은 칼로리가 필요하기 때문에 조금은 낮은 단계의 화력 조절을 통해 칼로리를 감소시킨다. 화력이 강할 경우 빠른 수분의 증발이 냉각 효율의 감소로 이어져 빠른 열분해를 가능하게도 하지만 고형물에 포함된 오일이 열전달 매개체로 작용하지 못하여 원두 표면의 탄화를 야기할 수 있다.

5) 조밀도와 경도가 높고, 고형물 함량이 많으며, 조직이 얇은 생두 = 양질의 생두

■ 적용 방법
- 충분하게 예열하여 복사열을 축적한다.
- 조직이 두터운 생두에 비해 낮은 온도에서 투입한다.

향미 성분의 재료가 되는 고형물의 함량은 풍부하지만 조직이 얇아 열에 대한 내구성이 떨어져 로스팅을 강하게 진행할 수 없다. 상대적으로 낮은 볶음도에서 균형 잡힌 맛이 만들어지며 강하게 로스팅이 진행될 경우 탄화된 불쾌한 쓴맛이 생기기 쉽다. 이러한 특성은 부드럽고 깊은 맛을 살리는데 유리하며, 쓴맛보다는 신맛과 단맛을 살리는데 유리하다.

6) 조밀도와 경도가 좋고, 고형물 함량이 많으며, 조직이 두터운 생두=양질의 생두

■ 적용 방법
- 예열을 충분하게 한다.
- 투입 온도를 낮추어 로스팅 시간을 늘려 준다.

두터운 조직은 열에 대한 내구성이 좋다. 따라서 로스팅을 크랙(Crack) 이후로 좀 더 진행하여 더 많은 열화학 반응을 이끌어 낼 수 있다. 강한 로스팅에서 신맛(산미)이 쉽게 무너지지 않고 균형 잡힌 향미가 풍부하게 나타난다. 이러한 특성은 신맛에 비해 쓴맛을 강조하고 진하고 깊은 맛을 살리는 것이 유리하다.

7) 고형물 함량이 부족하며, 조직이 얇고, 조밀도와 경도가 약한 생두

■ 적용 방법
- 낮은 단계의 화력 조절이 중요하다.
- 좀 더 낮은 온도에서 투입한다.

약한 조직은 열에 취약하여 조금이라도 강한 로스팅을 진행하면 신맛, 단맛이 쉽게 무너지고, 쓴맛의 영향으로 밸런스마저 쉽게 무너진다. 약한 볶음도에 단맛이나 약간의 쓴맛을 더 느낄 수 있어, 단맛이나 좋은 쓴맛을 살리기보단 그나마 약한 로스팅으로 신맛은 살리는데 유리하다. 이러한 특성 때문에 상대적으로 약한 로스팅에서 균형 잡힌 신맛, 단맛, 쓴맛의 밸런스가 만들어진다.

8) 홀쭉하고 짜부라진 형태의 생두

■ 적용 방법
- 낮은 단계의 화력으로 조절한다.
- 낮은 온도에서 생두를 투입한다.

조밀도와 경도가 낮고, 고형물 함량을 상대적으로 소량 함유할 가능성이 높다. 이러한 생두는 중량 대비 부피가 크며 열에 취약하다. 또한, 로스팅 중 많은 부풀음의 발생으로 원두의 보관 수명을 단축한다. 로스팅 포인트는 쓴맛에 비해 신맛이나 단맛을 살리는데 적합하다.

5. 리올로지를 통한 원두의 평가와 로스팅

경도와 조밀도가 높다는 것은 양질의 생두임을 대변한다. 품질이 낮은 원두이거나 로스터의 역량 부족으로 발생하는 원두의 과도한 팽창(부풀음)은 원두의 조직을 약화시켜 보관 수명을 단축한다. 이러한 팽창의 정도는 생두일 때와 로스팅을 거친 원두의 부피 변화 폭을 통해 품질 평가가 가능한데 변화 폭이 낮을수록 조밀도와 경도가 우수하다. 반대로 조밀도와 경도가 약하여 부피의 변화 폭이 큰 원두일수록 저지대의 생두일 가능성이 높다. 원두의 평가 또한 밀도 측정기나 색도계 또는 경도 시험기를 이용한 계측이 보다 정확한 측정치를 구할 수 있다.

비교적 휴대가 간편하고 정밀하게 구분하여 평가할 수 있는 색도계, 원두의 함유된 수분이나 고형물 함유량을 측정하여 정량 분석이 가능한 밀도 측정기로 원두를 평가할 때는 생두일 때와 비교하여 평가할 수 있는 기준이 모호하다. 그나마 종합적인 판단을 위해서는 시험판 위 원두에 일정한 하중의 압력을 가하는 압력 측정기를 이용하는 방식으로 원두가 파손될 때의 임계점을 측정하는 방식이 보다 합리적이다.

※ 예외로 조밀도와 경도와는 상관없이 세포조직이 두터운 생두는 비교적 부풀음이 크다.

1) 리올로지를 통한 원두의 평가

■ 평가할 수 있는 기계적 특성
- 응집성(부서지는 성질) : 부서지기 쉬운, 바삭 부서지는, 잘 깨지는
- 탄력성 : 가소성, 탄성
- 견고성 : 부드러운, 단단한
- 검성 : 바삭한, 눅진

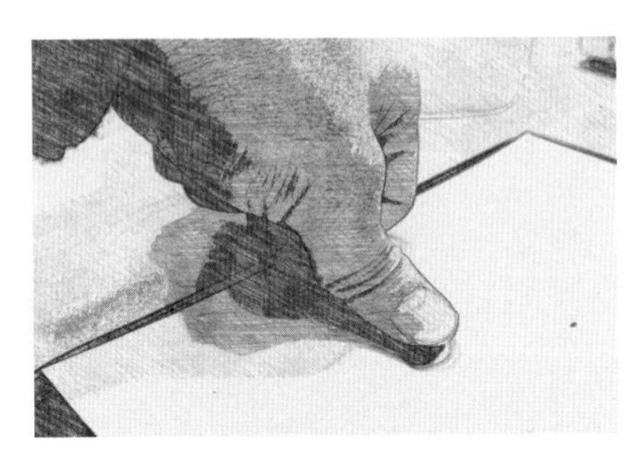
[그림 3-3-4] 손가락 압력을 이용한 평가

가해진 압력을 측정하여 수치화 할 수 있는 압력 측정기의 사용이 객관적이며 정확한 측정치를 얻어낼 수 있겠지만 역시나 고가의 장비를 사용한다는 것이 현실적으로 어려운 일이다. 대신 로스팅 후 손가락 압력을 통해 원두를 평가해 볼 수 있는데, 많은 경험을 통해 비교 평가하는 방법이기 때문에 평소 구매한 원두를 습관처럼 평가하여 경험을 쌓는 것을 권한다.

(1) 경도가 높다(조밀도가 높다)

일교차가 큰 고지대에서 재배되어 경도와 관련이 있는 무기질 성분과 고형물 함량이 풍부하다. 고온의 열에 내구성이 강하여 로스팅을 하는 동안 수축과 팽창에 의한 부피의 변화 폭이 적다. 손가락으로 눌러 압력을 가했을 때 비교적 강한 힘을 필요로 하고 깨지는 느낌이 든다.

(2) 경도가 낮다(조밀도가 낮다)

일교차가 낮은 저지대에서 재배되어 무기질 함량이 낮고 상대적으로 고형물 함량이 부족해 상품성이 낮다. 낮은 무기질 함량은 낮은 경도를 말해주는 지표이며 고온의 열에 내구성이 약하다. 약한 내구성으로 인해 로스

팅 과정에서 부피의 변화 폭이 크다. 손가락으로 눌러 압력을 가할 때 비교적 낮은 압력에서 바스러지는 느낌이 든다.

(3) 부풀음이 많은 원두

앞에서 살펴본 바와 같이 조밀도와 경도가 낮고, 고형물 함량을 상대적으로 소량 함유할 가능성이 높다. 많은 부풀음은 세포 조직을 약화시키고 강한 흡습성이 원두의 보관 수명을 단축한다. 조금은 약한 로스팅으로 쓴맛에 비해 신맛이나 단맛을 살리는 것이 유리하다. 손가락으로 눌러 압력을 가할 때 비교적 낮은 압력에서 바스러지거나 찌그러지는 느낌이 든다.

2) 색을 통한 원두의 평가

색을 통한 원두의 평가는 로스팅기에 따른 열원과 열원에 따른 볶음도에 따라 유동적으로 나타나 그 기준이 모호하다. 더군다나 표면의 색을 가늠하여 내부 고형물을 예견하는 방식은 비록 분쇄하여 측정해도 비교 평가는 유용하지만 객관적인 지표가 되기는 어렵다.

UNIT 04 커피 형태학

일선에서 커피를 가르치다 보면 생두의 구조와 기능을 설명할 때 제한된 지식으로는 충분하게 이해시키거나 전달하는데 제약이 따를 때 유용한 정보이다. 또한, 커피에 대해 전반적인 식견을 넓히고 흥미를 돕도록 하기 위해 기초적으로 이해하고 있어야 할 지식이라고 생각되어 좀 더 깊이 있게 다루었다.

현재까지 발견된 지구상에 존재하는 식물은 50만 가지에 이른다. 그중에서도 90% 이상이 종자식물(피자식물)에 해당한다. 대부분의 종자식물은 인간이 살아가는 의식주의 모든 영역과 밀접하게 관련되어 있고 그중에서도 커피는 기호적 가치로 중요한 영역에 위치하고 있다.

1. 식물의 구분

식물을 크게 분류하면 종자식물과 민꽃(포자) 식물로 나눌 수 있다.

- 종자식물 : 종자는 수정되고 발아하여 씨라고 부르며 씨앗에 의해 번식하고 꽃이 핀다.
- 포자식물 : 단독 발아하여 홀씨라고 부른다. 꽃이 피지 않고 포자로 번식한다.

1) 종자식물의 구분

종자식물은 밑씨가 씨방 안에 들어 있는 속씨식물과 밑씨가 겉으로 드러나는 겉씨식물로 나뉜다.

• 겉씨식물(나자식물, 침엽수) : 씨방이 없는 대부분 굵은 나무로 생장하여 목재로 많이 사용된다.

• 속씨식물(피자식물, 활엽수) : 씨방이 있고 씨가 열매로 발달하며 우리가 마시는 커피는 속씨식물의 열매 속에 들어 있는 씨앗이다.

(1) 속씨식물의 구분

속씨식물은 다른 형태의 생식 기관과 싹을 틔울 때 배에서 처음 형성된 떡잎의 개수에 따라 2개의 식물군으로 나누어 떡잎이 한 갈래인 외떡잎식물(유배유 종자)과 떡잎이 두 갈래인 쌍떡잎식물(무배유 종자)로 나누어진다.

① 쌍떡잎식물 : 속씨식물, 쌍자엽식물, 활엽수, 무배유 종자

- 자엽(씨에서 돋아난 첫 '잎')이 2개이다.
- 줄기의 유관속은 환상으로 배열되어 있고 잎의 엽맥은 망상맥(그물맥)이다.
- 곧은 주근(원뿌리)에 가는 측근(곁뿌리)가 발달한다.
- 물관, 체관, 형성층이 규칙적인 관다발을 이룬다.
- 꽃잎의 수가 4~5의 배수이다.

② 외떡잎식물 : 겉씨식물, 단자엽식물, 침엽수, 유배유종자

- 자엽(씨에서 돋아난 첫 '잎')이 1개이다.
- 줄기의 유관속은 산재되어 있고 잎의 엽맥은 평행맥(나란히맥)이다.
- 가는 수근(수염뿌리, 실뿌리)을 갖는다.
- 물관, 체관이 흩어져 유관속을 이룬다.
- 꽃잎의 수가 3의 배수이다.

(2) 식물(커피)의 분계도

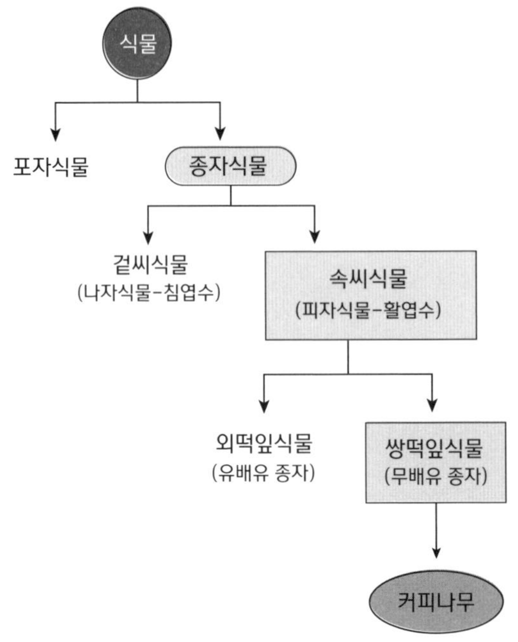

2. 씨앗의 구조

씨앗은 종자 내부에 배가 있고 배를 둘러싼 배유(배젖)가 있으며 바깥에 있는 종피로 구성된 유배유 종자와, 배 발생 도중에 배유가 소실하고 자엽부에 저장물질을 가지고 있고 바깥은 종피로 둘러싸여 있는 무배유 종자로 구분한다. 무배유 종자는 쌍떡잎식물의 종자(씨앗)에서 흔하며, 우리가 알고 있는 커피의 생두는 종피 내부 자엽에 녹말이나 단백질, 지방 등의 저장 물질을 다량으로 저장하고 있는 분화하기 이전의 떡잎으로 종피 내부에 갇혀 짜부라진 형태로 자리한다.

- 상록수 : 상록엽이 있어 일 년 내내 푸른 잎을 유지하는 식물로 활엽수와 침엽수로 나눈다.
- 종자식물(활엽수) → 속씨식물(피자식물) → 쌍떡잎식물 → 무배유 종자 → 커피나무
- 종자식물(침엽수) → 겉씨식물(나자식물) → 외떡잎식물 → 유배유 종자

1) 유관속(관다발) 조직

식물체 내에서 물과 양분의 운송 조직을 가리킨다.

(1) 물관 : 뿌리로부터 흡수한 물과 무기 물질을 식물의 모든 부분으로 수송하는 조직

(2) 체관 : 광합성으로 만들어진 유기 양분을 식물체의 모든 방향으로 운송하는 통로

(3) 형성층 : 쌍떡잎식물의 경우 물관과 체관 사이에 존재하며 세포 분열이 활발하게 일어나 부피 생장을 일으키는 곳이다.

① 유관속(관다발) 조직의 기능

뿌리의 세포막을 통해 물과 무기 양분은 삼투압 현상에 의해 농도가 낮은 곳에서 높은 곳으로 물관을 따라 줄기나 잎으로 수송하여 광합성 작용에 관여한다. 잎의 기공을 통해 공기 중의 이산화탄소를 흡수하고 잎 속 엽록체에서 빛에너지를 흡수하여 광합성을 한다.

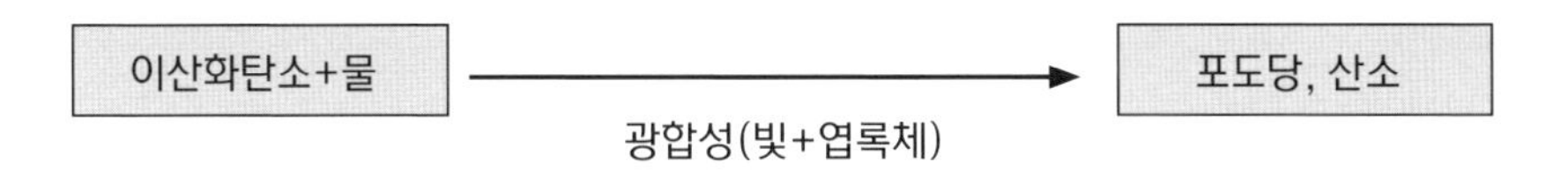

광합성에 의해 만들어진 최초의 유기 양분인 포도당은 녹말 형태로 저장되며 호흡에 필요한 산소를 생성한다. 포도당은 낮 시간 동안 잎에 녹말로 일시 저장되며 밤에 체관을 통해 다시 포도당 형태로 각 기관으로 운반되어 생명 활동에 필요한 에너지원이 되고 남는 양분은 포도당, 녹말, 지방, 단백질 등의 형태로 전환되어 뿌리(예 : 감자, 고구마), 줄기, 열매, 씨앗 등에 저장한다. 우리가 알고 있는 생두는 커피나무의 씨앗이며 내부의 자엽(떡잎)에 녹말 형태로 다량 저장되어 배와 유식물의 발달에 사용될 영양 물질을 제공한다.

■ 자엽(떡잎) : 배가 생장하는 동안 배유로부터 영양 물질을 흡수하며 배가 발달하는 동안 씨앗 내부(전형성층)에서 1기 물관부와 1기 체관부가 분화한다. 발아에 사용될 에너지로 저장

3. 커피나무의 생장

커피나무의 생장과 환경 조건을 원예학적 관점에서 바라보면 아쉽게도 우리나라의 기후 조건하에서는 결코 커피나무가 생육할 수 없는 환경이다. 그러나 수확이 목적은 아니지만 비닐하우스 재배를 통해 상업적 목적으로 하는 체험학습이나 관광을 목적으로 하는 인위적인 재배가 하나둘 생겨나고, 커피를 취미로 하는 사람들에 의해 생활 공간에 조경 소재로 키우면서 심미적 만족감을 얻는 사람들이 점차 증가하고 있다. 그렇지만 아직은 소수이고 제한된 정보 탓에 가꾸는 것에 관한 기술과 이론은 부족한 점이 많다.

일반적으로 다년생인 커피나무의 생육 단계는 파치먼트 상태로 파종하여 발아되면서 시작된다. 발아한 유식물은 어린 생명체에서 점차 줄기, 잎, 뿌리 등이 생장하는 영양생장을 하게 된다. 2~3년의 생장 기간을 거치면 성숙하여 꽃눈이 피고 열매를 맺고 종자가 발달하는 생식생장을 하고 산포되어 새롭게 식물체로 자라거나 수확하여 커피가 된다. 커피나무를 키우다 보면 부족한 사전지식으로 나무가 고사하거나 꽃눈이 피지 않고 열매를 맺지 못하는 경우를 경험한다. 이러한 현상은 생장 과정에서 나타나는 영양생장과 생식생장의 균형이 어긋날 때 발생한다. 영양생장이 강하면 생식생장이 약화되고 생식생장이 강하면 영양생장이 약해지는 관계는 광합성 작용에 의해 만들어지는 탄수화물(C)과 뿌리로부터 흡수된 질소(N)와의 양적 관계에 대응되어 새로운 가지의 생장과 꽃눈이 피고 열매를 맺는 것에 영향을 준다.

적절한 영양생장과 생식생장의 밸런스는 적당한 새 가지(어린 싹)와 꽃을 피워 결실을 맺게 된다. 이러한 밸런스는 4가지 형태로 나누어진 탄수화물과 질소의 비율(C/N율)에서 답을 찾아볼 수 있다.

• 질소는 풍부하고 탄수화물이 부족한 경우

일조량이 부족하거나 가지나 잎 등의 병충해로 원활한 광합성 작용이 이루어지지 않는 경우(탄소화물 부족)에 해당하며, 새 가지의 생장이 약하고 꽃눈과 결실이 부실하다.

• 질소는 풍부하지만 질소에 비해 탄수화물이 다소 부족한 경우

비료를 많이 주는 경우(질소 풍부)에 해당하며, 커피나무가 웃자라고 새 가지가 왕성하게 자라지만 일조량이 부족하여 꽃눈과 결실이 부실하다.

• 질소는 다소 부족하고 탄수화물이 풍부한 경우

가장 바람직한 경우로 가지 생육은 다소 부족하지만 꽃눈과 결실은 풍부하다.

• 질소는 부족하고 탄수화물은 풍부한 경우

노목인 경우이거나 비료가 부족한 경우로, 꽃눈은 피지만 결실을 맺기 어렵다.

- 질소 : 토양의 영양 상태
- 탄수화물 : 일조량에 의한 광합성

비록 소량이지만 결실을 맺어 한 잔의 커피를 맛보았을 때 그 만족감은 실로 대단하다. 그러나 분명한 것은 우리나라 기후와 토양에서는 양질의 생두가 생산될 수 없다는 것이다. 그 생두로부터 추출한 커피가 맛있게 느낄 수 있는 것은 내가 수확하고 가공하였다는 뿌듯함이 심리적인 요인으로 작용하기 때문일 것이다. 그러나 한 번 도전해 보는 것도 좋은 경험이다.

UNIT 05 커피의 종류

커피나무의 종자는 '커피의 3원종'이라고 해서 아라비카종, 로부스타종(=카네포라종), 리베리카종으로 크게 분류할 수 있으며, 교배와 개량을 통해 수없이 많은 종이 존재한다. 각각의 아종들에 대해서는 품종의 관한 분류에 모호한 점이 많아 정확한 정의를 내리기가 어려우며, 커피나무 사이에 자연 교배도 활발하여 현지 농가에서도 품종을 정확히 모르는 경우도 많다. 이러한 점을 고려하여 대표적인 종들에 대해서 간단히 짚고 넘어가도록 하자.

1. 아라비카종(Arabica)

아라비카종은 전 세계 커피 생산량의 70%를 차지하고 있는데 커피의 3원종 중에서 가장 품질이 우수하다. 맛과 향이 뛰어나며 산지의 특색을 잘 나타내며 높은 가격에 거래되고 있다. 그렇다고 모든 아라비카종의 품질이 우수하다고 귀결되는 것은 아니다. 품종을 뛰어넘는 저품질의 아라비카 생두가 주관적인 평가에 의해 부풀려져 상당량이 유통되고 있는 것도 사실이다. 이러한 아라비카종은 잎곰팡이병이나 탄저병 등의 병충해와 서리, 고온 다습한 환경에 약하고 고지대 재배에 적합하다. 배수가 잘되고 비옥한 토양에서 잘 자라는 특성은 미네랄이 풍부하거나 화산재가 많은 지역적인 조건과 일치하여 고품질의 생두가 생산된다.

[표 5-1]과 같이 인공적으로 교배하여 만든 종이나 돌연변이종도 있다 그 종류가 에티오피아 원종만 해도 3,000종이 넘기 때문에 모든 종을 다 살펴보기는

어렵다. 많이 유통되고 알려진 품종 위주로 그 특징을 알아보자.

[표 5-1] 아라비카 주요 종의 구분

아라비카	재래종	에티오피아원종
		티피카종
		예멘종
		게이샤종
		수마트라종
	자연 교배종	문도노보종
	돌연변이종	마라고디페종
		켄트종
		파체종
		버번종 (-〉 파카스, 카투라)
	인공 교배종	파카마라종
		카투아이종
	선발종	SL28
		SL34
		K7
		아카이아종
	외소종	카투라종
		파카스종
		비야사치

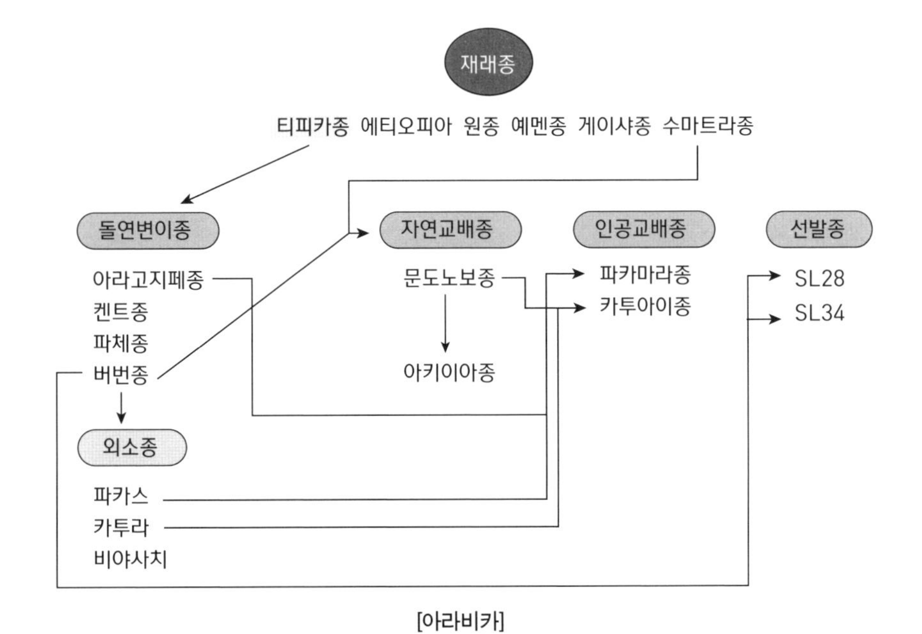

[아라비카]

1) 에티오피아 원종(Ethiopia)

에티오피아에 자생하는 품종만 해도 3,000종이 넘을 만큼 다양한 품종이 있고 각각을 구분하기도 쉽지가 않다.

향긋한 과일 향미로 인해 최고급 품종으로 취급된다. 카파(Kaffa), 시다모(Sidamo), 이르가체프(Yirgacheffe), 울레가(Wollega), 하라(Harrar) 등지에서 재배된다. 각각의 지역에서 재배되는 커피는 지역에 따라 독특한 풍미를 지니고 있다. 그중 우리나라에는 시다모와 이르가체프('예가체프'라고 발음하기도 한다), 하라가 많이 알려진 만큼 수입되고 있다. 어떤 지역에서는 내추럴 방식으로 또 어떤 지역에서는 워시드 방식으로 가공되며 그에 따라 뚜렷한 맛의 차이를 드러낸다. 워시드의 경우 매우 산뜻한 풍미를 지니며 과일 향과 꽃 향을 느낄 수 있고, 내추럴 방식의 경우 산뜻한 워시드에 비해 투박한 과일의 풍미와 묵직한 바디감을 나타낸다.

2) 예멘종(Yemen)

에티오피아에서 건너간 품종이다. 대부분 1,500m(대략 5,000feet) 이상의 고지대에서 재배된다. 수백 년 전에 키우던 방식과 동일하게 재배되고 있으며 유기농이라고 봐도 무방할 만큼 어떠한 화학비료나 농약, 제초제 등을 사용하지 않는다. 모든 전통적인 품종들(심지어 변종까지도)은 그 크기(size)가 작다 만약 크기가 큰 예멘종이 있다면 그 생두는 예멘이 아니라고 봐도 무방하다. 대개 손으로 결점두를 고르고 선별하는 핸드픽(hand pick) 방식으로 분류하여 두 번 세 번 세심한 선별을 거쳤다 할지라도 그 크기와 색이 균일하지 못하지만 그것이 맛에 영향을 주지는 않는다. 향신료, 과일, 허브 등 다양한 향미를 지니고 있다.

3) 티피카종(Typica)

그 기원을 살펴보면 에티오피아에서 예멘의 모카 항을 통해 네덜란드로 옮겨져 네덜란드 동인도 회사가 자바 섬에 묘목을 가져다 재배하였다. 이후 자바 섬에서 재배한 커피나무 한 그루가 암스테르담 식물원에 보내진 후 프랑스령인 마르티니크 섬 주둔 대사 가브리엘 드 끌리외(Gabriel Mathieu de Clieu)가 마르티니크 섬으로 나무를 가져다 심었다고 전해진다. 지금은 하와이 코나, 자메이카, 파푸아뉴기니, 동티모르 등지에서 주로 생산되고 있으며 쿠바, 도미니카, 콜럼비아 일부 지역에서도 소량 생산되고 있다. 유독 티피카 종으로부터 많은 변종들이 파생되었다. 생산량이 적지만 수명이 길며 뛰어난 맛을 자랑하는데 부드러운 산미와 은은한 향미를 지니고 있어서 많은 사람에게 사랑받는 품종이다.

4) 게이샤종(Geisha)

에티오피아의 게이샤라는 마을 근처에서 발견된 것이 그 기원이며 코스타리카를 통해 말라위, 파나마, 케냐, 과테말라 등으로 전해져 재배된다. 파나마 에스메랄다 농원의 게이샤종이 콘테스트를 통해 유명해졌으나 그 생산량은 매우 적다. 생두의 모양은 하라(Harrar)의 롱베리(Longberry)처럼 가늘고 긴 특징을 가지고 있으며 과일의 향이 매우 화려하고 진하다.

5) 버번종(Bourbon)

에티오피아에서 전파되어 버번 섬(현재 레위니옹 섬)에서 재배되다가 돌연변이로 생겨난 종이다. 티피카종의 돌연변이로 알려져 있다. 하지만 티피카종에 비해 병충해에도 강하며 수확량(티피카종에 비해 20-30% 더 많은 양을 생산한다)도 많다. 그러나 열매가 빨리 익고 바람이나 비에 낙과의 위험성이 높다. 1,000~2,000m 사이에서 재배된 것을 최상의 품질로 여긴다. 부드럽고 감칠맛이 나고 산미와 바디가 조화를 이룬다.

6) 마라고지페종(Maragogipe)

브라질 바이아 주 마라고지페에서 발견된 티피카종의 돌연변이종이다. 나무가 크고 종자도 커서(최대 2~3cm) 코끼리 콩(Elephant Beans)이라고도 불린다. 생두의 크기 때문에 고가에 거래되지만 향미에 특별한 특징은 없고 생산성이 떨어진다.

7) 켄트종(Kent)

티피카종의 돌연변이로서 1920년대에 인도 마이솔에 있던 영국인 농장주 로버트 켄트(Robert Kent)가 발견했다. 생산성이 높고 잎곰팡이병과 같은 병충해에 강하다. 탄자니아에서 재배되고 있는데 산미가 적고 단단한 경향이 있다. 커피를 추출했을 때 맑고 깔끔해서 높은 평가를 받는다. 버번종에 비해 향미가 묵직하다.

8) 카투라종(Caturra)

1935년 브라질에서 발견된 버번종의 돌연변이종이다. 나무의 크기가 2m 정도의 외소종이며 중미에서 많이 재배되고 있다. 수확량이 좋고(티피카종의 3배) 격년으로 결실을 맺으며 녹병에 강하다. 하지만 높은 수준의 관리와 비옥한 토양을 필요로 한다. 환경 적응력이 좋지만 고도 약 500~1,700m(1,500~5,500ft)에 연간 강수량 2,500~3,500mm를 최적으로 본다. 더 높은 고도로 올라갈수록 품질이 좋아지지만 반대로 생산성이 감소된다.

9) 파카스종(Pacas)

1956년 엘살바도르 파카스 농원에서 발견된 부르봉종의 돌연변이종으로 생두 크기가 작고 열매가 빨리 익기 때문에 헥타르당 수확량이 많다. 당시 농장주 Fernando Alberto Pacas Figueroa의 이름을 따서 파카스라 이름을 붙였다. 저지대 재배가 알맞고 가뭄에 강하여 모래가 많은 땅에서도 잘 적응한다. 해수면 위 어느 고도에서도 재배가 가능하고 가지를 쳐주는 전정(pruning) 작업이 거의 필요 없다. 병충해의 저항성이 강하며 바람에도 잘 견디고 그늘나무가 필요 없다. 사실 키가 더 큰 품종이 재배되고 있는 농장에는 생장이 지연되어 적합하지 않다. 파카스 또한 농장이 높은 지역에 위치할

수록 품질이 좋아진다. 하지만 1,500m 이상의 고지대에서는 많은 수확량에도 불구하고 느리게 익기 때문에 익지 않은 체리를 수확하게 되는 경우도 발생한다. 카투라종이 품질이 낮은 아라비카종으로 인식되는 반면 파카스종은 시트러스한 산미와 잘 균형 잡힌 풍미를 가진 품종으로 알려져 있다.

■ **그늘나무**(shade tree)

커피나무가 광합성 작용이 진행되어 유기 화합물을 재조하기 위해선 일정한 햇빛이 필요하다. 그러나 한낮의 강한 일사에 취약한 특성으로 인해 그늘을 만들어 주기 위한 수단이 되며, 커피나무의 잎에 가려져 햇빛이 잘 들지 않는 그늘진 내부에까지 반사광의 형태로 햇빛을 비추어 주는 역할까지 겸한다. 반사광이 충분하게 비추는 조건에서 생장한 커피는 질소 화합물이 증가하고 공기와 습도 조절에 용의하여 유기 화합물을 생성하는데 유리한 환경을 제공한다.
생장이 빠른 바나나, 옥수수와 같은 넓은 잎을 가진 나무가 셰이드트리로 적합하고 잎은 커피나무의 비료로 재활용되어 생태계 환경을 유지한다.

10) 문도노보종(Mundo Novo)

포르투갈어로 신세계(New World)라는 의미의 문도노보는 1943년 브라질 상파울루에서 발견되었다. 버번종과 수마트라종의 자연 교배를 통해 생겨난 품종으로 1950년경부터 재배되기 시작한 브라질에서 가장 많이 재배되는 품종 중 하나이다. 생명력이 강하고 병에 강하며 생산성이 높다. 마일드한 향미를 가지고 있다.

11) 아카이아종(Acaia)

브라질 칸피나스 농업시험장에서 개발된 품종으로 문도노보종에서 열매 크기를 키운 자연 교배 카테고리에 표기된 경우가 많은데 사실 문도노보의 선별 종이라고 봐야 할 것이다. 800m 이상에서 잘 자라고 문도노보종과 비슷한 향미를 지니고 있다.

12) 파카마라종(Pacamara)

1958년 엘살바도르 커피연구소에서 파카스종과 마라고지폐종을 인공 교배한 종으로 마라고지폐종의 큰 열매와 파카스종의 뛰어난 산미를 가지고 있다. 재배량은 그렇게 많지 않고 과테말라, 엘살바도르, 니카라과 등에서 소량 재배된다. 잘 균형 잡힌 깔끔한 향미에 부드러운 맛이 나지만 바디감은 강하지 않다. 파카마라종 역시 높은 고도에서 뛰어난 향미를 기대할 수 있다.

13) 카투아이종(Catuai)

1949년에 키가 커서 수확에 어려움이 있는 문도노보종의 결점을 보완하기 위해 왜소종인 카투라종과 교배한 품종으로 병충해에 강하고 열매가 잘 떨어지지 않기 때문에 강풍이나 홍수가 잦은 지역에 적합한 품종이다. 하지만 비료를 많이 줘야 하고 지속적인 관리가 필요하며 수명이 10년 정도로 짧은 단점이 있다. 몬도노보종에 비해 맛이 부족하다.

14) SL 28

1935년 Scott Laboratory(케냐 정부에 의해 더 강하고 가뭄에 저항성이 있는 품종을 개발하기 위해 고용됨)가 발견하여 번식시켰다. 높은 생산량이라는 임무에는 실패했으나 강렬한 산미와 달콤하고 균형 잡힌 풍미에 바디감이 우수한 품종의 개발에 성공한 것이 바로 SL 28이다. SL은 Scott Laboratory의 이니셜이며 숫자는 여러 품종에 붙인 일련번호이다. 가뭄에 강하고 고지대에서 재배하기에 알맞다.

15) SL 34

SL 28와 같이 Scott Laboratory에서 재배한 종으로 품질이 우수하며 다양하고 복잡한 산미와 묵직한 바디감, 깔끔하고 달콤한 끝 맛이 특징이다.

2. 로부스타종(Lobusta = 카네포라종)

학명은 코페아 카네포라(Coffea Canephora)로서 로브스타라고도 한다. 1898년에 중앙아프리카 콩고 분지에서 자생하고 있던 것이 발견되었는데 아라비카종에 비해 그 향미가 떨어지지만 병충해에 강하며 저고도 고온 다습지나, 비가 적게 내리는 토지에서도 재배가 가능하다. 수확 안정까지 3년으로 기간이 짧으며 중량당 진액의 양도 아라비카종의 2배, 카페인 함량도 2배 가까이 된다. 저렴한 가격으로 인해 인스턴트 커피의 원료로 많이 이용되며 그 쓴맛이 역이용되어 에스프레소의 블렌딩에 많이 사용되고 있다. 특히나 질병에 대한 저항성 때문에 1876년 수마트라, 1878년 자바에서 발생한 녹병 피해로 인도네시아에서는 로부스타종의 도입이 적극적으로 행해졌다. 그 이후로 인도네시아에서 생산되는 커피의 85%를 차지한다.

■ **커피 녹병**(Coffee Leaf Rust)

커피 녹병이란 곰팡이가 잎에 번식해 노란 포자 덩어리를 형성하며 결국 나무의 모든 잎이 떨어지게 되어 광합성에 의한 양분 형성이 이루어지지 않게 된다. 그로 인해 열매를 맺지 못하고 심한 경우 나무가 고사한다. 일단 병에 걸리면 치료가 매우 어려워 사실상 치료는 생각지 않고 나무를 베어 버리는 경우가 대부분이다. 공들여 키운 최소 3년 이상 된 나무들이 무용지물이 되는 것이다. 이 치명적인 병은 중남미까지 퍼지게 되어 커피 농가에 많은 피해를 주고 있다. 그로 인해 아라비카종의 고품질을 유지하면서도 로부스타종의 내병성을 가지고 있는 품종의 개량이 많이 이뤄졌는데, 그중에는 로브스타종이라는 선입견을 날려 버릴 정도의 향미가 뛰어난 고품종도 개량되었다고 하지만 아라비카종과 비교하기엔 무리가 따른다.

1) 티모르 하이브리드(Timor Hybrid)

카레포라종과 동남아시아 티모르 섬에서 자생적으로 발생한 아라비카종인 티피카종과의 자연 교배종이다. 녹병에 대한 탁월한 저항성으로 1950년대 티모르 섬에서 보급되었는데 1978년도에 수마트라 섬과 플로레스 섬에 옮겨 심어졌다. 그 후 약간의 변화와 돌연변이가 발생했다. 녹병에 대한 저항성을 카티모르(Catimor), 사치모르(Sarchimor), 콜롬비아(Colombia)와 같은 새로운 변종에 도입하기 위하여 사용했다.

2) 카티모르(Catimor)

1980년 이래도 보급된 티모르 하이브리드(Timor Hybrid)와 카투라(Caturra) 사이의 교배종으로 높은 생산성, 그리고 커피 녹병(CLR-coffee leaf rust)과 커피 열매병(CBD-coffee berry disease)에 대한 강한 저항성이 장점이다. 최초로 널리 퍼진 품종 중 하나가 1995년경에 나온 CR 95(Costa Rica 95)이다. 그 외에 카티모르 129(Catimor 129)와 카티모르 F6(Catimor F6)가 있다.

3) 콜롬비아(Colombia)

콜롬비아에서 카스틸로(Castillo)를 교체하기 위하여 보급되고 다양한 카티모르종(Catimor)들을 교배하여 1985년도에 배포하였다. 녹병에 저항성을 가지고 있으나 품종 개량을 위한 교배 때문에 일관된 품종으로서는 다소 불안정한 점이 있다.

4) 이카투(Icatú)

브라질에서 개발된 크기가 큰 품종으로 카네포라 교배종과 레드 버번종 사이에서 생겨난 교배종이다. 1990년에 캄피나스 농경연구소 (IAC-the Instituto Agronômico de Campinas)에 의해 2배의 염색체를 가지고 있는 카네포라종과 레드버번종을 인공 교배시키고 다시 문도보노종과 교배시켜 나오게 되었다. 생산성이 뛰어나고 녹병에 저항성을 가지고 있다.

5) IHCAFE 90

1980년대를 시작으로 온두라스에서 배포된 품종이다. 카티모르의 변종으로 온두라스 커피연구소(Instituto Hondureño del Café)에 의해 개발되었다. 그래서 이름도 온두라스 커피연구소의 이름이 붙여졌다.

6) 루이르 11(Ruiru 11)

해충이나 병원체에 대한 저항성을 위해 1970년대에서 1980년대까지 케냐에서 시행된 번식 프로그램에 의한 결과로서 K7, 루메 수단(Rume Sudan), SL 28 등을 포함하여 병에 저항성이 있는 다양한 품종과 카티모르(Catimor)를 인공 수분하여 만들어낸 소형 인공 교배종이다.

7) 애나카페 14

과테말라 커피협회에 의해 만들어진 마라고지페 또는 파카마라와 티모르 하이브르드와의 교배종으로 녹병에 저항성이 강하다.

8) 사치모르(Sarchimor)

티모르 하이브리드종과 빌라 사치종과의 교배종으로 사치모르 계열의 IAPAR 59와 Obata 같은 품종들은 녹병(CLR)과 커피 열매(CBD) 병에 대해 뛰어난 저항성을 보여준다.

9) 카스틸로(Castillo)

콜롬비아에서 가장 일반적으로 재배되는 콜롬비아종의 선별종이다. 역시나 녹병에 대한 강한 저항성으로 콜롬비아에서 선호된다.

10) 오로 아즈테카(Oro Azteca)

1996에서 1997년도에 배포된 맥시코의 INIFAP(the Instituto Nacional de Investigaciones Forestales, Agrícolas y Pecuarias : 임업, 농업 및 축산국립연구소)에 의해 선별된 소형 카티모르종(A dwarf Catimor)으로 카티모르와 비슷한 녹병 저항성을 가지고 있다.

UNIT 06 커피의 구성 성분 – 지질(기름, 오일, 지방)

커피의 구성 성분 중에 지질 성분만큼 생두에서, 로스팅 중에, 원두 보관 중에 중요한 일부로 직간접적으로 관여하는 성분은 찾기 힘들 것이다. 생두를 보호하고 발아에 필요한 에너지원이 되며 로스팅을 하는 동안 열전달 매개체가 되고 열분해에 의해 생성되는 향기 성분을 포집한다. 또한, 로스팅을 하는 동안 만들어지는 다양한 지용성 화합물은 커피 오일에 다량 녹아 뜨거운 물에 활성화 되고 휘발하면서 맛 증진에 기여하여 향미를 이룬다.

1. 지질의 구조와 조성

지질은 그 구조에 따라 단순지질, 복합지질, 유도지질, 스테롤로 나뉜다.

1) 단순지질

단순지질은 글리세롤 한 분자에 세 분자의 지방산이 에스터 결합을 한 구조로 생두의 에너지원과 보호용으로 가장 많은 양을 차지한다. 화학적으로 중성지방(단순지방)으로 불리기도 한다.

■ 지방산

탄소 원자로 이루어진 화합물이며 사슬 모양으로 이어진 형태로 한쪽 끝에는 메틸기를, 다른 한쪽 끝에는 카복시기를 가지고 있다. 탄소사슬이 단일결합 또는 이중결합의 여하에 따라 단일결합은 포화지방산, 이중결합은 불포화지방산으로 분류된다. 대개 동물성 지방에 포화지방이 많고 식물성 지방에 불포화지방을 많이 함유하며, 상온에서 상태에 따라 고체는 포화지방으로 녹는점이 높고, 액체는 불포화지방으로 녹는점이 낮은 특징을 띤다. 액체 상태의 식물성 지방인 커피의 지방은 불포화지방산이다.

2) 복합지질

복합지질이란 지질의 기본 성분인 탄소, 수소, 산소 외에 인, 질소 등을 함유한 지방을 말하며, 가수분해 후 인산이 생기는 인지질과 당이 생기는 당지질로 나뉜다. 지방에 비지방 물질이 결합된 형태는 친수성과 소수성 등의 양친매성의 성질을 보이며, 단백질과 함께 세포 및 세포 소기관의 외부를 둘러싼 막을 구성하여 물질 수송의 역할을 담당한다.

3) 유도지질 & 스테롤

유도지질이란 지질이 가수분해하여 얻은 분해 산물이며, 그 외에 지방산과 글리세롤로 구성되어 있지 않고 벤젠과 같은 고리 구조를 가지고 있는 스테롤이 있다.

2. 생두의 지질

생두에 함유된 지질은 탄소, 수소, 산소를 함유하고 있는 유기 화합물로서 지방 조직의 주성분이며 단백질 및 탄수화물과 함께 세포의 주요 성분을 이룬다. 세포막(원형질막)의 구조적 성분으로 물과 용질을 세포 내외로 선택적으로 통과시키는 유화제 역할을 하며, 세포벽의 구성 성분으로 지지 작용과 장력을 형성하여 외부의 충격으로부터 장력을 부여하고 체온의 발산을 막아 내한성을 증가시킨다. 그 외 생리 기능 조절과 1g당 9kcal의 농축된 에너지원은 발아에 필요한 저장 에너지원으로 유용하게 사용된다. 생두에 따라 11~17%가량 함유한 지질 성분은 품질이 우수한 생두일수록 높은 함량을 보인다.

■ 열전달 매개체

- 비열 : 1g의 물질을 1℃ 올리는 데 필요한 단위 질량당 열량으로 정의한다.
- 물의 비열은 1cal이다.(1g의 물을 1℃ 높이는 데 1kcal의 에너지가 필요) 모든 물질 중 물의 비열이 가장 높아 적은 양의 물이라도 상당히 많은 양의 열을 흡수할 수 있다. 이와 같은 물의 특성은 온도의 변화에 저항하는 성질이 강하여 과거에는 자동차 엔진 등의 냉각제로 물을 사용하기도 했다. 로스팅 과정에서 중요한 냉각제의 역할을 한다.
- 지질(유지)의 비열은 0.47cal를 전후로 물에 비해 상대적으로 작아 물보다 온도가 빨리 오르거나 내려간다.

물을 100°C까지 데우는 데 시간이 100분이 소요된다면 지질 성분은 47분이면 데운다. 같은 의미로 만약 생두에 지질 성분이 존재하지 않을 경우를 상정해보자. 당연히 로스팅에서 열전달 매체는 수분이 된다. 결과적으로 수분이 열전달 매체로 진행한 시간이 10분이 소요된다면, 수분이 없다고 가정하고 같은 질량의 지질 성분만이 존재할 때는 로스팅 시간이 4.7분으로 단축된다.

생두 내부에는 8~12%의 수분과 11~17%의 지질 성분을 함유하고 있다. 물은 증발과 끓임으로 내부 온도를 낮추고, 지질 성분은 좋은 열전달 매체로 온도를 높여 준다. 로스팅기의 조작으로 서로 상충하는 반응을 조절하여 로스팅 시간을 결정할 수 있는 것이다.

열은 고온의 물체에서 저온의 물체로 이동하는 에너지로, 고온의 물질을 저온의 물질과 접촉시키면 고온의 물질이 저온의 물질에 열을 빼앗겨 두 물질 간에 온도는 같아진다. 즉 열적 평형에 이르게 된다(열역학 제2법칙). 즉, 원두 내부의 온도는 물에 비해 빠르게 상승하는 지질 성분에 의해 열의 일부가 물에 전달되어 열적 평형을 이룬 온도이다. 열화학 반응으로 저온의 수분과 고온의 지질 성분 간의 열 교환으로 볼 수 있다. 증발 과정을 거쳐 팝핑이 발생하면 상당량의 수분이 빠져나간 상태의 원두는 급격한 온도 상승 폭을 그리는데, 급격한 수분의 감소로 인한 현상으로, 수분과의 열적 평형이 필요 없게 된 지질 성분은 크랙 이후의 발연점까지 점층적으로 원두의 온도를 상승시킨다.

3. 지질의 특성

높은 온도에도 쉽게 변하지 않는 비가역적인 고분자 물질로 200°C에 가까운 높은 발연점을 지니고 있다. 생두의 저장 물질로, 생두를 구성하는 세포조직의 구성 물질로 원두 내부에 다량 함유되어 열전달 매체로 물리적 화학적 반응을 일으킨다. 강하게 로스팅을 하는 경우 열분해한 지질 성분은 푸른색의 연기가 발생하는데, 배출되는 연기의 색을 통해 확인할 수 있다. 이때가 지질 성분의 발연점 구간으로 로스팅기의 종류와 방식, 생두에 따라 또는 생두 가공 방식에 따라 약간의 차이를 보인다. 대개 크랙을 지나, 드럼 내부의 온도가 220~230°C의 온도 대에서 푸른색 연기와 청색 연기에서 점차 검은색 연기로 변화한다. 탐침봉을 통해 원두를 살펴보면 지질 성분으로 이루어진 종피(Silver skin)는 점차 짙은 갈색에서 검은색으로 변하며 연소한다.(2-15 수증기 그리고 연기의 고찰 : 로스팅과의 유기적 관계 참고) 이러한 변화는 가열에 의해 산폐되는 변화로 휘발성의 좋지 않은 향 물질을 형성하여 커피 향미에 부정적인 영향을 주기도 하지만, 저분자 리그닌계 페놀 화합물의 형성은 종래에 없는 새로운 맛, 향, 색을 부여한다.

4. 지질의 기능

원두 내부에서 세포조직의 일부로 존재하는 액포는 고형물을 감싸는 형태로 구획되어 무수한 다공질 구조를 형성한다. 고형물에 공존하는 지질의 비중은 0.92로 물보다 가볍다. 공동 내부 고형물에 함유된 지질 성분은 열분해하는 동안 액포막 주위로 분산되어 증발하는 수분이 새어나가지 못하도록 도포되어 보호막 역할을 한다. 또한, 저장 용기의 형태로 내부에 고르게 열을 전달하며 액포막을 보호한다.

- 지질(불포화지방산)의 2중 결합에 커피의 신맛 성분 중 하나인 수소 함유 화합물이 첨가되어 부풀음을 가중시킨다.
- 쿨링 과정에 고형물을 감싼 형태로 더 이상의 구조 형성을 방해하여 원두에 압력을 가했을 때 바스러지고 부서지게 작용하는 쇼트닝(shortening) 작용의 원인 물질이다. (예 : 튀김요리)

5. 지질의 작용

원두의 열분해 산물인 오일은 향기 성분과 이산화탄소를 포집한다. 팝핑 이후 수분이 증발한 원두는 가파르게 증가하는 온도 상승의 영향으로 고형물의 탈수축합 반응에 의해 분해 산물인 수분이 발생한다. 분쇄된 원두에서 오일에 녹아 있는 이산화탄소는 기포 발생 형태로 작용하여 핸드드립과 같은 추출 방식에서 계면장력을 저하시켜 세정력과 가용력을 증가시킨다. 추출된 한 잔의 커피에 분산되어 있는 오일(oil)의 입자는 수중유적형 형태로 유화되어 향미로 나타난다. 그 외 지방성 물질로 이루어진 리그닌은 후벽세포(종피, 실버스킨)로 방수 기능을 하며, 세균이나 동물로부터 종자(생두)를 보호하고 저항한다.

6. 쿨링(Cooling)

빠르고 강한 쿨링은 원두의 수명을 연장해 준다. 쿨링 과정을 생략하거나 지연되면 공기 중의 수분에 의한 가수분해가 진행되어 원두의 조밀도나 경도가 빠르게 약화된다. 로스팅을 마친 원두는 높은 온도의 잔존열을 품고 서서히 식어간다. 품온은 계속되는 지질 성분의 열분해로 발생하는 분해 산물인 물과 이산화탄소를 발생시키고 식는 시간 동안 휘발하는 향기 성분의 감소로 이어져 향미의 균형이 무너진다.

7. 오일의 산화

가수분해에 의한 오일은 공기 중의 수분이 산화 촉진제의 역할을 하여 변질된다. 즉 보관 중인 원두의 산패는 공기 중의 수분을 흡수하여 자동적으로 산화 반응이 발생한다. 자동 산화의 속도는 수분 활성도, 온도, 빛, 표면적 등에 노출되는 시간에 영향을 받는다. 오일이 산화하는 속도는 초기에는 느리지만 일정 기간이 지난 후에는 급격히 증가하는데, 초기 산화된 오일이 공기 중의 산소와 결합하는 과정이 반복되는 연쇄 반응으로 빠르게 산화하는 것이다.

8. 원두 보관

로스팅을 마친 원두는 곧바로 저장 용기에 담아 밀봉하여야 한다. 원두 내부에 압축된 형태이거나 유지에 녹아 있는 이산화탄소는 무색, 무미, 무취의 특성으로 공기보다 무겁다. '가스 빼기' 행위의 결과는 오히려 높은 흡습성으로 공기 중의 수분을 흡수하여 오일의 산화를 앞당겨 원두의 수명을 단축하고 휘발성 향기 분자를 날려 버리는 결과로 이어져 향미에 부정적인 영향을 끼친다.

UNIT 07 탄수화물

탄수화물은 탄소의 수화물을 의미하는 carbohydrate의 번역어로, 보통 탄소(C), 수소(H), 산소(O) 등의 3가지 원소와 수산기(OH), 카보닐기(Carbonyl Group ; C = O) 정도의 관능기(작용기)로 간단하게 구성되어 있다. 식물의 잎에서 뿌리로부터 운반된 물과 공기 중의 이산화탄소를 이용하여 햇빛으로부터 광합성을 하여 탄수화물이 분해된 형태의 포도당을 합성하고 부산물로 산소를 발생한다. 광합성 산물인 포도당은 유관속 조직을 통해 식물의 모든 부분으로 운반되어 식물이 생장하는데 양분이 되며, 뿌리나 열매, 종자 등에 저장한다.

생두의 구성 성분은 60%에 가까운 탄수화물과 그 외 다양한 유기 화합물과 무기 화합물로 구성되어 있다. 광합성 산물인 포도당은 커피나무가 생장하는데 필요한 에너지원이 되어 뿌리와 줄기 잎 등을 생성하고 남는 에너지는 종자(씨)에 가장 먼저 공급된다. 종자에 공급된 포도당은 종자 세포벽의 주요 성분이 되어 세포조직의 강도를 부여하고, 유기 화합물을 합성하기 위한 기본 물질이 된다. 이때 종자에 공급된 포도당을 원료로 지질 및 단백질과 같은 다양한 유기 화합물을 합성하여 전분의 형태로 공동 내부에 저장되는데, 커피나무가 자라는 지역의 무기물 함량이나 고도에 따른 기온, 일조량 등에 따라 유기 화합물의 변동이 뚜렷하게 나타난다.

1. 분류

탄수화물은 분자의 길이(중합도)에 따라 단당류, 소당류(올리고당), 다당류로 분류한다. 단당류인 포도당과 과당은 더 이상 가수분해될 수 없는 가장 간단한 화합물이며, 소당류는 2~10개 정도의 단당류로 연결되어 이당류, 삼당류, 사당류 등으로 분류할 수 있다. 다당류는 다수의 단당류로 연결되어 있는 중합체로 단일당으로 구성된 단순 다당류와 당류 이외에 지방질이나 단백질이 두 종류 이상으로 함께 구성된 복합 다당류(이질 다당류)가 있다.

1) 단당류

단당류는 대체로 물에 잘 녹고 단맛을 가지는 환원성 물질로 당을 구성하는 탄소 원자의 수에 따라 삼탄당, 사탄당, 오탄당, 육탄당 등으로 구분한다. 육탄당을 제외하면 소량씩 분포하고, 가장 많은 분포량을 차지하는 육탄당은 단당류 대부분의 주요 구성 성분으로 저장과 가공 과정에서 중요한 역할을 한다. 육탄당은 포도당, 과당, 갈락토스, 마노스 등으로 나뉘고, 가열하면 용해되거나 분해되어 이성질화 하거나 산화되기 쉬우며, 중요한 에너지원으로 전분 및 셀룰로스 등의 다당류와 자당과 같은 올리고당의 구성 당으로서 탄수화물 중에서 압도적으로 많이 분포한다.

2) 소당류

소당류(올리고당)는 여러 개(2~10)의 단당류가 결합된 당류로, 단당류의 수에 따라 이당류, 삼당류, 사당류 등이 있다. 소당류 중에 가장 많은 분포량을 차지하는 이당류는 원두의 색과 향미에 중요한 역할을 하는 당류로 자당, 유당, 맥아당 등이 잘 알려져 있다. 비환원성인 자당은 설탕, 서당, 사카로스(saccharose)라고도 하며, 식물의 광합성 산물인 전분을 열매에 수송 가능한 형태로 녹여서 이동시키고, 재합성하여 저장한다. 자당은 생두를 보관하는 동안 수분에 노출되어 묽은 산과 단백질에 의해 가수분해되어 전화당이 만들어지기도 한다. 열분해에 의해 녹는점보다 더 높은 온도로 가열하면 당류의 분해 산물들이 상호 작용하여 캐러멜화 반응으로 이어져 약간의 쓴맛과 독특한 향과 색이 발생한다.

3) 다당류

소당류에 비해 분자량이 큰 고분자 탄수화물의 대부분은 다당류로 분류한다. 생두에서 유기 화합물의 대부분을 차지하며 생두의 형태를 유지하고 고형물의 저장 기능을 수행한다. 셀룰로스, 녹말, 글리코겐 등이 대표적이다.

2. 생두의 다당류 구성

생리적 의의에 따라 구조 다당류와 저장 다당류로 분류된다. 셀룰로스, 헤미셀룰로스, 펙틴 등이 구조 다당류에 속하여 생두의 세포조직과 피막을 이룬다. 그에 반해 영양소가 되는 저장 다당류는 액포에 전분의 형태로 저장되어 고형물을 형성한다.

1) 구조 다당류(섬유소)

섬유소(식이섬유)라 하며, 사람의 소화효소로 분해되기 어려운 난소화성 고분자 섬유 성분을 말한다. 원두 조직을 구성하는 주요 성분으로 원두의 형태를 유지시키고, 세포와 세포를 서로 결착시켜 구조적 안전성을 부여한다. 열분해 과정에 단백질과 결합하여 갈변하고 물리적인 변화에 따른 부피 증가의 형태로 변화한다.

2) 저장 다당류(전분)

광합성 작용으로 만들어진 전분은 식물성 저장 탄수화물의 대부분을 차지한다. 단맛은 없고 대부분 찬물에 용해되지 않는 특성을 지닌다. 자엽 내부 전색소체에 포도당이 축적되어 녹말 입자를 형성하는데, 이런 색소체를 전분체(녹말체)라고 한다. 가장 중요한 단순다당으로 생두의 발아에 필요한 가장 중요한 에너지원이다.

로스팅을 하는 동안 가해지는 열과 수분(수증기)에 의해 전분과 공존하는 고형물은 수화, 팽윤, 붕괴의 과정을 겪게 된다. 고형물이 변성되는 물리적인 현상으로 팝핑 이전에 호화되며, 이후 대부분의 수분(자유수)이 이탈한 전분은 건열 가열에 의해 화학적 분해 이전에 다양한 덱스트린(dextrin)이 형성된다. 이후 지속되는 가열로 일부분은 이당류(소당류, 맥아당)와 단당류로 가수분해되며, 일부분은 흔적들만 남게 되는 화학적 분해가 발생한다.

덱스트린이 형성된 이후 가열에 의한 대표적인 반응으로 단당류와 소당류의 열분해에 의해 단백질과 반응하는 메일라드 반응과 당류의 산화 반응인 캐러멜화 반응, 아스코르브산 산화 반응 등을 수반하여 향기 성분, 휘발성 산, 갈변 물질 등이 만들어진다.

UNIT 08

아미노산, 단백질, 효소

단백질은 생물체를 구성하는 세포의 주요 구성 성분으로 생두에 10~15%가량 함유하여 탄수화물, 지질과 함께 식품의 3대 영양소에 속한다. 단백질은 다양한 아미노산이 펩타이드(peptide) 결합으로 중합된 고분자 유기 화합물로 탄수화물이나 지질에 비해 분자가 크고 그 구조가 복잡하며 종류만큼 다양한 특성을 나타낸다. 특징적으로 단백질에서 유래한 질소를 함유하고 20개의 서로 다른 아미노산으로 구성되어 있다. 생두의 단백질은 생산 장소에 따라 종자 단백질로 세별된다. 종자(생두)의 저장 단백질로 자엽(떡잎)의 세포에 있는 호분립(단백립)에 저장되어 발아 시 영양원이 된다. 열분해 반응으로 향이나 색소물질을 만들고 아무 맛도 없던 것이 로스팅 과정에서 아미노산으로 분해되어 감칠맛을 포함한 다양한 맛과 향을 생성하며, 화학 반응의 촉매 역할을 한다.

1. 아미노산

단백질이 합성되기 위해서는 아미노산이 우선 생성되어야 한다. 20여 종의 아미노산이 단백질을 구성하며 한 분자 내에 알칼리로 작용하는 아미노기(-NH_2)와 산으로 작용하는 카복실기(-COOH)를 동시에 가지는 양성 전해질에 해당된다. 수용액 중에서 산 또는 염기로 작용할 수 있는 유기 화합물로 광합성을 통해 만들어진 탄수화물을 이용하며, 아미노산 합성의 필수적인 요소로 질소를 필요로 한다. 일반적으로 물과 같은 극성 용매와 묽은 산, 알칼리 및 염용액에 잘 녹지만 에테르, 아세톤과 같은 비극성 유기 용매에는 녹지 않는다.

2. 단백질

단백질은 수백 개의 아미노산이 펩타이드 결합으로 이루어진 고분자 화합물로, 그 조성이나 용해도(단순단백질, 복합단백질, 유도단백질)에 따라, 구조와 형태(섬유상단백질, 구상단백질)에 따라, 급원(식물성 단백질, 동물성 단백질)에 따라 분류된다. 커피나무의 종자인 생두는 식물성 단백질로 물에 대한 용해성에 따라 알부민(albumin), 글로불린(globulin), 글루텔린(glutelin), 프롤라민(prolamin)으로 구분한다.

3. 효소

효소를 구성하는 기본 성분은 단백질이다. 조성에 따른 분류로 일종의 단순단백질이나 복합단백질로 이루어진 단백질로서 화학적 촉매 작용을 하며, 기질과 반응하여 분자를 분해 또는 합성하는 등의 반응을 수행한다. 생두를 가공, 유통, 보관하는 동안 주요 효소인 가수분해 효소와 산화환원 효소에 의해 변화를 일으켜 품질을 저하시키기도 하지만 향미 증진을 목적으로 숙성에 긍정적인 영향을 미치기도 한다. 효소 반응에 양향을 미치는 가장 중요한 인자는 온도와 pH를 들 수 있으며, 이는 온도에 의한 촉매로써 효소의 활성과 효소 단백질의 안정성에 영향을 미친다. 좋지 않은 예로 높은 습도의 저장 환경, 높은 온도는 pH에 의해 활성되어 꽃향기와 과일 향이 나기도 하지만 변패에 의한 이취가 발생하기도 하며, 효소 작용에 의한 유기 성분의 감소로 생두의 품질 저하를 가져온다. 또한, 세포 내에 있는 산화 효소의 작용을 받아 산화되면서 갈색 색소인 멜라닌을 형성하는 효소적 갈변 반응이 일어나기도 하는데, 이를 방지하거나 최소화하기 위해서는 효소 반응에 필수적인 기질이나 산소를 최소화해야 한다.

4. 로스팅(가열)에 의한 변성

가열에 의해 단백질은 여러 가지 물리·화학적 작용을 거쳐 아미노산으로 변성되어 응고하거나 성질의 변화를 일으킨다. 가열에 의한 변성을 유도하는 인자에는 가열 온도, 생두의 수분 함량, 자당이나 포도당 등과 탄수화물 함량, 전해질 및 수소이온 농도, pH 등의 다양한 변수가 작용한다. 가열하는 동안 단백질에서 다양하게 변성된 아미노산은 지속적인 열분해에 의한 탈수 반응으로 물과 이산화탄소를 발생시키며 다른 당류들과 반응하여 다양한 맛과 향을 생성한다. 또한, 효소의 작용을 받지 않고 환원당이 단백질과 아미노기를 가진 질소화합물과 상호 반응하는 중합 및 축합 반응으로 멜라노이딘(melanoidin)이 형성되는 메일라드 반응이 발생한다.

5. 기포제 역할

추출한 커피에서 멜라노이딘은 소수기와 친수기를 공유하여 소수기는 오일성분과 결합하고, 친수기는 물과 결합하여 물과 오일의 계면에 계면장력을 저하시키는 유화 현상을 일으킨다. 녹는점이 높은 특성은 추출에 사용되는 물이 뜨거울수록 더욱 진한 커피의 색과 바디감을 주며 맛과 향을 풍부하게 하고 휘발되는 향을 포집한다. 다양한 추출 도구나 방식을 이용하여 커피를 추출하다 보면 단백질의 영향으로 거품이 형성되는 것을 볼 수 있다. 원인은 고온의 물에 의해 변성하는 단백질이 단일 분자막 상태가 되어 교질 상태의 액체와 기체의 계면에 흡착되어 기포 주위에 신축성과 응집력 있는 피막을 이루고 안정화되어 발생한다. 즉 단백질이 거품을 만드는 원인 물질로 해석이 가능하며 수용성 단백질이 기포제가 되어 거품의 막을 이루게 된다.

비타민

필수 영양 성분에 해당하는 비타민은 체내에서 합성되지 않기 때문에 식품을 통해 섭취해야 하는 유기 화합물이다. 용해성에 따라 지방과 지용성 용매에 용해되는 지용성 비타민과 물에 쉽게 용해되는 수용성 비타민으로 세분된다.

- 지용성 비타민 : 비타민 A, D, E, K
- 수용성 비타민 : 비타민 B_1, 비타민 B 복합체, 비타민 C

생두에는 1%에 가까운 비타민 성분을 함유하고 있다. 수용성 비타민으로 '비타민 B 복합체'에 해당하며, 그중에서도 나이아신, 니코틴산 등으로 불리는 니아신(Niacin, Niacinic acid)이 대부분을 차지한다. 니아신의 특성은 구조가 간단하고 안정적이며, 생두 내에서 단백질과 결합하여 산화 환원 반응에 관여한다. 고온의 열과 산, 알칼리, 빛 등에 안정하여 로스팅에 의한 열분해에 분해되지 않고 장기간의 보관에도 함량에 변화가 없다. 체내에 흡수된 니아신은 탄수화물, 지질, 단백질의 에너지대사에 관여하고 카페인과의 상승 작용을 일으켜 신진대사를 활발하게 하여 칼로리 소비를 늘리는 작용을 한다.

무기질

무기물, 무기질, 무기 화합물, 미네랄 등은 같은 의미로 쓰인다.

1. 무기질(Mineral)

광합성 작용에 의해 생성되는 유기물과 다르게 새롭게 합성되지 않고 뿌리로부터 물과 함께 흡수되어 광합성 작용에 의한 유기 화합물의 원료가 된다. 무기질(미네랄)이 풍부한 화산 토양으로 이루어진 산지에서 양질의 생두가 생산이 되는 이유이며, 커피나무는 물에 녹아 있는 무기물을 뿌리의 물관부를 통해 흡수하여 줄기와 잎까지 수송하여 빛을 이용한 광합성 작용에 의해 유기질로 전환된다.

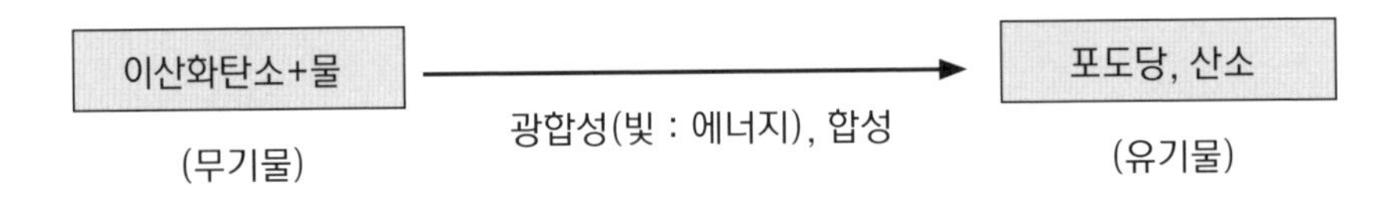

모든 식물이 생장하기 위해서는 온도(효소와 관련), 물, 이산화탄소, 빛 등의 상호 작용에 의한 광합성 작용이 생장을 위해 반듯이 필요하다. 마찬가지로 커피나무 또한 무기물을 함유한 물을 흡수하여 빛에 의해 유기물을 합성한 후 생두(씨앗)에 저장되고 로스팅에 의해 열분해되어 추출에 의해 맛으로 나타난다.

■ 쉘빈(Shell Bean) : 결점두의 일부인 쉘빈이 무기질 함량이 풍부한 화산토 지역의 생두에서 주로 나타나는 원인은 무기질 함량은 충분하지만, 그해 기후의 문제로 원활한 광합성 작용이 이루어지지 않은 데서 원인이 있을 것이라 추정할 수 있다.

흙이나 물에 함유된 무기 미네랄은 단일 원소 그 자체가 영양소로서 에너지를 내지 못하며, 불용성으로 체내에 소화 흡수되지 않고 침착된다. 식물의 광합성 작용에 의해 유기 미네랄로 전환된 미네랄만이 인체가 소화 흡수할 수 있게 된다.

■ 미네랄 워터(암반수, 생수, 광천수) : 함유된 미네랄은 대부분이 무기 미네랄이며 인체에 소화 흡수되지 않고 침착되어 결석의 원인이 되며, 미네랄 보충을 목적으로 음용하는 행위는 무의미하다.

인체에서 발견되는 무기질은 무기 화합물이나 이온 형태로 존재하며, 그 함유량에 따라서 다량원소와 미량원소로 구분된다. 체중의 0.05% 이상이거나 1일 권장 섭취량이 100mg 이상인 무기질을 다량원소로, 그 이하인 무기질은 미량원소로 분류한다. 원두에 함유된 무기질의 대부분은 다량무기질로 50% 이상의 칼륨(K)과 10% 이상의 인(P) 등을 포함하며 소량의 칼슘(Ca), 나트륨(Na), 염소(Cl), 마그네슘(Mg), 황(S) 등을 함유하여 산과 염기의 평형을 유지하고 무기질의 농도를 결정하여 삼투압 유지에 관여한다. 그 외에 중요한 역할로 당질, 지질, 단백질을 분해하고 합성하는 촉매 작용을 수행한다.

미량무기질로는 철(Fe), 요오드(I), 구리(Cu), 망간(Mn), 아연(Zn), 셀레늄(Se), 몰리브덴(Mo) 등을 소량 함유하며 효소, 색소, 비타민, 단백질 등의 특정 유기 화합물의 구성 성분을 이룬다.

2. 산성 식품과 알칼리성 식품의 구분

식품에 존재하는 무기질은 그 종류와 함량에 의해 양이온을 생성하는 '알칼리성 식품'과 음이온을 생성하는 '산성 식품'으로 나눌 수 있다. 분자 구조에 탄소를 함유하는 물질을 유기물로 분류하고, 탄소를 함유하지 않은 물질은 무기물로 나누며, 식물이나 동물을 태우면 회분 또는 재로 남는 성분이 무기질이다. 이때 회분이나 재로 남는 무기질 성분의 종류와 함량에 의해 알칼리 식품과 산성 식품으로 구분 짓는 기준이 된다.

- 알칼리 식품의 무기질 : 칼슘, 나트륨, 마그네슘, 칼륨, 철, 구리, 망간, 코발트, 아연 등이 양이온을 생성
- 산성 식품의 무기질 : 인, 황, 염소, 요오드 등이 음이온을 생성

산미의 강도에 따라 산미가 강한 식품을 산성 식품, 그렇지 않은 식품을 알칼리 식품으로 구분하지 않고, 식품에 함유된 무기질의 종류와 함량에 따라 구분된다. 예로 물에 이산화탄소가 녹아 있는 형태의 탄산 또한 산성이지만 흡수되면 수소이온이 빠져나가 알칼리성 식품으로 바뀌게 된다.

- 알칼리 식품 : 산 생성 원소 〈 알칼리 생성 원소
- 산성 식품 : 산 생성 원소 〉 알칼리 생성 원소

즉 알칼리를 생성하는 원소가 80% 이상인 커피는 알칼리성 식품에 해당한다는 것을 알 수 있다. 많은 로스터가 커피를 산성이나 중성 식품으로 오해하고 있는데 이를 해소하고 바로잡는 기회가 되기를 바란다.

커피의 품종이나 재배 조건, 토양 등에 따라 무기질의 함유량에 차이를 보이지만 그중에서도 토양의 영향을 가장 많이 받는다. 생두에 무기질은 3~5% 가까이 함유하고 가열되어도 소실되지 않는 특성이 있다. 추출 과정에서 가장 많은 비중을 차지하는 불용성 섬유소는 고체 상태로 필터에 의해 걸러지고 추출된

고형물에는 20% 이상의 높은 함유량을 보인다. 커피 맛에 작용하여 나트륨이나 칼륨 등은 쓴맛을 수반한 짠맛을 내며, 마그네슘 칼슘 등은 주로 쓴맛에 영향을 준다. 낮은 온도에서 잘 느껴지는 특성은 커피 맛이 식을수록 더욱 진하게 느껴지는 이유로 작용하며, 무엇보다 맛과 향을 풍부하게 하는 비중 있는 역할을 한다. 또한, 로스팅을 하는 동안 일어나는 수분의 증발로 일부 무기질이 난용성 염의 형태를 구성하여 원두의 경도를 높여 준다.

UNIT 11 물(수분)

물 분자는 하나의 산소 원자와 2개의 수소 원자가 공유 결합되어 있는 극성 분자로 이루어져 있다. 생두를 구성하는 주요 성분으로 생두일 때는 변질의 주요 인자로 작용하고 로스팅을 하는 동안 '고형물'과 '2차 대사산물'의 열분해에 깊게 관여하여 맛과 향을 만드는 매개체 역할을 한다.

수확한 체리 상태의 열매는 정제 과정을 거친 후 장기간의 유통과 보관을 위해 건조 과정을 거친 후에서야 비로소 생두로서 상품성이 부여된다. 생두에 함유된 수분을 수분 활성도(0.50Aw) 이하로 낮추어 효소 작용, 화학 반응, 미생물의 생육과 번식 등에 영향을 미치지 못하도록 하여 보존성을 높여 주기 위해 꼭 필요한 조치다. 그렇게 건조된 생두에 함유된 물(수분)은 내부의 고형물과 결합되어 있지 않고 자유롭게 존재하는 자유수(유리수)와 유기물과 단단하게 결합하여 수분의 특성을 지니지 않은 결합수의 형태로 존재한다.

1. 변질의 주요 인자

1) 보관 중에 높은 습도에 노출되면 세포벽 단당류 등에 수화가 일어나고 곰팡이나 세균 등의 번식으로 생두의 변성·변패의 주요 인자로 작용한다.
2) 생두를 건조하는 동안 내부에서 수분에 의해 일어나는 분해 반응으로, 태양에 의한 복사에너지(전자기파 형태)가 생두 내부로 침투하면 액체 상태의 물이 팽창하거나 일부는 수증기화 되어(입자 내부로 수분 침투) 단당류

등의 수용성 물질을 녹이는 가수분해가 발생한다.

3) 정제 과정이나 건조 과정에서 일시적으로 효소의 활성화로 중성지방이 유리지방산으로 분해되어 휘발성의 이취를 발생시키는 등의 안전성이 감소할 수 있다.

2. 기여점

물은 생두인 상태에선 변질의 주요 인자로 작용하지만 로스팅이 진행되는 동안에는 수용성 물질의 용매로 이용되고 불용성 물질의 분산액을 형성하여 화학반응에 관여한다. 또한, 고온의 열로부터 원두 표면을 보호하고 원두 내부의 열화학 반응에 기여한다. 원두 내부 에너지의 증가는 점차 수분 활성도를 증가시켜 고형물의 팽윤을 일으켜 자유수에 의한 호화 과정을 원활하게 한다. 이러한 작용들은 로스팅을 하는 동안 지속적인 증발과 끓임의 억제에 의한 냉각 과정이 선행될 때 가능하다.

만약 생두에 물(수분)이 없는 상태로 로스팅을 하면 어떻게 될까? 세포조직을 구성하는 불용성 섬유소는 연소점이 낮아 산소와 쉽게 결합하여 고형물의 열화학 반응 이전에 표면의 탄화가 가중되고 심할 경우 불이 붙는다. 이처럼 수분에 의한 냉각 작용의 영향으로 원두가 발화점에 도달하는 시간을 늦춰줄 수 있는 매개체로 작용하여 쉽게 연소되지 않고 원활한 로스팅 시간을 담보하여 물리·화학적 반응을 이끌어 주는 촉매제라는 것을 상기하자.

UNIT 12 2차 대사산물

식물이 생존을 위한 목적으로 모든 식물에 반드시 필요한 물질을 공급하는 1차 대사산물(고분자 물질)과는 구별되어 식물의 대사 작용에는 관여하지 않지만 1차 대사산물이 전구체가 되어 성장 단계 후반에 합성되는 저분자 물질을 2차 대사산물이라 한다. 초등 동물과 병원체로부터 생존을 위한 방어 물질로 작용하고 로스팅 과정을 거쳐 커피의 맛과 향 색소에 영향을 준다.

1. 타닌(클로로젠산)

식물의 갈변을 일으키는 폴리페놀 성분의 총칭으로 클로로젠산은 생두에 약 7%가량 함유하고 있다. 산소나 산화효소, 가열 등에 영향을 받아 갈색이나 흑갈색으로 변화된다. 생두에 함유된 대표적인 타닌 성분으로 크로로겐산을 들 수 있다. 또한, 대표적인 유기산으로 떫은맛을 내나 가열을 통해 커피산과 퀸산으로 분해되어 향과 산미를 형성하고 쓴맛에 기여한다. 로스팅이 진행될수록 페놀계 물질로 전환되는 불휘발성 산이다.

2. 트리고넬린

식물성 호르몬으로 생두에 가장 많이 함유하고 있는 2차 대사산물이다. 생두의 대표적인 황산화 물질로 1~2%가량 함유하고 있으며 로스팅이 진행되는 동안 열분해로 비타민 B_3(나이아신)군에 속하는 니코틴산을 합성하고 일부는 다른 물질과 반응하여 향기를 형성하며, 미미한 쓴맛이 난다.

3. 카페인

생두에 1~2%가량 함유하여 쓴맛과 여운을 주고, 로스팅을 진행하는 동안에도 안정적이다. 물과 기름에 잘 녹는 성질을 가진 무색의 결정으로 몸에 쉽게 흡수되어 각성제, 흥분제, 강심제, 이뇨제 등의 역할을 수행한다.

Part 4
알고 마시면 더 맛있는 커피

필자가 늘 강조하는 얘기가 있다. "같은 원두를 사용하여 만든 커피는 비록 제각기 추출 기구가 다르더라도 추출 방식은 하나의 원리를 지향한다. 따라서 맛과 향의 차이가 크지 않아야 한다."라고. 그러나 실제로 각각의 방식에서 나타나는 맛의 차이는 크다. 심지어 맛의 차이가 큰 만큼 호불호가 극명하게 대비된다.

처음 필자의 커피를 접하는 고객의 견해는 마시기 전과 마신 후의 반응이 뚜렷하게 대비된다. 마시기 전에 대다수의 고객은 "커피 맛을 모르겠다.", "커피는 나의 취향이 아니다.", "커피 맛은 똑같은 것 같다."라고 말한다. 그러나 마신 후의 반응은 "맛있다.", "이 커피는 마실 수 있을 것 같다."였다.

커피를 싫어하는 사람은 없다. 맛있게 만들면 누구나 좋아하는 것이 커피라는 음료이다. 커피를 기피하는 원인과 문제는 그 커피를 만드는 사람에게 있는 것이다. 그렇다면 맛있는 커피의 향미는 어떻게 발현되는 것일까? 이번 part에서는 향미 성분의 특성과 향미가 발현되는 원리를 기술하고 이를 근거로 블렌딩 방법을 제시하려 한다. 이후 다양한 방식의 추출 과정에 작용하는 원리를 풀어보고, 보다 맛있는 커피를 만들기 위한 응용 방안을 제공할 것이다.

COFFEE DESIGN

향미

1. 향미란?

넓은 의미로 향미(flavor)는 감각적인 맛과 향에 시각, 청각, 촉각 등이 함께 어우러져 나타난다. 식품에서 맛 성분은 물에 잘 녹는 수용성이며 대부분 비휘발성인 것에 반해 향기 성분은 물보다 기름에 잘 녹으며 반드시 휘발성 성분이다. 식품 중에서도 기호음료인 커피는 맛과 향 성분에 타닌, 트리고넬린, 카페인 등의 '2차 대사산물'의 영향으로 더욱 풍부한 맛과 향에 심미적 가치까지 부여되어 기호성이 증가하고 감정, 분위기, 취향, 문화 등의 감성적인 부분이 하나로 어우러져 특별한 커피의 향미를 표현하고 있다. 향미의 근간이 되는 고형물은 대부분 생장기에 만들어 에너지원이 되는 1차 대사산물로 물과 단백질, 탄수화물, 지방, 비타민 등의 고분자 물질이 90% 가까이 함유하고, 2차 대사산물로 클로로젠산, 카페인, 트리고넬린 등과 같이 미생물이나 동물로부터 식물체 자신을 보호하고 방어하는 물질을 만들어 낸다. 이들 고분자 물질과 2차 대사산물이 로스팅 과정에서 열화학 반응을 거쳐 맛과 향 물질로 변화한다.

맛은 혀에 존재하는 미각 기관계가 감지하는 화학적 감각을 말한다. 맛을 내는 성분들은 혀에 존재하는 미뢰(맛봉오리)의 미각세포에 운반되어 미각 수용체와의 수소결합으로 화학적 작용이 발생하여 기본 맛에 해당하는 단맛, 신맛, 쓴맛, 짠맛, 감칠맛 등의 5원미를 감지하고, 미뢰를 통하지 않는 떫은맛, 매운맛, 청량감 등의 맛감각에 총합 되어 다양한 맛으로 표현된다. 언뜻 기본 맛이 5가지로 정의되어, 향을 제외한 상태로는 매우 단조로울 거라고 생각할 수 있다.

그러나 5미의 조합은 실로 다양한 맛들을 조합할 수 있다. 한 예로 색을 구분하는 사람의 원추세포는 청색, 녹색, 적색의 3가지 수용체만을 가지고 있다. 이 3가지 수용체의 조합으로 다양한 색을 보고 구별하게 되는 것이다. 이러한 색의 조합이 다양한 색깔을 구분할 수 있게 하여 주듯, 맛도 마찬가지인 것이다. 5미의 5제곱은 3,125가지라는 수가 나온다. 5미의 조합은 수천 가지의 맛에 미뢰를 통하지 않은 맛감각과 시각, 청각, 촉각에 정서적인 부분의 맛까지 더하면 그 수는 헤아리기가 어려운 것이다.

냄새(odor)는 휘발성 분자들이 후각 수용체를 자극하여 감지된다. 각각의 냄새 분자들이 비강의 위쪽에 분포되어 있는 후각 수용체에 1대 1로 결합된 후 전기 신호로 변환되어 뇌를 통해 인지한다. 코 점막에는 1,000여 개에 가까운 후각 수용체가 존재하며 후각 수용체에 감지된 각각의 신호의 조합으로 1만 가지의 냄새를 구분할 수 있다고 추정하고 있다.

2. 갈변 반응

커피를 가공하고 저장하는 동안 발생하거나 로스팅을 하는 동안 열분해로 발생하는 갈변 반응에는 일반적으로 효소가 관여하는 효소적 갈변 반응과 효소와 상관없이 일어나는 비효소적 갈변 반응으로 구분한다. 대개 효소적 갈변 반응은 생두의 품질에 부정적인 영향을 미치는 요소로 작용한다. 가공하고 저장하는 동안 발생하는 결점두가 그것으로 블랙빈, 발효, 곰팡이, 벌래먹은, 깨짐 등이 발생한 생두에서 갈변 반응이 발생하여 원두의 품질에 부정적으로 작용하여 맛과 향에 영향을 미친다. 그와는 다르게 로스팅을 하는 동안 가열에 의해 발생하는 비효소적 갈변 반응은 비록 일부 영양소의 손실을 가져오기도 하지만, 원두의 품질에서 절대적인 영향력으로 작용하여 맛과 향뿐만 아니라 풍미에도 중요한 변수로 작용한다.

1) 효소적 갈변 반응

커피를 수확하고 가공하여 보관하는 동안 생두에 함유되어 있는 폴리페놀(polyphenol)류가 산소와 접촉하여 기질을 산화시켜 멜라닌이라는 갈색 물질을 만드는 과정으로 효소, 기질, 산소의 3가지 요소가 충족될 때 발생한다.

- 효소 : 폴리페놀 산화효소, 타이로시네이스(tyrosinase) 효소(효소는 단백질로 구성되어 있다)
- 기질 : 폴리페놀 산화효소가 작용하는 기질은 클로로젠산, 카테킨류, 카테콜 등의 폴리페놀류로 이들 기질의 함량 및 분포는 식품에 따라 다르게 나타나 갈변의 정도가 달라진다.

억제의 주요 수단으로 다양한 건조 방식을 선택한다. 효소나 가용 성분의 산화, 중합, 축합하기 어려운 일정 수분 함수율 이하로 건조하여 효소를 불활성화시키거나 건조 후 반응 조건을 벗어난 환경(저온 저장)을 조성하여 보관하거나 산소를 제거하는 방법 등이 활용된다.

2) 비효소적 갈변 반응

커피 맛에 절대적이라 할 수 있는 비효소적 갈변 반응은 생두의 고형물 함유량과 가열, 시간, 온도 등을 제어하는 과정에서 발생하는 열분해 반응으로 색과 향미에 절대적으로 기여한다. 효소의 작용을 받지 않고 식품에 함유된 성분과 성분 간의 화학적 반응에 의해 진행되며 작용 원리나 구조에 따라 메일라드 반응, 캐러멜화 반응, 아스코르브산 산화 반응으로 구분할 수 있다.

(1) 메일라드 반응

비효소적 갈변 반응의 대표적인 반응으로 당류(가수분해되어 환원당을 생산할 수 있다), 환원당(알데하이드, 케톤), 아미노기(유리아니노산, 펩타이드, 단백질, 아민)를 가진 질소 화합물이 로스팅을 하는 동안 고온에서 반응하여 멜라노이딘이라는 갈변 물질을 수반한 다양한 맛과 향 성분이 만들어져 풍미를 향상시킨다. 대부분의 식품에서 조리나 가공 중에 많이 볼 수 있는 대표적인 반응으로 당류와 아미노산의 영향으로 주요 맛 성분이 만들어지고 고소한 향이 특징이다. 온도가 높아질수록 반응 속도는 급속도로 증가하고, 가용 성분의 산성도가 높을수록 갈변 현상이 뚜렷이 드러난다. 로스팅과 관계하여 수분에 의한 냉각 작용은 연소점이 낮은 세포조직을 보호하고 발화점에 도달하는 시간을 늦춰 주어 메일라드 반응을 안정적으로 유도한다. 팝핑에 의한 수분(자유수)의 분출은 급격한 수분의 감소를 뜻하며, 그에 따른 영향으로 빨라지는 열분해 반응은 메일라드 반응의 속도를 점점 가파르게 증가시킨다. 크랙이 시작되는 구간에서는 고형물에 함유된 결합수의 이탈이 가중되어 더욱 섬세한 조절을 필요로 한다. 초기 반응은 가열에 따른 고형물의 활성화로 환원당과 아미노 화합물이 만나 축합 반응을 하여 질소 배당체인 글리코실아민을 형성한다. 팝핑 이후 메일라드 반응의 중간 단계에서는 고형물에 함유된 다양한 종류의 물질이 고온에 의한 탈수 현상과 산화된 당류의 분열이 발생하고 아미노산이 분해되는 반응이 발생한다. 이때는 무색 내지 황색의 각종 휘발성 물질이 생성되기 때문에 후각이나 시각을 이용한 판단이 중요하게 고려된다. 이후 최종 단계는 다양한 화합물이 서로 중합 및 축합 반응을 하거나 다시 아미노 화합물과 반응하여 분자량이 큰 불포화 화합물을 형성하는 분해 반응을 한다. 분해산물로 물과 이산화탄소가 메일라드 반응에 민감하게 반응하여 점차 짙게 갈변하고 풍미에 중요한 휘발성 성분이 활발하게 생성된다.

(2) 캐러멜화 반응

아미노 화합물이 존재하지 않는 상태에서 당류가 융점 이상의 높은 온도로 열분해하여 일어나는 반응이다. 원두 내부에 존재하는 자유수는 팝핑 과정에 상당량이 분출하고, 호화된 고형물은 자유수의 기화 후 점층적으로 온도가 상승한다. 온도가 상승하는 과정에 160C°를 전후로 덱스트린(호정화)으로 분해되는 화학적 분해 이전의 상태를 거친다. 이후로 지속되는 열분해 반응은 공동 내부에 고형물과 단단하게 결합된 결합수가 이탈하는 현상으로 고형물의 탈수 반응에 의해 수분과 이산화탄소가 높은 압력을 형성하여 융점을 상승시키고 세포조직의 임계점에 다다르면 균열하여 뿜어져 나온다. 이때 발생하는 수분의 소실은 당류와 아미노산에 의한 메일라드 반응과 당류 단일 물질에 의한 캐러멜 반응을 촉진한다. 산과 염류 등은 캐러멜 반응의 촉매제가 되어 융점 이상의 온도에서 이당류인 당은 탈수되고, 단당류인 포도당과 과당으로 분해되며 중합되어 캐러멜화한다. 이때 생겨난 축합물을 캐러멜이라고 한다. 캐러멜화 반응은 열분해 반응이기 때문에 고온에서 지속적인 가열이 필요하며 수분 활성도 이하의 부족한 수분 함량은 쓴맛과 탄맛의 원인이 되기 때문에 열 조절과 함께 댐퍼의 조절이 중요하게 강조된다. 주로 팝핑 이후에 짧은 시간과 고온의 열에 다스려지고 생성된 분해 산물은 점조한 형태로 갈색을 짙게 하고 독특한 맛과 달콤한 특징의 향이 원두의 풍미를 증대시킨다.

(3) 아스코르브산 산화 반응

다양한 맛과 향에 짙은 갈변 반응을 일으키는 캐러멜화 반응과는 다르게 주로 메일라드 반응에 관계하여 고온에 산화되고, 아미노산과 반응하여 중합 및 축합되어 갈색 물질을 만들어 내는 반응이다. 이때 발생하는 갈변 반응은 pH의 영향을 받는데 산성도에 따라 낮을수록 잘 일어나며 높을수록 반응이 억제된다.

3. 맛 성분과 향 성분의 상호 작용

로스팅의 지향점은 맛 성분의 생성과 유도, 향 성분의 생성과 포집을 유도하고 억제하는 것을 주된 목적으로 한다. 그러나 로스팅을 통해 만족스러운 맛과 향이 만들어져도 보존성이 담보되지 못하면 품질이 우수한 원두로 귀결되는 것은 아니다. 휘발성 향기 분자의 특성은 보관하는 동안 주위 환경에 따라 쉽게 영향을 받기 때문에 사소한 실수에도 보존성이 약화되어 쉽게 휘발한다. 맛 성분 이상의 중요한 변수로 작용하여 향미에 영향을 미치는 것이다. 어쩔 수 없이 로스팅 한 원두는 보관하는 동안 주위 환경의 영향을 받는 상태로 판매되고 음용되어 기호적 가치가 결정되기 때문에 향기 성분과 관련하여 발생하는 화학적 변화에 대해 좀 더 심도 있게 이해하는 것이 중요하겠다.

커피의 맛과 향을 분리해서 평가해 보면, 맛 성분은 기호도를 좌우하고 향 성분은 선호도에 많은 영향을 미친다는 것을 발견한다. 지향하는 로스팅은 고형물의 열분해에 의해 만들어지는 맛 성분과, 맛 성분의 열분해에 의해 만들어지는 향 성분과의 관계를 좀 더 적극적으로 이해하고 로스팅 메커니즘에 적용하여 상호 보완할 수 있는 방법을 찾아보는 것이다.

1) 맛 성분

고분자 물질과 2차 대사산물의 열분해로 만들어진다. 대부분 물에 잘 녹는 수용성 성분으로 비휘발성이며 화학 작용에 의하여 맛으로 나타난다. 원두마다 나타나는 특징적인 맛과 향의 전구 물질이 되는 탄수화물, 단백질, 지질 등의 고형물에 의해 생성되고, 그 함량과 조합에 의해 품질이 결정된다.

(1) 탄수화물 : 감미(단맛)는 탄수화물에서 유래한다. 그러나 로스팅 과정을 거치는 동안 가수분해와 열분해하여 변화되거나 소실된다. 변화한 다당류는 원두의 가용 성분이나 휘발성 물질을 수용하여 가둬 두는 구조적인 역할을 한다. 그에 반해 열분해로 소실되는 단당류나 이당류 등은 휘발성 산, 휘발성 향기, 갈변 물질 등으로 변화되어 날카로운 산미를 내는 휘발성 산과, 혀를 통하지 않고도 충분하게 후각으로 감지하고 느낄 수 있는 휘발성 향기(따뜻한 커피에서 단맛이 더욱 많이 감지되는 이유이다)에 로스팅이 진행될수록 짙어 가는 갈변 물질을 형성한다.

(2) 단백질 : 로스팅 과정에 일부는 소멸하고 일부는 그 특성이 변화하거나 결합하여 새로운 반응 물질을 만들어 낸다. 향의 원료 물질이 되고, 가열하면 향기 물질과 결합하기 쉬운 구조가 되며, 친수성과 소수성의 극성 결합이 가능한 상태로 일부 향을 가둬 두는 구조적 역할을 한다. 로스팅의 강도에 따라 맛 성분과 밀접하게 관계한 아미노산은 단맛, 신맛, 쓴맛,

짠맛 등으로 다양하게 나타나며, 그중에서도 글루탐산의 나트륨염은 감칠맛의 원료 물질이 된다. (감칠맛 : 균형 잡힌 다양한 맛과 향을 만들어 준다)

■ 단백질 성분의 기포제 역할 : 에스프레소의 크레마가 대표적인 예로 짧은 시간 고온의 압력이 더해져 다량의 크레마가 발생하는 것을 통해 쉽게 확인 가능하며 크레마의 안정을 위해서는 원두의 숙성 과정이 필요하다.

(3) 지질 : 로스팅을 하는 동안 다른 물질과는 다르게 비가역적인 반응으로 그 변화가 적다. 열분해로 일부는 분해되고 저장되어 고소한 맛과 원두 특유의 향을 만들고 촉감으로 작용하여 부드러운 맛과 목 넘김에 도움이 된다. 또한, 향기 성분의 저장 기능을 수행하여 풍미를 증가시킨다. 커피 오일 그 자체가 열분해되어 발현되는 향미는 비록 미미하지만 그렇다고 소홀하게 여기고 다루면 깊고 풍부한 커피의 향미를 누리지 못하는 아쉬움이 따를 것이다.

2) 향 성분

■ **향기의 특성**

- 향 성분은 맛 성분의 열분해에 의해 만들어진다.
- 향 성분은 반드시 휘발하는 작은 분자량을 가진 기체이다.
- 맛 성분은 물에 잘 녹고, 향기 성분은 오일에 잘 녹는다.
- 커피 오일은 지방산에 의해 수용성과 소수성(지용성)의 특성을 띠는 저분자 물질이다.
- 휘발하는 향의 지속성은 짧고, 오일에 포집된 상태로 마실 때 비강을 통해 전달되는 향의 지속성은 길다.
- 가벼운 향기 분자일수록 휘발성이 크고 자극적이다.
- 큰 향기 분자일수록 오일에 포집되어 풍부한 여운으로 오래 지속된다.
- 맛 성분은 감각적이고, 향 성분은 감성적이다.
- 좋은 향미는 맛과 향의 균형과 조화를 이룰 때 발현된다.

비효소적 갈변 반응에 의해 생성된다. 향은 휘발성이 강한 작은 기체 분자로 각각의 향기 물질이 빠른 속도로 다양하게 발생하기 때문에 정확히 예측하기 힘들고, 가용 성분에 비해 용해도가 현격하게 떨어지는 성질은 그만큼 향미에 다양한 변수로 작용한다. 그나마 다행인 점은 향은 확산 효과가 뛰어나 0.1% 이하로도 충분하게 감지될 수 있다는 장점이 있다. 앞에서도 언급했듯이 향기 물질은 가용 성분에 녹는다는 사실과 그중에서도 오일에 대부분 녹아 있다는 것이다. 지질 성분의 분해 산물인 오일은 발연점이 높고 가소성이 뛰어나, 향 성분을 포집하고 저장하기에 매우 우수한 물질이다. 그렇지만 크랙으로 원두 표면이 균열하지 않은 상태에서는 향기 물질의 포집을 기대하기에는 어려운 구조이다. 크랙 이전 원두 내부를 들여다보면 포화 상태에 도달한 수증기, 이산화탄소, 향기 물질 등은 온도가 증가할수록 지속적으로 팽창한다. 크랙(원두 외벽의 균열) 이전 원두 표면의 내벽에 위치한 오일은 팽창에 의해 외벽이 균열할 때 비로소 빠져나가는 향기 물질을 포집하는 형태가 된다. 고온의 열에 대한 저항성이 높고 고온일수록 점성이 높아지는 오일의 특성이 균열한 외벽으로 쉽게 새어나가지 못하고 지속적으로 생성되어 소량씩 빠져나가는 향기 물질을 포집할 수 있는 구조가 되는 것이다. 크랙 이전의 원두에 향기 성분이 많다고 여겨지는 이유는 단지 오일에 포집되지 못한 자극적이고 휘발점이 강한 가벼운 향기 분자가 원두 내부에 분산되어 가두어진 상태로 남아 보관하고 분쇄하는 동안 쉽게 탈출하여 빠르게 확산하는 데서 오는 현상을 잘못 이해한 부분이다. 원두의 향이 오랫동안 지속하지 못하는 이유이기도 하다.

4. 향에 관한 통념들

후각은 다른 오감에 비해 상대적으로 예민하지만 '후각의 피로' 현상으로 지속 시간은 매우 짧다. 같은 향을 맡다 보면 후각 피로(순응) 현상으로 1분 이내에 70% 가까이 감소한다는 연구 결과도 있다. 일부 식품에서 나타나는 현상 중에 향은 좋은데 맛이 좋지 않은 식품이나, 맛은 좋은데 향이 좋지 않은 식품(예 : 치즈)이 존재한다. 그러나 커피는 맛과 향이 풍부할 때 높은 품질로 인정받는 식품이다. 넓은 의미로 향미(flavor)는 맛과 향뿐만 아니라 시각, 청각, 촉각 등 식품 섭취 시에 느끼는 모든 감각에 기초하여 종합적으로 감지하여 표현된다. 커피도 위와 같이 감각적인 맛을 배제하더라도 독립적인 맛으로, 독립적인 향으로 존재하여서는 만족할 수 없다. 그것은 조화를 이루는 상태, 즉 맛 성분과 향 성분이 높은 농도로 한 잔의 커피에 녹아 있는 상태일 때 발현된다. 마신 후 침의 소화효소(아밀라아제)에 의해 1차적으로 분해되고 운반되어 혀의 미각 수용체에 의해 맛으로 느껴지고, 입 안쪽에서 비강으로 휘발하여 전해지는 향이 후각 수용체를 자극하여 향으로 느껴지며, 이 수용기관들의 정보가 뇌에 전달되면 종합적으로 판단하여 향미로 인식하게 된다.

■ **식어도 맛있는 커피란?**

크고 작은 다양한 향기 분자들이 오일에 다량 포집되어 한 잔의 커피에 수중유적형 형태로 유화되어 있는 커피를 일컫는다. 이와 같은 커피는 열에 의해 쉽게 증발하는 향기 성분이 커피가 식어가면서도 모두 증발하지 않고 일정한 농도로 커피에 남아 마실 때에 미각 수용체에 전해지는 맛과 비강의 후각 수용체에 전해지는 향이 합쳐져 풍미와 조화가 무너지지 않은 커피이다.

■ **가스 맛?**

가스 맛이 난다는 이유로 갓 로스팅 한 원두를 밀봉하지 않고 단시간, 또는 장시간 뚜껑을 오픈할 때 얻는 소득(?)은 향기의 소실이다. 가스의 대부분은 유기물(탄소 화합물)의 연소에 의해 발생하는 기체로 이산화탄소를 말한다. 이산화탄소는 무색, 무취, 무미의 특성을 띠며 공기보다 무겁다. 휘발성이 강한 향기 분자와 마찬가지로 이산화탄소는 비극성이라 오일에 잘 녹는다. 약하게 로스팅 한 원두의 향기 분자와 이산화탄소는 원두 내부 공동 구조에 압축된 형태로 갇혀 있다. 가스를 빼주는 행위는 기대하는 바와는 다르게 우선하여 휘발성이 강한 향기 분자를 날려 보내는 행위인 것이다. 로스팅을 마친 원두는 곧바로 산소와 수분이 통제된 상태로 밀봉하여 숙성시키며 시간을 가지고 안정화해야 한다.

■ 갓 로스팅 한 원두가 맛있다?

약하게 볶은 원두의 향기 분자는 미미하게 가용 성분에 녹아 있고, 그나마 공동 내부에 가두어진 자극적이고 가벼우며 빠른 확산을 일으키는 가벼운 향기 분자는 짧은 시간 강하게 느껴진 후 대부분 휘발하게 된다. 또한, 강한 산미는 자극적인 향기 분자를 더욱 잘 느끼게 하는데 아쉽게도 포집되지 않은 향기의 빠른 휘발은 원두 품질을 단시간에 단축시키는 원인이 된다. 짐작할 수 있는 것이 "갓 로스팅 한 원두가 맛있다."라고 말할 수 있는 원두는 약하게 볶은 원두에 해당되며 주로 약하게 로스팅 하는 로스터가 많이 강조하는 주장일 것이다.

UNIT 02

협의의 기본 맛(5미)

혀의 미각 수용체에서 감지할 수 있는 식품의 기본 맛에는 단맛, 쓴맛, 신맛, 짠맛, 감칠맛 등을 인지하는 5원미설이 인정되고 있다. 커피도 마찬가지로 품종 및 재배 환경에 따라 다르게 나타나는 고형물의 함량과 조성이 5원미의 근간이 되며, 열분해로 이화학적 반응을 거치는 동안 미각 수용체에 의해 감지할 수 있는 맛 물질로 새롭게 변화한다. 새롭게 조성된 5미는 미각세포에 의해 저마다 특정한 맛을 더 잘 감지할 수 있는 특이성과 예민성을 나타내는 미각 수용체에 감지되어 각각의 기호성의 차이로 인식된다. 맛 성분은 침으로 분비되는 아밀라아제 효소의 화학적 작용에 의해 5가지 맛으로 인지할 수 있고, 때론 그 농도에 따라 다른 맛으로도 나타나기도 한다. 미각세포에 의해 인지할 수 있는 최소한의 농도를 미각 역치(taste threshold)라고 정의하며 맛의 감각을 탐지할 수 있는 절대 역치(absolute threshold)와 맛의 특성을 판단하여 어떤 종류인지를 인식할 수 있는 식별 역치(recognition threshold)는 컵 테이스팅(cup-tasting)의 기초가 되어 테스트를 통해 맛의 강도나 차이를 분별할 수 있다.

5원미로 나타나는 각각의 맛은 독립적으로 나타나지 않고 공유하여 상호 보완 속에 특정한 맛을 억제하거나 증가시키는 관계 속에 커피 본연의 맛으로 태어난다.

1. 단맛(감미)

단맛은 당류와 아미노산이 고온에 의한 비효소적 분해 반응으로 생성되어 다양한 맛들과 향을 포함하여 복합적으로 나타난다. 즉 배전의 강약으로 특정한 맛이 강하게 나타나지 않고 다른 맛들과 어울러져 새콤하다(신맛이 느껴지면서 달다), 달콤하다(짠맛과 감칠맛이 느껴진다), 달곰쌉쌀하다(조금 달면서 약간 쓴맛이 있다) 등의 관능적인 단어로 표현된다. 비록 원두에 함유된 순수 단맛 성분은 미미하지만 혀의 미각 수용체는 단맛과 유사한 분자 구조의 수용체를 단맛으로 인지하기도 하며, 실제 단맛의 강도보단 쓴맛이나 짠맛 뒤에 오는 미세한 단맛을 더욱 강하게 느껴지는 특성 등이 단맛을 더욱 풍부하게 느낄 수 있도록 한다. 특징적인 것은 맛과 향이 균형 잡힌 볶음도에서 고소한 풍미와 함께 단맛 형태로 풍부하게 발현된다는 것이다. 이러한 특성은 메일라드 반응이 일어나는 중에 열전달 매체인 지질 성분이 관여하여 일정 부분 튀겨지는(shortening) 효과에 기인하여 발생한다. 또한, 캐러멜화 반응 중에 오일이 비결정형 방해 물질로 작용하는 과정에서 고소한 풍미와 달콤한 향기 물질이 다량 생성되어 나타난다.

이러한 단맛의 기능은 누구나 맛있다고 느끼며 신맛, 쓴맛에 대한 억제 작용이 우수하다. 즉 부정적인 맛을 억제하는 작용으로 향을 강하게 느끼게 하여 기호성을 증가시키고 선호도에 영향을 준다.

2. 쓴맛(고미)

지나친 쓴맛은 그 불쾌감으로 인해 기호성을 떨어뜨리기도 하지만 소량의 쓴맛은 맛의 깊이를 더해 주며 단맛과 신맛 등이 적절하게 혼합되면 감칠맛과 함께 조화로운 맛을 낸다. 1차 대사산물의 비효소적 분해 반응으로 생성되며 로스팅의 강도가 더해질수록 두드러지게 나타난다. 주로 무기 화합물과 비타민 성분이 쓴맛에 깊게 관여하며, 2차 대사산물의 알칼로이드 물질인 카페인과 트리고넬린 또는 카페인에 의해 만들어지는 클로로젠산이 주로 쓴맛에 기여한다. 이러한 알칼로이드 계통의 대표적인 쓴맛 성분은 식물 체내에 들어 있는 질소를 가진 염기성 물질을 총칭한다. 일부 알칼로이드 물질의 쓴맛 감지 기작은 단맛과 유사하여 쓴맛과 단맛을 동시에 느끼기도 한다. 또한, 혀의 미각 수용체 중에 다른 맛에 비해 쓴맛을 감지하는 수용체가 훨씬 많이 발달해 있다. 이렇듯 발달된 쓴맛 수용체는 0.01%의 극히 미미한 양으로도 충분하게 쓴맛을 감지할 수 있다.

3. 짠맛(함미)

그 자체의 맛은 선호하지 않지만 커피의 풍미를 향상시킨다. 열분해에도 변화가 미미한 무기 화합물은 커피 성분에 대표적인 짠맛을 나타낸다. 미량의 소금(NaCl)과 질산칼륨(KNO_3), 염화칼륨(KCl), 염화암모늄(NH_4Cl) 등이 짠맛으로 나타나며 염화나트륨, 탄산나트륨, 질산나트륨 등과 더불어 짠맛과 함께 쓴맛을 나타낸다. 특징적으로 짠맛에 유기산이 섞이면 더욱 맛의 강도가 강해지고 단맛을 더 잘 느끼게 하여 바디감을 상승시킨다. 혀에는 맛을 느끼는 수용체가 있고 하나의 수용체는 하나의 맛만 인식한다. 단맛과 마찬가지로 실제 짠맛(NaCl)은 아니지만 짠맛과 비슷한 분자 구조를 하고 있는 물질을 짠맛으로 오인하여 짠맛으로 인지되기도 한다. 이러한 반응은 다섯 가지 맛(오미)이 복합적인 맛을 형성할 때 두드러지게 나타난다.

커피나무가 생장하는 동안 물과 함께 뿌리를 통해 흡수되어 생두에 저장되는 무기질(미네랄) 성분은 다량 무기질을 이루어 pH와 염기의 평형 유지와 삼투압 유지에 기여한다. 그 예로서 과테말라를 들 수 있다. 과테말라는 국토 대부분이 미네랄이 풍부한 비옥한 화산토로 이루어져 진하고 중후한 커피 맛이 특징이다.

4. 신맛(산미)

신맛을 내는 물질에는 대표적으로 유기산과 무기산을 들 수 있다. 이들 물질은 해리(분해)된 수소이온(H^+)에 의해 신맛으로 느껴지게 된다. 열분해에 의한 화학적 변화로 나타나는 커피의 신맛은 대부분이 유기산으로 산성의 유기 화합물을 말하며 카르복실기(-COOH)를 갖는다. 대표적인 유기산으로 클로로젠산, 구연산, 사과산 등을 들 수 있으며 카르복실기를 갖는 아미노산과 카르복실기 한 개만을 갖는 지방산이 있다.

신맛을 나타내는 유기산은 열분해에 의한 비효소적 갈변 반응으로 성분 또는 성분 간의 화학적 반응이 이루어져 신맛으로 나타나고, 휘발성이 강한 물질을 생산하며, 갈변을 일으키는 전구 물질로 작용한다. 이러한 화학적 변화는 로스팅이 진행될수록 유기산의 종류에 따라 다르게 나타나고 다른 맛 성분과 공존하여 풍미를 상승시키는 효과를 낸다. 그러나 로스팅이 진행되면서 나타나는 단맛이나 짠맛 등에 의해 신맛이 약화되고 빠르게 산화하는 특성으로 인해 강한 볶음도에서는 감지하기가 어렵다.

약산인 유기산과 비교하여 강산인 무기산은 로스팅이 진행되는 동안 미미한 신맛과 떫은맛에서 점차 쓴맛으로 변화한다. 대표적인 무기산으로 인산이 있다.

■ 일상에서 비효소적 분해 반응(캐러멜화)에 의해서도 신맛을 확인할 수 있다. 설탕을 가열하면 색은 노란색에서 점차 갈색으로 짙어가고, 달기만 하던 맛이 처음에는 신맛이 생겨나고 점차 쓴맛이 생기면서 풍미가 더해지는 것을 확인할 수 있다. 로스팅 과정에 크랙을 전후로 하여 당 성분의 탈수 반응과 포도당과 과당으로 분해되고 중합되는 과정에서 나타나는 산미를 설탕을 가열할 때 발생하는 산미와 같은 진정한 '기분 좋은 산미'로 추정해 본다.

5. 감칠맛(우마미)

글루탐산에 의해 나타나는 맛으로 단맛, 신맛, 짠맛, 쓴맛 등이 잘 조화된 맛으로 협의된다. 단백질을 구성하는 아미노산(20종)의 일종인 글루탐산은 아미노산이 가열에 의해 분해되는 동안 가장 많이 형성되는 물질이다. 가열에 의한 화학적 변화에 의해 글루탐산은 염기성 물질과 만나 글루탐산나트륨으로 조성된다. 가열 시간(긴 시간)과 가열 온도(높은 온도)에 더욱 영향(증가)을 받으며 커피를 추출하는 과정에서 물과 만나 쉽게 글루탐산과 나트륨으로 해리되어 감칠맛으로 나타나고 향미를 증진시킨다. 그러나 특정한 맛이 강조된 원두는 조화된 맛의 균형이 무너져 감칠맛을 느끼기 어렵다.

UNIT 03 신맛, 단맛, 쓴맛의 변화

커피에 대한 관심을 맛으로 표현할 때 가장 많이 언급하는 3가지 맛, 즉 신맛, 단맛, 쓴맛에 대해 좀 더 심도 있게 다루어 보자. 커피가 만들어지는 과정에서 다양하게 표현되고 언급되는 맛으로 3가지 맛이 조화되어 기호도와 선호도에 가장 큰 영향을 미친다. 영향을 주는 요소로 대표적인 것이 로스팅과 추출에 의하여 그 조화와 강도가 결정되며 다양한 요소에서 영향을 받게 된다.

추출하는 과정이나 방법에 따라 위 3가지 맛 중 특정한 맛을 강화할 수 있고 약화할 수도 있다. 평소 추출하기 전에 원두를 대하는 필자의 마음가짐은 원두는 음식의 재료로 여기고 추출은 요리라는 마음가짐을 가질 수 있는 건 그만큼 다양한 변수가 따르고 통제할 수단이 있기 때문이다.

단맛이 강조되는 적정 추출 시간을 기준으로 짧은 추출 시간은 신맛을 강조할 수 있고, 긴 추출 시간은 쓴맛이 강조된다. 또한, 신 점드립 형태와 같이 소량의 물을 이용한 추출 방법은 신맛을 더욱 강조할 수 있으며 많은 양의 물을 사용하는 물줄기 드립의 형태는 쓴맛을 강조하기 적합하다. 이는 머신을 이용하여 추출하는 에스프레소(espresso)의 추출 원리에도 그대로 적용이 되는 규칙으로 짧은 시간 높은 압력으로 소량이 추출되는 리스트레또(ristretto)는 신맛이 두드러지고, 상대적으로 긴 시간 많은 양이 추출되는 룽고(lungo)는 쓴맛이 강하다.

15초	20초	25초	30초	35초	40초
15~20ml 이하-리스트레또		25~30ml-에스프레소		35~40ml 이상-룽고	

[그림 4-3-1] 추출 시간

1. 순차적으로 나타나는 3원미

자세히 살펴보면 순차적으로 나타나는 3가지 맛이 융드립, 핸드드립, 더치커피, 사이펀, 프렌치 프레스 등 다양한 추출 방식에서 당연하게 나타난다. 더군다나 물의 온도에 따라, 분쇄도에 따라서도 서로 같은 패턴으로 나타난다.

추출하는 물의 온도에 따라 위 3가지 맛의 비중이 다르게 나타나는 것은 과소 추출(under extraction)과 과다 추출(over extraction)에서 비롯된다. 신맛에 관계하는 저분자 유기산은 용해도가 높아 비교적 낮은 온도에 쉽게 녹는다. 그에 반해 상대적으로 분자량이 큰 쓴맛 물질은 비교적 높은 온도에 잘 녹는다. 더군다나 높은 온도는 용해도를 높여 주어 추출 수율을 증가시키는데, 분자량이 큰 무기질(미네랄, 짠맛과 쓴맛) 성분까지 가중되어 물 온도가 높아짐에 따라 점차 단맛이 증가하고 쓴맛이 강해진다.

로스팅 한 원두를 보관하는 동안에도 위 3가지 맛이 순차적으로 변화하는 것을 발견할 수 있다. 신맛에 관계하는 유기산은 수소 이온과 수용체 간의 수소결합에 의하여 산미에 관여한다. 즉 침에 의해 미각세포를 운반되어 수소결합과 같은 화학적 작용에 의해 산미로 나타나는 것이다. 생두에 함유된 대표적인 유기산인 클로로젠산은 가열을 통해 커피산과 퀸산으로 분해되어 향과 산미를 형성한다. 로스팅이 진행될수록 페놀계 물질로 전환되며, 원두 상태로 보관하는 동안 pH를 낮추고, 단백질 성분과 결합하여 변성을 일으키는 과정에서 신맛은 약화되고 단맛은 증가하며 세포막이 약화하는 과정에서 차츰 쓴맛이 강해진다.

다양한 커피에는 다양한 추출 방식과 기구에 맞는 통념된 분쇄도가 존재한다. 당연히 다양한 추출 방식에 같은 분쇄도를 적용하여 추출하는 것을 상정하면 그 커피가 가지는 특징적인 맛이나 향은 찾아보기 힘들 것이다. 그렇듯 각각의 추출 방식과 기구에 맞는 통념된 분쇄도가 존재하는 이유는 저마다의 분쇄도에서 원활한 추출을 유도하여 맛의 조화를 이끌어내기 위함이다.

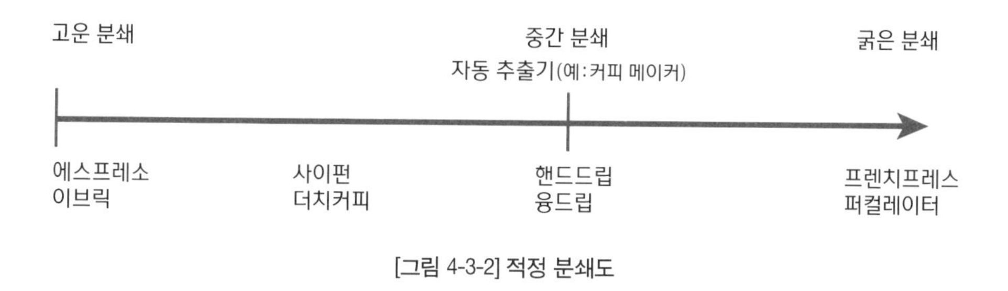

[그림 4-3-2] 적정 분쇄도

통념적으로 알려진 분쇄도를 기준으로 고운 분쇄도는 쓴맛이 두드러지며 굵은 분쇄도는 신맛이 강조된다. 곱게 분쇄한 원두는 물과 접촉하는 표면적의 증가로 과다 추출되어 무기질과 불용성 섬유소 성분에 의한 쓴맛이 증가하고, 굵게 분쇄한 원두는 물과 접촉하는 표면적이 감소되어 비교적 용해도가 높은 유기산의 산미 위주의 맛이 추출된다. 또한, 통념된 추출 시간, 즉 물과의 접촉 시간을 기준으로 신맛에서 점차 쓴맛 위주의 맛이 추출된다는 것을 항상 고려하여 추출에 임해야겠다.

적정 분쇄도의 원두는 이상적인 투과력과 여과력을 가능하게 한다. 고운 분쇄일수록 투과력과 여과력이 상승하며 과다 추출되고, 굵은 분쇄도일수록 투과력과 여과력이 감소하여 과소 추출된다. 그렇다고 투과력과 여과력이 좋은 고운 분쇄도만 고집하기 힘든 것이, 과다 추출로 인한 무기염의 쓴맛에 타르의 부정적인 쓴맛과 떫은맛까지 증가하여 선호하지 않는 맛이 만들어지기 십상이다. 반대로 투과력과 여과력의 감소는 과소 추출되어 맛이 밋밋해진다. 이러한 사실이 추출 도구 중 하나인 필터와의 조합을 통해 어떻게 변화하는지를 찾는 노력도 필요하겠지만, 무엇보다 분쇄기를 사용하여 추출 방식에 적용된 통념된 분쇄 기준과 경험을 살려 최적도를 설정하는 것이 무엇보다 중요하다 하겠다.

물론 통념된 분쇄도를 기준으로 이상적인 분쇄도를 설정하여도 정확히 일치하는 일률적인 결과물은 얻기가 힘들다. 분쇄라는 말뜻 그대로 반고체인 상태에서 자르는 것이 아닌, 단단한 고체 상태의 원두를 부스러뜨리는 원리이기 때문이다. 고객에게 자주 받는 문의 중 하나가 "어떤 그라인더가 좋아요?"이다. 그만큼 분쇄날 방식에 따라 굵기의 편차가 다르게 나타나며, 심지어 같은 날 방식이더라도 분쇄기의 종류에 따라서도 성능의 차이로 나타나 선택에 어려움이 따른다.

2. 커피 그라인더

흔히 커피 분쇄기라고 지칭한다. 일반적으로 상부 날과 하부 날로 구성되어 있다. 상부 날을 링버(ring burr), 모터와 연결된 하부 날을 센터버(center burr)라고 하며 각각의 종류는 모터의 유무와 칼날(burr)의 형태에 따라 구분된다. 전동 그라인더 방식의 상용 그라인더는 음각으로 파여진 칼날(burr)의 형태에 따라 평면형(flat burr)과 원뿔형(conical burr) 그라인더와 뾰족한 돌기가 교차하면서 잘라내는 방식의 크러쉬버(crush burr)로 구분되며, 그 외 가정용으로 흔하게 사용되는 블레이드 그라인더(blade grinder)와 수동 그라인더 등이 있다.

그라인더와 관련하여 유독 많이 받는 질문에 "날(burr)의 수명은 어떻게 되나요?", "날(burr) 일부에 상처들이 있는데 교체해야 할까요?"가 있다. 눈앞에 놓여 있지 않은 이상은 사용자가 직접 확인하고 판단하는 것이 가장 현명할 것이다. 크러쉬버를 제외한 그라인더 날의 핵심은 '끝날'에 있다. 링버를 분리한 후 끝날 부분을 손바닥에 문지르면 까실까실한 느낌이나 매끄러운 느낌이 든다. 만약 매끄러운 느낌이 강하다면 기존 분쇄도에서 한 단계 고운 분쇄도로 임시방편으로 사용할 수 있고 수리(연마)하거나 교체하는 것을 선택한다. 그렇다면 단단한 이물질에 의해 상처받은 날은 어떻게 해야 할까? 그 상처가 커 보여 분쇄도를 걱정하는 마음에 멀쩡한 날을 교체해야겠다고 다짐도 하지만 그럴 필요까지는 없다. 계속 회전하는 칼날에서 그 상처가 분쇄도에 미치는 영향은 극히 미미하다고 할 수 있다.

누구나 분쇄도의 편차를 최소화할 수 있는 그라인더를 지향하고 그중에서도 특정한 그라인더를 선호하여 사용하는 것 또한 어렵지 않게 볼 수 있다. 그라인더의 종류에 따라 분쇄도의 편차가 다르게 나타난다는 것은 신맛, 단맛, 쓴맛의 강도가 다르게 나타난다는 것을 의미한다. 즉 굵기의 편차가 적을수록 신맛, 단맛, 쓴맛 중에 볶음도에 따른 특정한 맛이 강하게 나타나 풍부한 맛과 바디감을 더해 주고, 반대로 굵기의 편차가 생기는 만큼 쓴맛에 영향을 주는 고운 분쇄도나 신맛에 영향을 주는 굵은 분쇄도의 비율만큼 풍부한 맛과 바디감이 감소하고, 감소한 만큼 신맛과 쓴맛으로 폭은 넓어진다. 하지만 지나친 편차로 분쇄된 원두는 지나치게 고운 원두에서 나타나는 부정적인 쓴맛과 지나치게 굵은 원두의 과소 추출로 인해 밋밋하고 선호하지 않는 커피 맛을 경험하게 된다.

1) 평면형(Flat Bull)

원형 금속 안쪽에 날카롭게 음각된 홈이 날의 역할을 한다. 한 쌍의 버가 서로 맞물린 상태로 고정된 버와 회전하는 버 사이로 원두가 투입되어 분쇄되고 원심력으로 배출되는 형태이다. 맞물린 버의 간극으로 사용자가 원하는 분쇄도를 조절한다.

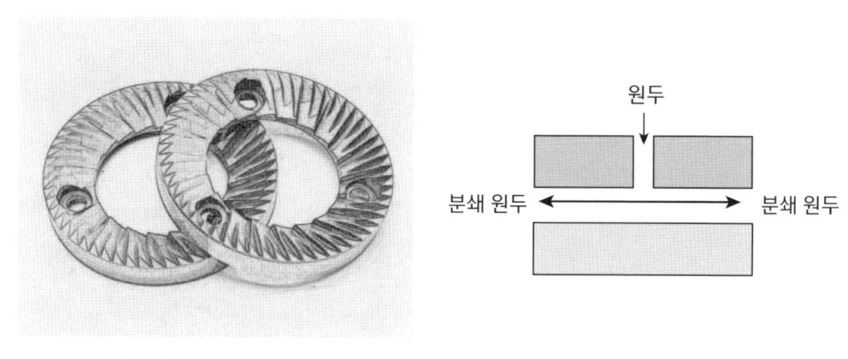

[그림 4-3-3] Flat Burr

2) 원뿔형(Conical Bull)

평면형(flat burr) 이후에 발전된 그라인더로 입체적인 표면의 원추형 날이 안쪽에 위치하고, 원추형 날을 둘러싼 형태로 바깥쪽 날이 톱니바퀴 형태로 맞물려 있는 구조로 모터와 센터버 사이의 기어에 구동되어 분쇄되고 중력에 의해 배출되는 형태이다. 평면형과 마찬가지로 맞물린 버의 간극으로 사용자가 원하는 분쇄도를 조절한다.

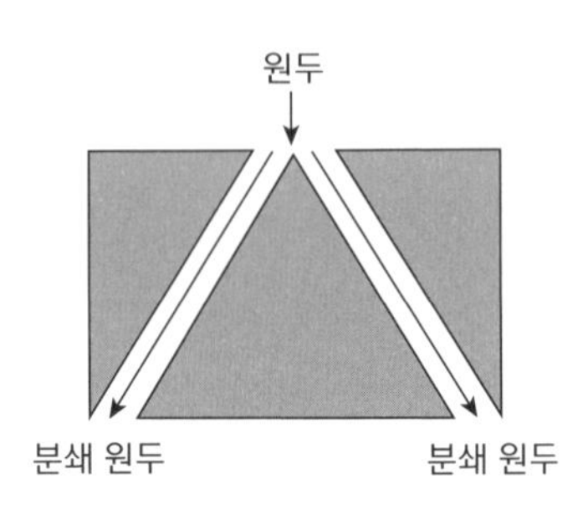

[그림 4-3-4] Conical Burr

3) 크러쉬버(Crush Burr)

고스트버(ghost burr)로도 불리는 방식으로 말 그대로 분쇄(grinding)의 뜻과 가장 잘 어울리는 방식이다. 절삭하는 방식과는 다르게 뾰족한 돌기가 교차되면서 부스러뜨리는 방식으로 변형이나 마모에 안전하여 수명이 길다. 연질의 종피(채프)는 쉽게 절삭되지 않아 에스프레소의 고운 분쇄에는 제한이 따르지만 핸드드립 용도로 사용할 때는 가장 이상적인 방식이다.

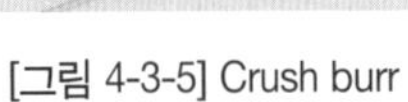
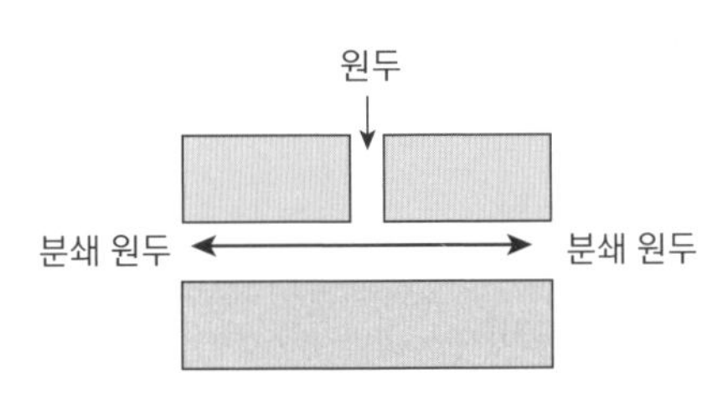

[그림 4-3-5] Crush burr

4) 블레이드 그라인더(Blade Grinder)

식자재를 분쇄하거나 가는 용도로 쓰이는 믹서기 형태의 칼날형 그라인더로 저렴한 가격에 가정용으로 흔하게 사용된다. 구동 시간의 조절을 통해 분쇄도를 결정되는 방식으로 세밀한 제어가 힘든 단점은 일관성 있는 분쇄도를 얻기가 어렵다. 주로 핸드드립 용도로 사용된다.

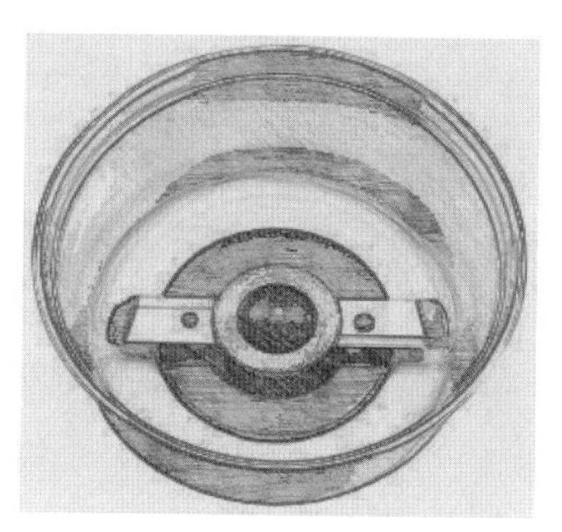

[그림 4-3-6] Blade Grinder

5) 수동 그라인더(핸드밀)

일반적으로 후추를 가는 용도와 유사한 맷돌을 가는 원리로 분쇄한다. 원뿔형의 분쇄 원리를 채택하여 손으로 직접 돌리는 방식으로 휴대하기가 간편하며 저렴한 가격에 가정용으로 많이 사용된다.

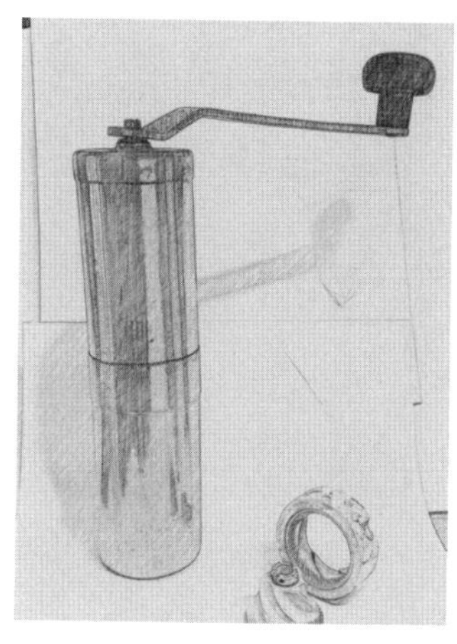

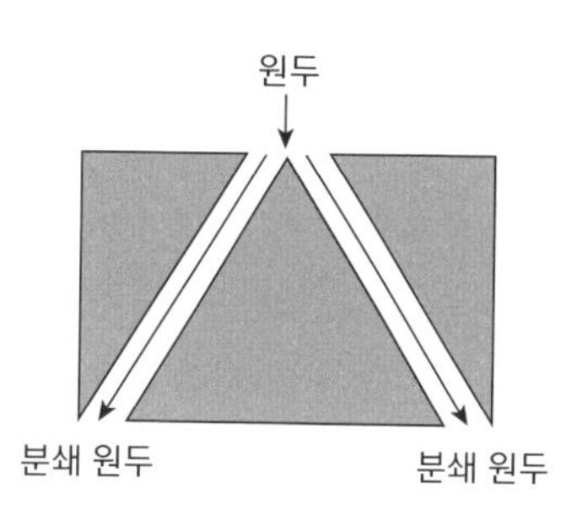

[그림 4-3-7] Hand Mill

UNIT 04 커피 감별

다양한 기호 음료에서 추출 방식에 따른 유형에는 크게 침출 방식과 추출 방식이 있다. 대표적으로 찻잎과 같은 원재료를 넣어 우려낸 여액을 음용하는 '단일 침출차' 방식과 커피와 같이 특정 성분을 추출하여 다양한 방식으로 음용하는 '고형 추출차' 방식을 들 수 있다. 고형 추출차 방식으로 추출하는 커피는 에스프레소, 신 점드립 원액, 더치 원액 등과 같이 고형물의 원액을 음미하거나 고형물의 원액에 물을 희석하여 음용하는 아메리카노, 핸드드립, 더치커피 등으로 다양하게 음용되고 있다. 커피 음료의 다양한 향미와 품질을 평가하는 방법은 대부분 관능검사에 한정되어 이루어지고 있다. 대표적인 방법으로 커핑을 들 수 있으며, 이는 사람이 측정 기구가 되어 분석하고 해석하여 표현하는 대표적인 방법으로 오랜 경험과 훈련 및 자기 관리가 필요한 분야이다.

그러나 필자가 늘 아쉬워하는 부분으로 감별사의 평가 주체가 되는 '샘플'의 문제점이다. 예를 들어 향수를 포함한 위스키나 와인, 차, 음료 등의 음료들을 살펴보자. 모두 완성된 품목을 평가한다. 그 재료를 평가하여 최종 산물인 상기 품목들의 품질을 결론짓지 않는다. 따라서 커피 또한 '완성된 한 잔의 커피'로 평가되어야 하겠다. 추출하는 과정에서 커피의 향미에 부정적인 맛의 원인이 되는 불용성 섬유소의 맛을 최소화한 커피, 즉 고형 추출차 방식으로 만들어진 한 잔의 커피를 대상으로 평하지 않고 불용성 섬유소가 그대로 가미된 단일 침출차 방식의 샘플을 대상으로 평가하는 것은 상호 모순된 방법인 것이다. 그것은 커피에 대한 높은 판타지로 인해 불용성 섬유소의 존재감을 낮게 평가하는 감별사가 추출 과정을 생략하고 원두 그대로 분말 낸 가루에 물을 희석하여 음용해도 상관없다는 모순된 결과가 따르는 것이다. 커피 분야에서만큼은 선점된 기술이나 방법을 고찰하여 살피지 못하고 맹목적으로 따르기보다는 아직은 수많은 시행착오를 거쳐 발전시켜 나아가야 하는 분야인 것이다. 그러기 위해서는 생두, 로스팅, 숙성, 추출 등에 대한 이해가 각각 따로 이루어져서는 발전할 수 없다. 이들은 상호 유기적으로 연결되어 있다는 사실을 인지하고 올바른 추출 방식에 의해 최종적으로 완성된 한 잔의 커피를 평가하여 신뢰도를 높이고 나아가 추출하는 능력까지 향상시킬 수 있는 수단으로 정진해 나가야 하겠다.

■ 참고

- 곡물에 해당하는 커피는 다른 곡물들에 비해 고형물 함량 대비 불용성 섬유소의 비중이 월등하게 높다. 이는 분말 내어 음용하지 못하고 추출 방식에 의존하여 음용하는 이유이다.
- 고지대 품종일수록 고형물 함량이 높고 불용성 섬유소의 함량이 낮아 풍부한 향미와 바디감을 느낄 수 있다.

1. 생두와 원두의 평가

커피를 포함하여 식품을 감별하는 보편적인 방법에는 이력 추적 관리를 바탕으로 하는 관능검사 방법과 이화학적 검사 방법이 사용된다. 관능검사 방법은 사람의 감각 기능인 오감(시각, 청각, 후각, 미각, 촉각)을 이용하여 품질을 평가하고 판정하는 방법을 말하고, 이화학적 검사 방법은 식품의 중량이나 비중, 크기, 경도, 조밀도, 이물, 부패도 등을 측정하고 탄수화물, 지방, 단백질, 비타민, 무기질, 물 등의 6대 영양소를 비롯하여 수많은 화합 물질의 질과 효율을 측정하는 방법을 일컫는다.

이를 근거로 생두를 평가할 때는 생두의 이력(지역, 풍토, 품종, 위도, 고도) 정보를 바탕으로 재배 관리에 의한 차이별(크기, 조밀도, 경도, 이물, 부패도) 식별 검사와 함께 영양적 요소를 평가할 수 있는 이화학적 검사 방법이 보다 효율적이며,

이는 생두를 보다 객관적으로 평가하여 품질에 등급을 부여할 수 있는 방법이다. 지금은 커피가 중요 작물로 관리되어 국가마다 절대적인 기준에 의거하여 각각의 생두를 평가하고 등급 관리를 규정하는 생산국 주도형 품질 기준이 마련되어 있다. 그러나 가격 대비 품질이 전 세계적으로 통일되어 있지 않은 데서 오는 문제점도 빈번하게 발생한다. 이를 해소하기 위한 방법으로 일부 공신력 있는 협회나 단체의 주도로 상대평가가 이루어져 새롭게 품질 등급이 결정되기도 하지만, 이 또한 이화학적인 검사 방법보다는 관능검사 방법에 의존한 품질 평가에 치중되어 신뢰도만큼은 아쉬움이 따른다. 아직은 어쩔 수 없이 가격 대비 품질의 타당성에 대해선 좀 더 냉정한 관찰과 평가의 필요성이 대두된다.

1) 생두 평가

(1) 이화학적 검사 방법

커피 산업에서 사용할 목적으로 생두나 원두의 조밀도와 경도를 포함하여 각각의 영양소적 요소들을 측정하기 위해 개발된 측정기나 기구 등에서 여전히 많이 부족하다. 그러나 조밀도와 경도를 측정할 수 있는 경도 측정기, 수분 함수량을 측정하는 함수율 측정기나 밀도를 측정할 수 있는 밀도 측정기 등을 사용하고 그 밖에 pH 측정기를 비롯하여 다른 식품 산업에서 사용되는 단백질, 지방, 탄수화물 등을 측정할 수 있는 측정기를 적절히 이용한다면 그 결과를 수식적으로 확립하여 좀 더 객관적으로 평가하여 결과를 도출할 수 있겠다.

1 장점

① 물리적인 방법으로 기계를 이용한 측정은 중량, 비중, 크기, 조밀도, 경도 등의 차이를 수치화하여 냉정하게 평가할 수 있다.

② 영양소 분석을 통한 성분 함량을 평가하여 생두의 품질을 판단할 수 있다.

③ 구체적인 품질을 기준으로 평가하기 때문에 객관적인 판단이 이루어

진다.

④ 품질의 목표와 평가가 직접적으로 관련이 있기 때문에 생산자의 동기를 유발하고 품질의 발전 방향을 구체화할 수 있다.

⑤ 객관적인 평가와 함께 상대평가 또한 가능해져 경쟁의 유발을 통해 품질 개선을 꾀할 수 있다.

2 단점

① 아직까지 커피 분야에 특화된 측정 장비 및 기구가 부족하다.

② 측정하여 등급을 분류할 수 있는 합의된 시스템이 마련되어 있지 않다.

③ 일부 고가의 측정 장비로 인한 추가적인 비용 증가가 발생한다.

④ 화학적인 평가로 많은 영양소적 요소들의 개별 평가는 많은 시간과 비용이 증대된다.

⑤ 목표로 하는 성분만 선택적으로 검사하게 되는 제한점이 있다.

⑥ 국제적으로 사실 관계를 확인하고 감독하여 강제할 수 있는 합의된 기구가 부재하다.

(2) 관능검사 방법

생산지 정보를 바탕으로 오감에 의존하여 품질을 측정하고 평가하는 방법으로 많은 경험과 훈련이 필요하다. 따라서 주관적인 검사 방법이며 검사자의 기호도, 능력, 편견 등에 따라 평가 결과가 다를 수 있으며, 상대평가로 인해 판단이 다른 경우도 발생한다. 생두 분야에서만큼은 이화학적 검사 방법이 신뢰할 수 있는 방법이다.

2) 원두 평가

다양한 식품의 평가 방법은 커피가 음용되기 이전부터 품질의 개선과 향상을 꾀하고 기호도와 선호도를 증대시켜 경제적 가치를 추구하기 위한 수단으로 개발되어 발전하였다. 커피 또한 주류, 향, 차의 품질 평가 방법이 모태가 되어 커피를 감별하고 평가하는 방법으로 적용되어 보급된 것이다. 생두를 수확하고 소비 단계에 이르기까지 품질에 영향을 미치는 여러 단계의 생산과 유통, 그 밖에 다양한 방법으로 개선 가능하고 생산지 정보에 따른 품종, 풍토 등이 생두에 미치는 영향을 파악하여 그로 인한 구조와 성질, 영양소의 물리적 화학적 특성을 이해하여 종합적인 특성을 파악함으로써 단순한 검사가 아닌 실용적인 평가를 통해 최종 산물인 한 잔의 커피 맛을 향상시킬 수 있게 된다. 이러한 평가 방법이 가능할 때 한 잔의 커피를 평가하여 종합적인 커피의 이력을 추적하여 확인할 수 있는 분야이기도 하다.

(1) 이화학적 검사 방법

과거에 비춰 현대에는 많은 이화학적 검사를 가능하게 하고 수식화를 통해 품질을 진단하여 발전 방향을 위한 구체화를 꾀할 수 있게 되었다.

1 장점

① 생두의 이화학적 검사의 장점과 같은 효과

② 열분해 이후 서로 다른 구성 성분들의 종합적인 차이를 확인할 수 있다.

③ 생두의 이력 정보를 바탕으로 원두의 품질과 로스팅에 미치는 영향을 종합적으로 판단할 수 있다.

④ 원두 자체의 물리·화학적 변화와 생물학적 특성을 고찰하여 로스팅 과정에 적용함으로써 로스팅을 하는 동안 열원에 따른 온도나 압력 등이 품질에 미치는 영향을 확인할 수 있다.

⑤ 일반적인 관능검사로 감별이 되지 않는 물리·화학적 요소들을 편견 없이 평가할 수 있다.

2 단점

① 생두의 이화학적 검사의 단점과 같다.

② 생두가 생산되는 지역과 품종에 따른 특성이 개인의 기호적 요소에 따른 가치의 차이로 인해 다르게 나타날 수 있다.

③ 절대적인 재현성이 없기 때문에 절대적인 수치보다 상대적 수치로 비교하여 평가될 수밖에 없다.

(2) 관능적 검사

1 장점

① 오감에 의한 감각기관을 이용하여 종합적인 판단이 가능하다.

② 간편한 기구의 사용으로 비용 절감과 빠른 평가가 가능하다.

③ 이화학적 검사 방법으로 판단이 되지 않는 다양한 맛과 향, 특징적인 맛을 평가하여 표현할 수 있다.

④ 원두는 볶음도에 따라 향미의 차이가 확연히 구별되기 때문에 차이별 식별 검사에 의한 정성 검사 방법으로 기호도나 선호도의 평가가 가능하다.

2 단점

① 평가 기관의 평가 방법으로 향미에 대한 평가가 수식적으로 확립될 수 없기 때문에 절대적인 상대평가가 이루어질 수 없고 품질의 기준이 모호해질 수 있다.

② 검사자의 개인차에 의한 기호도, 선호도, 평가 능력, 컨디션, 편견 등에 영향을 받아 가치가 다르게 나타날 수 있다.

③ 오랜 경험과 훈련이 필요하다.

④ 관능검사가 활발하게 이루어지다 보니 소비자의 입장을 대변하지 못하고 국가나 민족, 문화적 기호의 차이를 대변하지 못하여 정서에 의존하게 된다.

⑤ 다양한 볶음도와 추출에 의한 향미의 평가 사항을 단정할 수 없다.

⑥ 평가 분야의 상업화(자격증)로 평가자의 역량이 낮아지고, 비전문가의 양산으로 인한 일률적이지 않은 평가 결과가 신뢰도의 문제로 나타나고 있다.

⑦ 불분명한 정서적 평가에 의존한다.

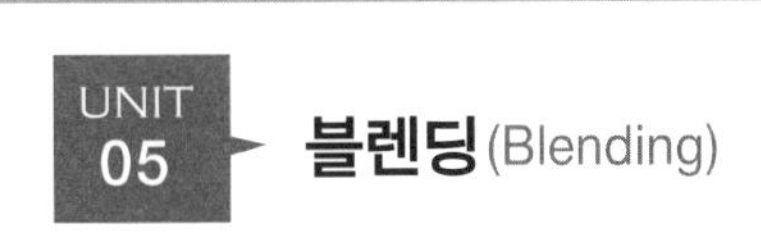

블렌딩(Blending)

1. 블렌딩이란?

상품성이 부족한 생두와 품질이 우수한 생두와의 정교한 배합을 통해 맛과 향의 단점은 보완하고 장점을 살려 평균 이상의 맛과 향으로 새롭게 창조하는 행위이다. 고객의 입장에서 저렴한 가격에 맛있는 커피를 마시기를 원하고, 더 맛있는 커피를 합리적인 가격으로 마시기를 희망할 때 유용하고 공급자 입장에선 상업성이 낮은 생두를 보다 높은 상업성을 부여함으로 공급 구조와 소비 구조의 균형을 맞출 수 있는 좋은 수단이다. 또한, 개성적인 맛과 풍부한 향을 지녔지만 생산과 공급의 불균형과 높은 가격으로 인해 경험하기 힘든 생두를 모방(imitation)하여 고객의 입장에서 저렴한 가격으로 경험할 수 있는 기회를 제공한다. 더구나 생두를 로스팅 하여 판매하는 로스터리 숍인 경우 선물거래, 낙찰, 수입업체 등을 통해 기대에 부흥하지 못하는 생두를 다량 구매하는 실수를 만회할 수 있는 유용한 수단이 된다. 때론 고객의 맹목적인 기대감에 편승하여 단종 커피에서 느낄 수 없는 새로운 맛과 향을 창조하는 행위로 확대하여 해석하거나, 권위를 앞세워 합리적인 근거는 제시하지 못하고 비과학적이고 추상적인 언어의 사용으로 과대 포장하는 행위를 어렵지 않게 목도하게 되는 것이 아쉽기만 하다. 이 글을 빌어 풍부한 경험과 이해를 바탕으로 합리적인 근거에 의한 블렌딩을 지향하여 고객의 만족을 뛰어넘어 감동을 이끌어 보자.

2. 블렌딩을 위한 사전 지식

블렌딩을 위해선 우선하여 산지별 정보와 품종, 가공 방법 등과 함께 그해 작황 상태를 파악하고 리올로지(rheology)에 의한 생두의 평가와 고찰을 기초로 로스팅을 함으로써 각각의 싱글 커피가 가지고 있는 개성을 살려 최고의 맛과 향을 이끌어 준다. 이후 로스팅 한 원두의 테스트를 통해 블렌딩에 이용되는 원두의 개성과 향미를 파악하고 이미지화하여야 한다. 이미지화를 위해 가장 중요하게 고려해야 할 사항으로 신맛, 단맛, 쓴맛의 조화와 강도를 우선하여 파악하고 수치화하는 것이 중요하다. 이를 가능하게 하기 위해서는 2-14 '최적화 지점(Optimal Point)'에 대한 충분한 이해가 선행되어야겠다.

로스팅 과정에서 신맛, 단맛, 쓴맛이 순차적으로 나타난다. 약하게 로스팅 할수록 신맛이 두드러지고, 강하게 로스팅 할수록 신맛이 약화되고 쓴맛이 강해진다. 그렇다고 로스팅만으로 이 3가지 맛이 결정되는 것은 아니다. 이후에 설명할 로스팅 이전에 생산지에서 생두의 등급을 분류하는 기준과 방법으로도 이 3가지 맛의 균형이 결정되기도 한다. 너무나 당연한 사실인데도 인지하지 못하고 지나치고 있는 것 또한 현실이다. 커피 생산국에서 생두를 평가하고 분류하는 방법으로 표고차에 의한 분류와 생두 스크린에 의한 분류가 대표적이며, 그 밖의 지역이나 결점두 방식에 따라 분류되고 차이로 나타난다.

1) 표고차에 의해 분류

표고차에 의해 분류된 생두는 신맛, 단맛, 쓴맛의 범위가 넓게 나타난다. 고지대의 생두일수록 지리적 불리함으로 생두가 불균일한 특징을 보인다. 기복이 심한 주변의 산들이 지역의 기후에 영향을 미치게 되어 거리가 멀지 않더라도 강수량이나 일조량이 다르게 나타나 커피 열매가 맺히고 익어가는 시간이 다를 수 있어 그 크기가 제각각인 경우가 많다. 균일하지 않은 생두는 로스팅을 하는 동안 볶음도의 차이로 나타난다. 즉 밀도와 경도가 높고 사이즈가 큰 생두는 평균보다 약하게 로스팅 되어 신맛이 강하고, 상대적으로 밀도와 경도가 약하고 작은 사이즈의 생두는 강하게 로스팅 되어 쓴맛이 강해지는 특성으로 인해 같은 원두에서 신맛, 단맛, 쓴맛의 폭이 크고 다양하게 나타나는 특성을 보일 수 있다. 그러나 맛의 폭이 넓은 만큼 일정 부분 바디감에서는 손해를 본다.

2) 스크린에 의해 분류

스크린에 의해 분류된 생두는 단맛을 중심으로 바디감이 높다. 스크린에 의한 분류법을 채택한 나라의 생두는 대개 특정한 맛이 강하게 나타난다. 선별 작업을 거쳐 외관상 일정한 크기로 분류하여 등급을 부여하기 때문에 균일한 크기는 로스팅을 하는 동안 열분해에 의한 물리·화학적 변화가 비교적 동 시간대에 진행되어 각각의 구간이 선명하게 구분되고 팝핑과 크랙의 지속 시간이 짧은 특성을 보인다. 따라서 맛의 폭이 좁은 만큼 집중되는 맛으로 인해 바디감이 높게 나타나지만 다양한 맛은 부족하다고 느낄 수 있다.

3) 기타

크기가 일정한 생두일수록 각각의 볶음도에서 상징하는 맛이 강하게 나타나 바디감을 높여주며, 불균일한 생두일수록 넓고 다양하게 나타나지만 바디감은 약화된다. 주의하여 살필 점은 같은 지역 특정 생산국의 등급이더라도 품질의 편차가 많이 발생하기 때문에 고도와 연관 지어 수확 지명을 확인하고 표고차를 기준으로 한 것인지 아니면 스크린을 기준으로 결점두나 정제 방법, 선별도 등을 평가했는지를 살펴볼 필요성이 있다. 그동안 국제적으로 유통되어 소비되는 커피량은 꾸준하게 증가하고, 거기에 발맞춰 새로운 생산 지역의 확보와 병충해로부터 안전하고 다수확을 가능하게 하기 위한 목적으로 품종 개량이 꾸준하게 이루어지고 있다. 그런 만큼 나라마다 통일되지 않은 다양한 방법에 의해 등급 관리를 규정하고 있어 주의 깊게 살펴보지 않고 외관상으로 품질의 우열을 결정하는 것으로는 인지 부조화의 오류에 빠지기 쉽다.

따라서 생두 이력에 따른 정확한 정보를 바탕으로 다양한 품질 평가 방법을 활용한 테스트를 통해 품질을 꿰뚫어 보는 안목을 키우는 것이 무엇보다 중요하다.

아마도 블렌딩에 조금이나마 관심을 가져본 독자라면 위에 언급한 선행 지식을 읽고 합리적인 근거 없이 당연하게만 여겼던 의문점들이 일정 부분 해소됐을 것이다. 스크린에 의해 분류된 생두인 콜롬비아 커피나 탄자니아 커피 등이 블렌딩을 할 때 맛의 중심이 되어 밸런스를 맞춰 주는 목적으로 주로 사용된다는 것을, 바디감을 포함하여 신맛이나 쓴맛을 살려 주기 위한 목적으로 과테말라 커피나 코스타리카 커피처럼 표고차에 의해 분류된 생두를 선택하게 되는 것은 결코 우연이 아니다. 또한, 품질의 편차가 많아 스크린이나 결점두 또는 풍미 등의 복합적인 분류 방식을 채택한 브라질 커피가 비교적 저렴하여 마일드 커피의 블렌딩에 이용되고 있는 이유 등이 미뤄 짐작이 갈 것이다. 이처럼 생두마다의 이력과 품질 평가 방법은 블렌딩에 앞서 생두를 선택할 때 보다 객관적인 지표로 작용하여 시행착오를 줄이기 위한 선택의 기준이 되며, 목적에 맞게 생두를 선택하고 로스팅 강도, 맛과 향의 밸런스, 폭, 바디감 등을 위해선 어떠한 조합이 이루어져야 하는지를 짐작할 수 있게 한다.

2. 로스팅 정도와 블렌딩과의 관계

이상적인 로스팅이란 맛과 향이 조화로운 상태에서 신맛, 단맛, 쓴맛이 균형 잡힌 상태를 나타내며, 이때 나타나는 특징적인 맛과 향이 각각의 원두가 가지고 있는 개성으로 발현된다. 반복적인 테스트와 지속적인 경험에 의한 노력으로 각각의 원두를 구분하여 구체화된 이미지화 작업이 선행되어야 하는 것은 필수 사항이다. 약한 볶음도에서 나타나는 미성숙한 신맛이나 강한 로스팅에서 지나친 맛으로 나타나는 쓴맛을 그 커피가 가지는 개성이나 특징이라고 말하기에는 무리가 따르며, 이러한 커피의 조합으로는 각각의 맛과 향이 부딪치는 결과를 낳아 균형 잡힌 맛과 향을 추구하는 조화로운 블렌딩을 만들기 어렵다.

필자가 2-14 최적화 지점에서 기술한 'O.P 포인트'에 대해 다시 한 번 살펴보길 권한다. O.P 포인트란 각각의 생두를 베스트 포인트로 로스팅 하기 위해서 주의 깊게 관찰해야 하는 구간으로 "볶음도에서 맛과 향이 균형 잡힌 이상적인 지점으로 마시기 전에 후각으로 느끼는 향과 입을 통하여 비강으로 전달되는 향이 균형 있게 나타나 그 강도와 질이 높고, 단맛을 중심으로 신맛과 쓴맛이 조화로우며, 부드러움과 진함이 공존하는 볶음도이다."라고 정의하고 적정 볶음도를 가늠할 수 있도록 기준을 제시하였다.

즉 "어떤 생두를 사용하여 블랜딩으로 조합할 것인가?"를 고민하기 보단 "어떻게 로스팅 할 것인가!"를 우선할 때 생두가 가지는 단점이 보완되고 장점을 살릴 수 있게 된다. 비록 정제 방식이나 품종이 다른 생두, 인접하지 않은 다른 대륙, 다른 생산국의 생두를 조합하는 방식을 취하더라도 개성에 따른 블렌딩의 목적과 방향이 구체화된 이미지로 설정되면 특별히 어렵지 않다. 각각의 원두가 가지는 이미지를 수치화하고 수치화된 이미지를 통합하여 블렌딩함으로써 통합된 이미지를 구현할 수 있게 된다.

3. 블렌딩 방식

초기 블렌딩의 목적은 맛의 단점을 보완하기 위해 시작되었다. 호불호가 갈리는 특정한 맛을 줄이거나 강조하기 위한 수단으로 신맛이 강하면 쓴맛을 살려 단맛에 가깝게 하고 쓴맛이 강하면 신맛을 강조하여 단맛에 가깝게 하는 방식이었다. 그러나 요즘에 와서는 장점을 강화하는 방향으로 특정한 맛을 더욱 부각하는 현상이 유행처럼 번지고 있어 기호도에 상충하고 커피 자체를 선호하지 않게 되는 문제점도 야기한다.

블렌딩 방법에는 선 블렌딩과 후 블렌딩으로 구분할 수 있다. 그러나 그것은 방법론적 구분일 뿐이고 실제로 블렌딩에서 추구하는 맛과 향의 가치는 후 블렌딩을 통해서만 구현할 수 있다.

1) 선 블렌딩

메뉴얼에 의거한 비율로 혼합한 생두를 베스트 포인트로 로스팅 하는 방식을 일컫는다. 주어진 여건에서 최상의 맛을 구현하기보단 대량생산을 염두에 둔 방식으로 맛과 향 이전에 상업성에 중점을 둔 방식이다.

생두인 상태에서 배합하여 로스팅 하는 선 블렌딩 방식은 굳이 단점은 말하지 않고 장점만 살펴보더라도 지식의 얕음에 의해 결론 내어진 장점이라는 것을 쉽게 살펴볼 수 있다.

■ 문제점들

- 로스팅을 하는 동안 드럼 내부에서 향의 교환이 원활하게 이루어진다고 말하지만, 원두는 열에너지를 흡수할 수는 있어도 휘발성 유기물인 향기 물질은 큰 운동 에너지에 반응하여 치환 반응은 물론 원두로의 흡수조차 물리적으로나 화학적으로도 불가능하다.
- 외관이 일정하다고 하지만 엄연히 조밀도와 경도의 차이 또는 스크린의 차이에서 오는 편차는 일정할 수 없다. 즉 후 블렌딩에서 전혀 다른 강도로 로스팅 한 원두의 블렌딩과 비교하여 장점이라고 말하기에는 무리가 따른다.
- 균일한 결과물 또한 논리적으로 모순되는 결과이다. 스크린이나 표고차에 따른 조밀도와 경도의 차이는 결과물에서 엄연하게 모자라거나 지나친 로스팅의 차이로 나타난다.
- 간단한 작업 공정으로 로스팅 횟수와 생산 시간의 단축은 개인의 주관적인 장점이다.

이처럼 선 블렌딩의 장점이라고 강조하는 방법론이 맛과 향과는 괴리감이 따르는 방법으로 대중을 위한 객관적인 장점이 될 수 없듯이 미리 정해 놓은 블렌딩 비율은 로스팅을 하는 동안 통일된 화력과 댐퍼 조절, 진행 시간, 배출 등이 자칫 단점만 부각하는 결과를 낳게 된다. 그나마 실패할 확률을 줄이기 위한 수단으로 최대한 중립적인 로스팅 방식을 취하고 열풍식 로스팅기를 채택하며 표고차, 스크린, 수분 함수, 조밀도와 경도 등의 조건이 비슷한 생두끼리 배합 후 로스팅 하여 그나마 목표로 하는 블렌딩에 근접할 수 있다.

2) 후 블렌딩

선 블렌딩과 구별되는 방법으로 베스트 포인트로 로스팅 된 각각의 원두를 매뉴얼에 따라 혼합하는 방식이다.

블렌딩한 커피의 평가 방법이 이화학적 검사 방법이 아닌 관능검사에 의한 주관적인 평가에 의존할 수밖에 없다는 안일한 자세는 개인이 추구하는 향미와 고객이 기대하는 향미 사이에 동떨어진 느낌의 모순된 결과를 낳게 된다. 필자가 자주 언급하는 것이 "커피와 관련한 모든 지식은 유기적인 관계로 연결되어 있다."인데, 이 말을 다시 한 번 생각해 보자. 당연하게 후 블렌딩 또한 선행 지식의 습득 없이는 더욱 구현하기 어려운 분야이다. 해석하기 나름이라는 안일한 생각은 지양하고 선행적으로 커피에 관련한 충분한 평가와 고찰을 통한 많은 노력과 경험이 요구된다.

[평가 과정]

(1) 샘플 원두를 준비한다.

(2) 테스트로 맛과 향을 이미지화한다.

(3) 블렌딩을 통해 통합된 이미지를 구현한다.

(4) 샘플 블렌딩과 같은 비율로 다량의 원두를 혼합한다.

샘플 원두를 준비하는 과정이 블렌딩에서 차지하는 비중은 절대적이다. 습관화된 테스트로 다양한 원두를 경험하고 각각의 섬세한 스타일을 발견하여 독립적으로 이미지화한다. 이후로 블렌딩이 필요할 땐 언제든지 독립된 이미지를 표본으로 하여 목표로 하는 통합된 이미지를 설계하고 샘플 원두를 사용하여 블렌딩한다.

누구나 인정하는 좋은 품질의 생두는 신맛, 단맛, 쓴맛이 균형 있고 향이 조화롭다. 좋은 품질의 생두일수록 맛과 향이 더욱 풍부하고 특징적인 맛이 섬세하게 나타나 그 생두가 표현하는 개성으로 표출된다. 이러한 생두를 블렌딩한 원두는 로스팅 강도가 확연하게 구분되지 않고 미묘한 차이만을 보인다. 따라서 맛과 향이 안정되고 조화롭게 로스팅 된 원두를 사용한 블렌딩은 품종, 생산지, 건조 방식 등이 다르더라도 각각의 싱글 원두에서 나타나는 다양한 맛과 향이 중복되어 견고함과 균형 잡힌 향미로 더욱 풍부하게 나타난다.

이러한 사실을 간과하고 개성만을 강조한 로스팅이 되다 보면 원두마다 볶음도의 차이가 들쑥날쑥한 차이를 보이게 되어 입체적인 블렌딩이 되고 만다. 각각의 원두는 의도한 차이만큼 미성숙한 신맛이나 지나친 쓴맛을 함유하게 되는 것이다. 물론 각각의 원두가 발현하는 맛과 향이 독립적으로 선명하게 나타나기도 하고 신맛에서 쓴맛으로의 폭을 넓혀 주기도 하지만 조화되지 못한 맛과 향은 원래의 취지를 상실하고, 집중되어 발현되는 풍부함과 섬세함을 상실하는 커피가 된다.

4. 보관 기간과 추출 과정에서 발생하는 문제점

하나의 블렌딩에 다양한 강도로 로스팅 된 커피가 존재함으로써 보관 기간과 추출 과정에서 더욱 선명하게 문제점으로 드러난다.

약하게 로스팅 한 원두를 살펴보면, 원두 내부의 고형물에 포집된 향기 성분은 미미하고, 공동 내부에 다량 분포한 향기 분자는 기체 상태로 불안정한 상태이다. 이는 보관하는 중에 쉽게 휘발하는 향기 분자가 원인이 되어 맛과 향의 균형이 무너지는 결과를 초래한다.

'신선한 원두', '갓 로스팅 한 원두가 맛있다'란 주장은 주로 크랙(Crack) 이전에 로스팅을 끝마치는 로스터의 경험에 의한 주장으로, 크랙 이전에 끝마친 원두에 한하여 휘발성이 강한 향기 분자가 미처 휘발하지 않은 상태로 갓 로스팅 한 원두를 특정한다. 이러한 원두는 밀집된 공동과 이웃한 공동을 경계하는 세포벽이 견고하여 산소의 출입이 원활하지 않아 공기 중의 산소가 관여하는 숙성의 효과를 기대하기 어렵다.

그와는 상대적으로 크랙이 진행된 원두는 로스팅을 하는 동안 발생한 휘발성의 향기 분자가 오일을 포함한 고형물에 충분하게 포집되어 있다. 비록 보관하는 동안 기체 상태의 향기 분자는 휘발하여도 고형물에 포집된 형태로 보존되어 맛과 향의 균형이 무너지지 않게 된다. 또한, 크랙에 의해 발생한 미세한 균열은 공기 중의 수분은 통제되고 산소는 치환되어 숙성을 원활하게 한다. 그러나 로스팅의 강도가 지나친 원두는 불안정한 상태로 고형물에 포집되어 주위 환경에 영향을 받기 쉽다. 이러한 원두는 미세한 균열이 확대된 상태로 공기 중의 산소를 포함하여 가수분해를 촉진하는 수분까지 흡습되어 보관 수명이 짧아진다.

위와 같이 블렌딩한 원두에 일부 혼합되어 보관 기간에 문제점으로 작용하는 원두는 미성숙한 맛이나 지나친 맛이 부정적인 맛으로 발휘되고 숙성되어 발휘되는 감칠맛과 안정된 중후한 맛에 부정적인 영향을 미친다.

5. 선행 지식

경험이 풍부한 커피인이라면 추출 과정이 일률적이지 않고 미미한 차이를 둔다.

핸드드립을 예로 들더라도 볶음도에 따라 분쇄도가 다르고, 물의 온도에 차이를 두며 심지어 시간까지 미미한 차이를 보인다. 볶음도에 따라 원두의 구조가 미미한 차이를 보인다는 것을 인지하고 섬세하게 조절하는 것이다. 이를 통해서도 알 수 있는 것이 볶음도의 편차가 큰 원두를 사용하여 블렌딩하는 것은 추출 과정을 전혀 고려하지 않은 블렌딩 방식일 수밖에 없다는 것이다. 이처럼 선행 지식의 중요성은 이루 말할 수 없다.

선행 지식이란 통합된 이미지대로 원두를 특정하여 블렌딩하는 과정에서 발생하는 다양한 변수들을 대처할 수 있는 유용한 수단이 되는 것이다.

선행 지식은 수급을 가능하게 한다. 한결같이 같은 원두를 사용하여 블렌딩을 할 수 없기 때문이다. 재고 물량 중에 특정 원두가 소진되어 다른 원두로 대체하여도 맛과 향을 유지할 수 있어야 한다. 즉 겹치는 이미지의 또 다른 원두를 사용하여 제현이 가능할 때 상업성이 담보된다. 따라서 비교 평가할 대상이 있는 블라인드 테스트(Blind Test)와는 좀 더 다른 접근 방법으로, 가급적 많은 지식과 정보를 바탕으로 보다 다양한 생두를 선별하여 테스트한다.

6. 블렌딩의 완성

최종적으로 완성된 원두의 상품화를 위해선 아직도 하나의 변수가 남는다.

샘플 블렌딩과 같은 비율로 다량의 원두를 혼합하는 과정에서 발생하는 문제점이다. 엄격하게 혼합하는 원두마다 모양, 크기, 무게가 다른 데서 상충하는 문제점이다.

아무리 잘 혼합하여도 다량의 원두가 혼합된 상태에선 샘플 원두의 비율대로 정확하게 계량되어 메뉴로 사용되기는 만무하다. 더군다나 많은 종류의 원두를 사용하는 배합이거나 '4 : 3 : 2 : 1' 또는 '6 : 3 : 1' 등의 섬세한 배합 비율이 더욱 샘플 원두의 비율과 불일치하는 원인이 된다. 이를 고려한 배합 비율, 즉 샘플 원두를 블렌딩 할 때 소분하여 계량하는 원두의 배합 비율과 담보되는 단순화한 배합 패턴이어야 한다.

가급적 3종류 정도의 배합이 적합하며 4 : 3 : 3 등과 같이 엇비슷한 비율을 기준으로 배합할 때 그나마 불일치를 최소화할 수 있다.

자신의 미각을 연마하여 여러 가지 싱글 원두를 배합하여 블렌딩 하는 것만으로 새로운 맛을 창조하였다고 볼 수 없다. 자주 언급하는 '유기적 관계', 즉 생두-로스팅-숙성-추출이 상호 유기적 관계로 연결되어 있다는 것을 알고 연마할 때 재현성이 담보되고 최고의 맛과 향을 추구할 수 있는 블렌딩이 실현되는 것이다.

UNIT 06 에스프레소(Espresso)

커피의 맛과 향은 공동 내부에 산재해 있는 고형물의 열분해에 의한 화학 변화로 새롭게 만들어진다. 생두 내부에 산재해 있는 액포는 탄수화물, 단백질, 지질, 2차 대사산물 등으로 구성된 고형물의 저장 기관으로 생성되어 로스팅을 통해 공동의 형태로 드러나며 서로 이웃하여 다공질 구조를 이룬다. 기호성이 뚜렷한 커피는 공동 내부에 저장된 고형물을 열분해하고 다양한 방법으로 추출하여 음미하는 기호 음료로 다양하게 음용되고 있다. 비록 다양한 기구에 의해 추출되는 다양한 이름의 커피가 있지만, 그 커피를 추출하는 원리는 하나일 수밖에 없다. 여기에 다양한 지식과 경험을 앞세워 추출 원리를 꿰뚫어 보는 안목을 키우는 것이 무엇보다 우선하며, 지식과 경험이 선행될 때 낯선 방식이나 낯선 추출 기구를 사용하는 추출 방식을 접하더라도 당황하거나 부담스럽지 않고 과정을 즐길 수 있다.

1. 에스프레소(Espresso)의 추출 원리

에스프레소가 추출되는 원리는 짧은 시간 고온의 물과 오일에 포집된 이산화탄소의 순간 활성화에 의한 높은 압력이 작용하여 다공질 구조에 산재해 있는 고형물을 녹여 추출해 내는 방식이다. 주로 머신(machine)을 이용하여 짧은 시간에 진한 커피 원액을 추출한다.

에스프레소를 추출하여 샷에 담긴 형태를 관찰하면 아래에는 커피 원액이 자리하고 상부에는 아미노산의 거품 형성력에 의해 발생하는 크리미한 거품

(crema)이 위치하여 원액의 표면장력과 단열층으로 작용한다.

[그림 4-6-1] 에스프레소

에스프레소의 추출 원리를 좀 더 깊이 있게 들여다보면, 뜨거운 물이 공동 내부로 침투하여 고형물을 녹이고, 탄수화물이나 단백질 성분에 소량 녹아 있고, 지질 성분에 다량 녹아 있는 이산화탄소의 순간 활성화로 시작된다. 이때 이산화탄소의 발생은 아미노산과 다른 가용 성분과의 교반 작용으로 높은 압력이 물리적 힘으로 작용하여 콜로이드 용액 상태로 계면활성제 역할을 하게 되어 분산력, 삼투력, 기포력, 침투력 등의 특성으로 나타난다. 이러한 특성은 공동 내부의 벽에 흡착된 고형물의 계면 장력을 약화시켜 공동 내부의 고형물을 콜로이드 용액 상태로 훑어 주어 원활한 추출을 가능하게 한다. 추출된 용액은 성분 간의 밀도 차이로 인해 샷잔에 담기면서 분리되어 밀도가 높은 용액은 하단에 위치하고 밀도가 낮은 거품은 액상에 분산된 형태로 표면에 뒤덮여 막(crema)을 형성한다.

■ 참고
- 계면 : 일반적으로 기체, 액체, 고체로 되어 있는 3가지 상에서 상과 상이 서로 접하고 있는 면을 말한다. 원두에서 특정하는 계면이란 공동 내부의 세포벽과 고형물 사이를 일컫는다.
- 계면활성화 : 물과 이산화탄소의 반응
- 계면활성제(물과 이산화탄소)는 매체의 표면 장력과 계면 장력을 감소시킨다.

2. 크레마(crema)의 주요 인자

원두의 고형물은 수용성 물질로 이루어져 머신을 이용한 9bar의 높은 압력과 25초를 전후로 하는 짧은 시간에도 대부분의 향미 성분을 추출할 수 있게 된다. 교반되어 추출된 에스프레소는 물리적 요인(물에 의한 높은 압력)과 화학적(변성 인자) 요인에 의해 하단의 수용성 성분과 상단의 크레마가 2중 구조를 형성한다.

3. 기포제(단백질) 역할

에스프레소와 마찬가지로 다양한 추출 도구나 방식을 이용하여 커피를 추출하다 보면 단백질의 영향으로 거품이 형성되는 것을 볼 수 있다. 크레마는 생두에 함유된 단백질 성분이 주요 인자로 작용한다. 로스팅을 하는 동안 가열되어 변성된 다양한 아미노산 성분이 추출하는 동안 물리적(높은 온도의 물과 압력), 화학적(커피 오일, 산, 염류) 작용을 받아 교반되어 추출된다.

■ 단백질의 특성

- 단순단백질 성분 중 물에 쉽게 용해되지 않는 글로불린(globulin)은 거품 형성을 촉진시키고 오보뮤신(ovomucin)은 거품을 안정하게 해주며 오브알부민과 콘알부민(conalbumin)은 열 응고에 의한 고정을 용이하게 하여 크레마 주위에 신축성과 응집력 있는 피막을 형성한다.
- 단백질은 친수성과 소수성의 극성결합이 가능하다.
- 단백질 성분을 교반하면 거품이 만들어진다.
- 단백질은 크레마를 형성하고 보호막 성분으로 작용한다.
- 단백질 성분이 열에 의해 변성이 되면 응고하게 된다.(예 : 달걀프라이!)
- 향을 가둬 두는 역할을 한다.

1) 기포제 & 소포제

기포제(단백질)는 크레마를 안정화시키는 역할을 하고 소포제(이산화탄소)는 크레마 형성을 방해하는 역할을 한다.

2) 커피 오일

단백질과 함께 커피 오일은 에스프레소에 골고루 녹아 있으며 일부는 표면에서 크레마 주위로 그물막을 형성하여 작은 기포가 오랫동안 지속되도록 만들어 준다.

■ 인지질 : 지방에 비지방 물질이 결합된 형태로 물과 결합하는 친수성과 기름과 결합하는 소수성을 동시에 가지고 있어 물과 오일을 섞이게 만들어 주는 유화제 역할을 한다.

3. 당 성분과 산 성분

크레마의 안정성과 지속성을 유지해 주는 인자로 당 성분이나 산 성분을 들 수 있다. 탄수화물의 당류는 거품의 표면이 건조해지는 것을 방지하여 지속성을 유지하고, 산과 당류와 반응하는 다당류의 펙틴질은 용해성이 억제되고 교질 용액을 형성하여 부드러운 거품이 지속되도록 가소성에 영향을 준다. 그와는 반대로 추출 중에 가용 성분을 훑어 내는 역할을 하는 이산화탄소는 지속성을 약화시키는 소포제 역할을 하게 된다. 이산화탄소는 머신에 의한 높은 압력(초침계 상태)에 의해 일부는 기체로, 일부는 액체 상태로 추출된다. 이후 높은 온도의 액상에서 스스로 안정한 피막을 형성하지 못하고 뜨거운 온도에서 식어가는 동안 용액과 크레마 사이의 계면장력을 감소시키고 그 구조를 무너트려 지방질과 다른 유기용매와 함께 단백질 성분의 크레마를 파괴하는 소포제 역할을 하며 공중으로 분산된다. 이러한 특성은 갓 볶은 원두로 만든 에스프레소의 크레마가 지속 시간이 짧은 이유를 대변한다. 그렇다고 과한 에이징은 가용 성분을 훑어 내지 못하여 커피 본연의 맛과 향을 느끼기에 부족한 에스프레소가 추출된다. 적당히 숙성된 원두는 맛의 안정과 더불어 향미를 좌우하는 다양한 맛이나 향을 가진 저분자 물질을 추출하기에 적당한 상태가 된다.

UNIT 07 추출 작용

1. 모세관 현상의 작용

가는 유리관을 물속에 담그면 유리관 내벽을 따라 물이 올라온다. 이처럼 가는 유리관, 또는 공간으로 표면장력이 작용하여 물의 접착력과 응집력에 의해 액체가 올라오는 현상이 바로 모세관 현상이다. 핸드드립 커피는 분쇄 원두에 뜨거운 물을 가하여 공동 깊숙한 내부의 벽에 부착된 고형물을 녹인 후 훑어 내는 일련의 과정을 가장 명확하게 대변한다. 뜨거운 물이 모세관 현상으로 공동 깊숙이 침투하여 고형물을 녹이는 현상을 이해하기 위해서는 먼저 물 분자의 특성을 이해하는 것이 선행되어야겠다.

■ 응집력 & 부착력
- 물과 같은 액체 내 분자와 분자 사이의 인력을 응집력(cohesive force)이라 하고, 액체의 한 분자가 관벽과 같은 다른 물질 사이에 작용하는 힘을 부착력(adhesive force)이라고 한다.
- 물 분자는 다른 물 분자끼리 보다 공동 내벽에 더 잘 달라붙고 흡수된다.
(부착력 〉 응집력)

분쇄 원두에 뜨거운 물을 부으면 부착력에 의해 물이 공동 구조를 이루는 섬유벽에 접착되어 흡수되고 공동벽 주위로 얇은 수막이 형성된다. 그로 인해 젖은 섬유벽(액체)과 공동 내부에 부착된 고형물(고체) 사이에 계면을 형성한다. 이후 표면장력에 의해 공동 내부의 수막은 더욱 수축되고 물과의 인력이 작용하는 응집력에 의해 물(물기둥)의 무게와 접착력이 같아질 때까지 공동 깊숙이 침투한다. 그 예로써 붓을 물에 담그면 붓털 사이의 작은 공간으로 모세관 현상이 일어나 물이 올라오는 것을 들 수 있다. 그리고 각설탕 모서리를 물에 살짝 적셔도 전체가 젖어드는 모습도 이와 관련된 현상으로 볼 수 있다.

2. 이산화탄소(CO_2)의 역할

이산화탄소는 고형물을 이루는 탄수화물이나 단백질 성분에 소량 녹아 있고, 커피 오일에 다량 녹아 있다. 공동 깊숙이 침투한 뜨거운 물은 계면의 고형물을 녹이고, 고형물에 녹아 있는 이산화탄소를 활성화시키는 계면활성제 역할을 한다.

물과 이산화탄소에 의한 계면활성은 분산력, 삼투력, 기포력, 침투력 등의 다양한 작용으로 계면장력과 고형물의 표면장력을 약화시켜 교반 작용을 일으킨다. 공동 내부는 교반에 의한 부피 증가가 팽압에 의한 팽창 압력으로 작용하여 고형물이 씻겨서 나가는 순환 작용을 거치며 추출되는 원리이다. 대표적인 예로 핸드드립에서 순환 작용을 용의하게 하는 역할은 드리퍼의 리브가 한다.

3. 드리퍼 리브(Rib)의 역할

드리퍼 내에 돌출된 리브에 관한 기존의 설명인 "핸드드립 시 물을 부어 원활한 추출을 유도할 때 공기가 빠져나가는 통로 역할을 해 준다."라는 개념도 옳은 이야기이다. 그러나 정확히 그 현상을 풀어쓴 글이 부족하여 드리퍼 내부 리브(rib)의 역할과 그로 인한 현상에 대해 좀 더 깊이 있게 풀어볼까 한다.

1) 표면장력(Surface Tension)

표면장력은 여러 가지 물리 현상이 복합적으로 작용하여 불가피하게 몇 가지 물리학 관련 이론에 대해 좀 더 쉽고 얕게 다뤄 보겠다.

바늘을 물 위에 조심스럽게 놓으면 물에 뜨게 할 수 있다. 이때 바늘을 지탱하는 힘은 '부력'이 아니라 '표면장력'이다. [그림 4-7-1]처럼 액체의 내부에서 분자 하나는 다른 분자들에 의해 사방으로 둘러싸여 있다. 그러나 액체 표면 분자들 위로는 아무런 분자가 없다. 즉 물속의 분자는 모든 방향으로 똑같이 당기지만 표면의 분자는 이웃한 분자들이 옆 방향과 아래쪽 방향으로만 당기게 된다.

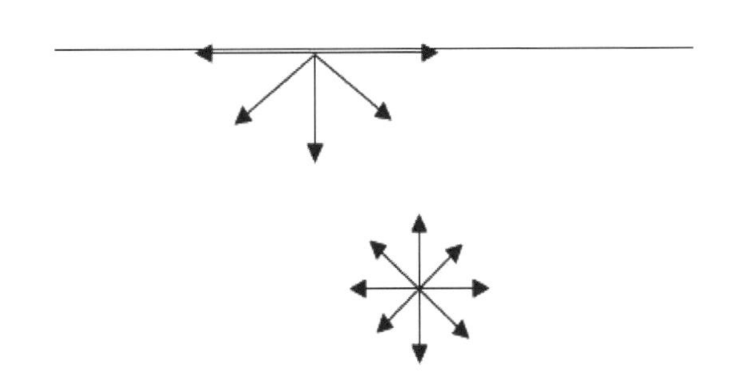

[그림 4-7-1] 물 분자의 인력

이와 같은 상황에서 분자의 인력 때문에 표면의 분자는 액체 속으로 끌리게 되어 액체 표면을 가능한 한 작은 부피로 만들려는 성향을 갖게 된다. 즉 액체의 수축력 때문에 액체 방울이 둥글게 되는 이유다. 방울을 이용하는 신점드립에서 포트의 방울 형성은 수축성이 작용하여 표면적을 최소화하려는 표면장력이 작용하여 방울의 형성이 가능하다. 부피가 같을 때 최소 표면적을 갖는 기하학적 모양이 구(球)이다.

이렇게 탄성 박막처럼 작용하는 액체 표면은 한 표면 분자가 올려지면 그 분자와 이웃 분자들 사이의 분자 결합은 끌려서 늘어나게 된다. 이때 표면적을 최소화하려는 표면장력은 그 분자를 표면 쪽으로 다시 끌어들이려는 복귀력이 발생한다. 비슷하게 바늘이 표면상에 놓여져 있을 때 표면 분자는 약간 눌리고 이웃 분자들은 상향의 복귀력을 작용하여 바늘을 지탱하게 된다. 물과 유리 표면의 경우 부착력이 응집력에 비해서 클 때 아래 그림과 같이 관내 액체 기둥의 표면은 위쪽으로 오목해진다. (부착력이 응집력에 비해서 클

때, 액체는 다른 물질의 표면을 적셨다고 말한다)

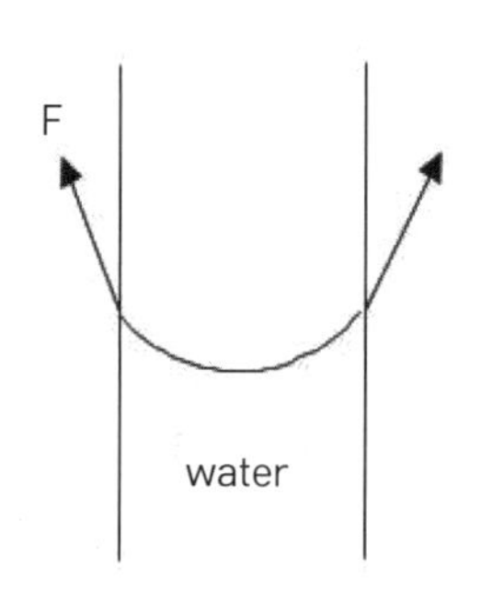

[그림 4-7-2] 순상향력

이때 관벽의 표면장력은 그에 작용하는 순 상향력이 액체의 무게에 의해 균형을 이룰 때까지 관내에서 상승할 것이다. 이러한 상승을 앞에서 설명한 '모세관 현상'이라고 하며, 원두의 미세한 공동 내부로 뜨거운 물이 침투하는 동력이 된다.

Paul A. Tipler 교수는 모세관 현상을 그의 저서《Physics》에서 다음과 같이 설명한다. "모세관 현상의 한 중요한 효과는 토양 입자들 사이의 작은 공간 내에서 토양 속에 물을 잡아 두는 것이다. 모세관 현상이 없다면, 모든 빗물은 상층 토양을 건조한 채 내버려 두고 지하수면으로 흘러내려 갈 것이다. 그러면 수답에서의 벼농사와 같이 농사는 습지대에서만 가능하게 될 것이다."

2) 뜸들이기

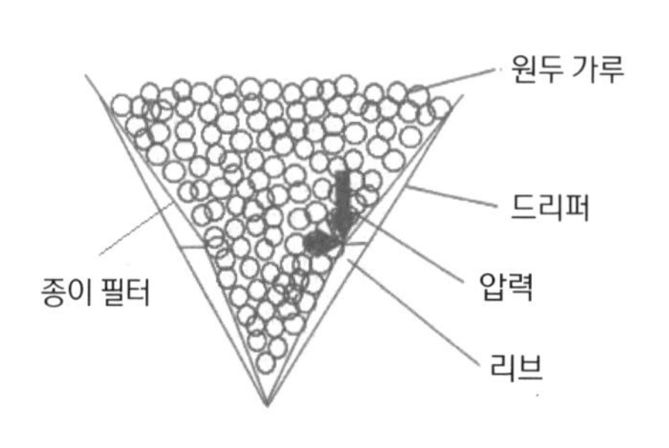

[그림 4-7-3] 모세관 현상의 파괴

이 대목에서 우리 커피인들의 머릿속을 스치는 그것은 바로 '뜸들이기'일 것이다. 원두를 여과하여 물과 커피 액을 통과시키는 '반투과막'인 종이 필터에 담겨져 있는 원두 가루를 토양과 같다고 생각해 보자. 표면장력에 의한 모세관 현상이 없다면 뜸 자체가 불가능할 것이다. [그림 4-7-3]은 드리퍼 내부에 안착된 종이 필터에 원두 가루가 담겨진 상태로 모세관 현상에 의해 물을 머금고 있는 그림이다. 있는 종이 필터 막을 외부에서 조금이라도 누르게 되면 모세관 현상을 만들어준 외력에 비해 상대적으로 약한 표면장력은 무너지게 되고 커피 액은 흘러내리게 될 것이다.

[그림 4-7-3]처럼 V 모양의 드리퍼에서 실제 리브가 밖에서 안쪽을 누르지는 않지만 바깥으로 밀고 있는 내부 압력이 종이 필터에 가해진다. 이때 종이 필터는 돌출되어 있는 리브와 맞닿아 리브가 모세관 현상을 무너뜨리는 외력으로 작용하게 만든다.

또 한 가지 주의 깊게 살펴볼 것은 뜸물에 의해 형성된 내부 압력이다. 풍선을 입에 대지 않고 바람을 불면 풍선이 부풀지 않듯이 분쇄한 원두에서 내부 깊숙히 위치한 공동에까지 원활한 모세관 현상이 가능하기 위해서는 얼마간의 압력이 가해져야 한다. 이때 뜸물의 무게와 활성화된 이산화탄소가 압력으로 작용하면 종이 필터가 표면장력으로 작용하여 내부 압력을 가둬주게 된다. 따라서 추출을 위해 물을 주입할 때는 뜸물에 의해 형성된 압력이 일정하게 유지될 수 있도록 소량(방울) 주입해야 한다. 스트레이트 드립과 같은 형태의 주입은 원두의 가루 층을 무너뜨려 압력과는 거리가 있고 그저 원두 가루 표면을 훑는 방식이지만 표면에 골고루 나선형의 형태로 방울방울 떨어뜨리는 방식일 때는 원두 가루 층이 유지되고 내부 압력을 일정하게 유지할 수 있게 되어 원활한 추출을 가능하게 한다.

※ 다공질 구조가 발달되지 않는 약한 볶음도의 원두나 세포조직이 불안전한 강한 볶음도의 원두에서 뜸이 부족한 원인을 간접적으로 설명하고 있다.

4. 추출 시간

추출 시간의 영향으로 부정적인 맛의 근간이 되는 불용성 섬유소의 맛을 줄이기 위해서는, 고형물의 추출량을 최대화하고 추출 시간은 최소화하는 방식이 우선되어야 한다.

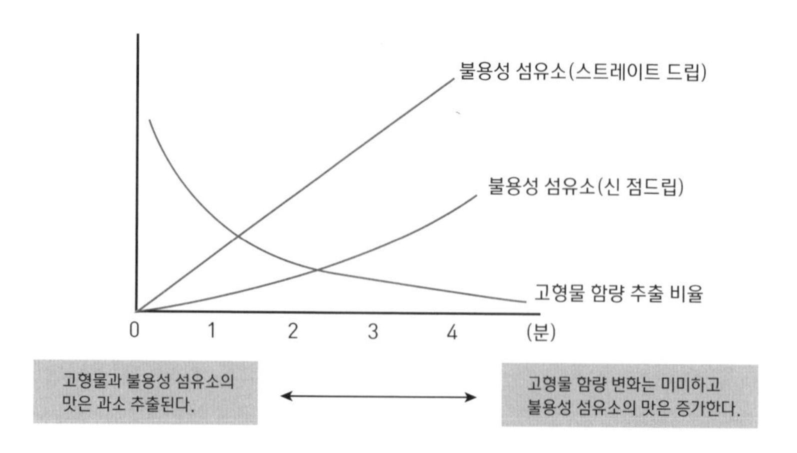

[그림 4-7-4] 추출 시간의 영향

5. 추출 온도

적정 추출 시간에 가장 큰 변수로 작용하는 주요 인자는 추출하는 물의 온도이다. 그만큼 추출 방식과 추출 온도에 따라 변화하는 맛은 한 잔의 커피 맛에 호불호를 결정할 만큼 중요하다. 포트의 물 온도와 원두와 접촉하는 드리퍼 내부의 물 온도는 차이가 있다. 핸드드립 하기 전 100°C에 가까운 물이더라도 핸드드립 방법(물줄기 드립, 신 점드립)에 따라 원두와 맞닿는 드리퍼 내부 물의 온도는 5~20°C 가까이 낮아진다.

- 100°C에 가까운 물의 사용에 따른 드리퍼 내부 온도
- 원두 : 25g 사용
- 드리퍼 내부 온도 측정
- 스트레이트 드립 : 85~93℃
- 신 점드립 : 80~85℃

측정 결과 신 점드립은 끓는 물을 사용하더라도 드리퍼 내부에 잠기지 않고 지속적으로 추출되며 온도는 80~85°C 사이에 유지되고 스트레이트 드립은 상대적으로 높은 온도인 85~93°C 사이에서 추출이 이루어졌다. 신 점드립이 같은 포트의 물 온도를 사용한 스트레이트 드립에 비해 잡맛의 원인이 되는 불용성 섬유소 성분이 소량 추출되는 이유다. 물을 주입하는 방법에 따른 물의 온도 변화가 크게 작용한다는 것을 알 수 있다. 스트레이트 드립을 하는 커피인이 물의 온도를 90°C를 전후로 하여 드립하는 것을 선호하는 주된 원인으로 물의 온도 변화가 크게 작용한다는 것을 알 수 있는 대목이다. 실제로 90°C를 전후로 하여 핸드드립 할 때 드리퍼 내부 온도는 신 점드립과 비슷한 80~85°C 사이에서 추출된다.

UNIT 08 향이 발현되는 원리를 이해하고 추출 과정에 적용한 사례

뜨거운 물을 사용하는 일반 커피와 달리 더치커피의 정의는 찬물을 떨어뜨려 오랜 시간 동안 한 방울씩 추출하는 방법으로 정의된다. 그 특성은 고온에서 추출된 커피보다 카페인이 극소량 함유되어 있으며, 열에 의해 날아갈 수 있는 향과 본연의 맛을 잘 보전한 커피로 알려져 있다. 그러나 카페를 운영하면서 현장에서 필자가 느끼고 경험하는 더치커피에 대한 소비자의 견해는 카페인을 많이 느끼고, 좋은 향과 맛 이전에 섬유소에서 오는 텁텁한 맛과 케케묵은 잡맛이 거부감으로 작용하여 결코 와인에 비견되는 맛과 향으로 인정하지 않는 분위기이다. 처음 방문하는 손님께 더치커피에 대해 음용 여부를 물어보면 십중팔구 경험은 했어도 내 취향에는 맞지 않은 커피이고 더욱이 즐기기에는 더욱 부담스러운 커피로 받아들이고 있었다.

지금은 한겨울에도 매일같이 상당량의 더치커피를 추출하여 원액으로 판매하고, 원액을 이용한 메뉴를 개발하여 다양하게 이용하고 있지만 한동안은 그러한 선입관을 바꾸기 위한 노력으로 필자가 추출한 더치커피를 마시도록 설득하여 경험하게 해야 하는 시간과 노력이 필요했다.

필자가 추출하는 더치 원액은 추출 시간이 짧다. 채 2시간이 넘지 않는다. 그러나 같은 원두량을 사용하여 같은 양을 추출하더라도 오히려 더 진하고 부드러운 원액이 추출된다. 원두의 공동 내부에 산재해 있는 고형물은 수용성 성분으로 찬물에도 잘 녹는 물질이다. 비록 단백질은 물에 녹지 않는 성질이지만, 단백질이 열분해한 아미노산은 물에 잘 녹는 성질로 변화하고, 유화제 역할을 하는 인지질은 물과 오일을 잘 섞이게 만들어 주어 굳이 긴 시간 동안 추출해야 할 이유가 없다. 긴 시간에 걸친 추출은 오히려 불용성 섬유소에서 오는 텁텁하고 케케묵은 잡맛만 더해질 뿐이다. 또한, 찬물에 쉽게 녹지 않는 카페인 성분에까지 긴 시간 영향을 주어 다량 녹아들게 된다. 무엇보다 아쉬운 문제점은 필자가 이번 장에서 말하고자 하는 '향기 물질의 손실이 크다'는 사실이다.

발연점이 높고 가소성이 뛰어난 오일의 특성은 지속적으로 향기 물질을 포집하고 비효소적 분해 반응은 당류와 아미노산의 축합 및 중합 반응으로 발생하는 향기 물질을 콜로이드 상태로 흡착하여 저장한다. 그렇게 향을 포집하고 저장하는 물질이 추출되는 더치 원액에 콜로이드 상태로 분산되어 있다.

그러나 추출하는 동안에 탈출할 만큼의 에너지가 전해지면 향 분자는 그 결합을 끊고 공중으로 휘발하게 된다. 이는 추출되는 더치 원액에서 손실되는 향을 말한다.

평소에 작용되는 에너지는 가열하거나 뜨거운 물에 접촉되어 전해지는 에너지로만 한정되어 떠올릴 수 있지만, 찬물로 추출하는 방식에서도 또 다른 형태로 에너지는 충분하게 발생한다. 한 방울씩 추출되는 더치 원액이 서버에 떨어질 때 강한 충돌 에너지가 발생한다. 더군다나 향기 물질을 포집하여 콜로이드 상태로 분산되어 있는 아미노산이나 오일 성분은 물보다 비중이 가벼운 특성으로 인해 상대적으로 상부에 위치하여 한 방울씩 떨어지는 충돌 에너지가 고스란히 향기 분자에 전해진다. 여기에 입자가 작을수록 격렬하게 반응하는 향기 분자의 특성이 더해져 표면에서는 결합을 끊을 만큼 운동 에너지를 얻게 되고, 한 방울씩 떨어지는 충격으로 아미노산과 오일에 의해 생성된 거품이 향 분자가 휘발할 수 있는 표면적을 넓혀 주는 효과가 가중되어 지속적으로 향기 분자가 공기 중으로 휘발한다.

[그림 4-8-1] 운동에너지의 제어

추출 시간과 관련해서는 분자 활성도가 낮은 찬물이지만 장시간 발생하는 충돌 에너지의

합이 짧은 시간 고온에서 액체로부터 탈출할 만큼의 운동 에너지를 넘어서게 된다. 긴 시간 동안 은은하게 퍼지(휘발)는 커피 향이 그것을 증명한다. 향기는 부족하고 케케묵은 잡맛이 두드러지게 나타나는 더치 원액은 뜨거운 물을 희석하여 음용할 때 더욱 확연해진다.

이제는 충분히 향기 성분이 휘발하는 반응의 원리를 이해했을 것이다. 다음은 휘발하는 향기 분자를 완벽하게 제어하는 방법은 아니지만 최소화할 수 있는 방법을 더치 원액의 추출 과정에 적용하여 풀어보겠다.

아이스 음료를 마실 때 사용하는 버블티 스트로를 더치 원액 서버에 넣어 둠으로써 떨어지는 원액이 스트로를 타고 자연스럽게 흘러내릴 수 있게 한다. 높은 곳에서 뛰어내릴 때 다리를 곧게 뻗고 있는 것과 지상에 착지할 때 무릎을 구부리는 것을 비교하면 후자가 10배 이상의 충돌량 감소로 이어지는 원리이다. 이러한 간단한 방법을 통해 향기 분자의 운동에너지를 최소화하여 더치 원액에 가둬 두는 향기 분자를 최대화할 수 있다.

UNIT 09 원두 표면에 오일이 발생하는 이유

강하게 로스팅 한 원두를 살펴보면 표면에 드러나는 오일을 관찰할 수 있다. 로스팅 한 정도에 따라 다르게 관찰되며 품종에 따라, 생산 지역에 따라 오일의 함유량이 다르게 나타나 영향을 미친다. 로부스타종(카네포라종)에 비해 고형물 함량이 풍부한 아라비카종 생두에서 높은 함유량을 보이며, 밀도가 높은 고지대 아라비카종 생두에서 더욱 풍부하게 함유되어 있다. 당연히 오일 함량이 풍부한 원두의 표면에서 많은 오일을 관찰할 수 있다. 그렇다고 모든 볶음도에서 볼 수 있는 것은 아니며, 로스팅이 강하게 진행되면서 확연하게 발생한다. 생두에 함유된 오일은 2가지 형태로 분포되어 일부는 생두의 저장 물질로 로스팅을 하는 동안 열전달 매체로 물리·화학적 반응을 일으키고, 또 다른 일부는 생두를 구성하는 세포조직의 구성 물질로 함유되어 로스팅을 하는 동안 고형물을 감싸는 형태로 보호막 역할을 한다. 강하게 로스팅 한 원두에서 또는 보관 중에 드러나는 오일은 생두의 저장 물질로 공동 내부에 고형물의 형태로 분포되어 로스팅을 하는 동안 어떻게 반응하여 드러나는지 살펴보자.

1. 볶음도에 따른 오일의 형태

크랙을 기준으로 원두 내부에서 일어나는 고형물의 화학적 변화와, 내부의 세포조직과 표면조직이 균열하는 물리적 변화에 의해 오일이 다른 형태를 보인다.

1) 약볶음

크랙 이전의 원두는 고형물의 열분해에 의한 팽창 압력이 원두 내부 조직과 표면 조직의 응력에 도달하지 않은 상태의 원두이다. 즉 세포조직의 균열에 의한 크랙이 발생하지 않은 상태까지의 구간이다. 따라서 오일은 각각의 독립된 공동 내부에 독립된 형태로 존재하지만, 구획된 세포조직에 막혀 새어 나오지 못하는 상태다.

2) 중볶음

고형물의 탈수 반응에 의해 발생하는 수증기와 이산화탄소는 독립된 공동 내부에 팽창 압력으로 작용한다. 가중되는 내부 압력은 1차적으로 내부 조직의 균열과 2차 반응으로 표면 조직의 균열을 발생시킨다. 공동의 세포조직이 균열할 때 수증기와 이산화탄소의 팽창 압력으로 인해 부착력이 약한 오일은 공동 내부를 이탈하여 표면 내벽으로 이동하는데, 이 구간까지를 중볶음으로 설정한다. 비록 표면 조직이 균열하여도 높은 온도에 노출된 오일은 점성이 증가하여 미세한 균열 틈으로는 쉽게 새어 나오지 못하는 상태이다. 그밖에 당질, 단백질, 펙틴 등의 고형물은 열분해하는 동안 수분의 탈수로 인해 용해도가 감소하여 반고체 상태로 굳어지거나 응고하며, 비타민이나 무기질 등의 고형물은 결정화가 되는 등 응집된 형태로 공동 내부에 잔존한다. 비록 세포조직이 균열하여도 새어 나오지 못하고 공동 내벽에 응집되어 부착된 형태로 남게 된다.

중볶음 원두는 보관하는 동안 균열된 표면 조직 틈새로 오일이 새어 나온다. 공기 중의 산소를 흡습하여 발생하는 산화에 의한 산패가 주된 원인이 된다. 표면 조직이 균열된 틈새로 산소에 노출된 오일은 일정한 시간이 지나면 점차 산화되어 점성이 증가한다. 여기에 오일의 인력이 작용하여 뭉치려고 하는 힘이 가중된다. 응집력이 강한 오일의 특성과 산화에 의한 점성의 증가는 내벽에 분포한 오일을 좀 더 강한 힘으로 끌어당겨 균열된 틈새 주위로 모이게 한다. 그에 따라 내벽의 좁은 공간으로는 응집된 오일을 모두 수용하지 못하고 균열된 틈새로 일부가 밀려나오게 되어 표면에 노출되는 것이다.

3) 강볶음

로스팅을 하는 과정에 중볶음 이후의 원두, 즉 균열된 원두의 표면에 오일이 비춰지기 시작하고, 이후에 로스팅을 끝마친 원두를 특정한다. 로스팅을 진행하는 동안 균열된 원두의 표면은 지속적으로 고온에 노출되어 약화되고 균열은 진행되어 그 틈새는 점차 커지게 된다. 그에 따라 원두 표면 내벽에 위치한 오일이 쉽게 새어 나오는 구조로 표면 조직이 약화되어 원두 표면에 오일이 비춰진다. 보관하는 동안 산소에 노출된 오일은 점차 산화되어 점성이 증가한다. 점성의 증가는 오일의 인력과 응집력의 상승으로 이어져 균열된 원두 내벽에 위치한 오일을 표면으로 끌어당긴다. 보관하는 동안 원두 표면에 노출된 오일이 증가하는 이유이다.

2. 수분이 오일에 미치는 영향

생두나 원두를 보관하기 적당한 수분 활성도에서는 공기 중의 산소와 오일의 접촉을 막는 보호막의 기능을 하여 오일의 산패를 억제한다. 그러나 로스팅한 원두의 낮은 수분 활성도는 대부분의 자유수와 결합수가 빠져나간 상태이기 때문에 보호막의 역할을 하지 못하고 오히려 산화를 가속시킨다. 흡습성이 높은 원두의 특성은 보관하는 동안 공기 중의 수분을 흡수하여 세포벽의 표면장력으로 작용한다. 수분에 의한 표면장력은 극성이 다른 오일 성분의 부착력을 약화시켜 표면으로 쉽게 이탈하게 하여 산화를 촉진한다. 즉 수분이 너무 적거나 반대로 너무 많아도 오일의 산화가 가중된다.

UNIT 10 커피에 대한 Myth & 유용한 정보

1. 로스팅이 커피 맛을 결정한다?

로스팅과 관련한 산업에 종사하는 커피인의 강한 주장 중 하나가 로스팅이 커피의 맛을 대부분 결정한다는 것이다. 심지어 커피맛은 로스팅이 전부라고 말하기도 한다. 물론 예전에 추출을 최고라고 여길 때도 있었고, 어떤 이는 생두 선별에 가장 중요한 가치를 두기도 한다. 그러나 생두를 선별하여 로스팅 하고 추출하는 과정은 요소요소가 상호 유기적 관계에 놓여 있다. 각 요소가 중요도에 있어 차이가 있는 것이 아니라는 것이다. 한 잔의 커피에서 가장 중요한 변수는 재현하는 사람에게 달려 있다. 그것이 로스팅이건 핸드드립이건 간에 말이다.

2. 생두 내부는 배가 있고 배를 둘러싼 배유가 있다?

씨앗의 구조를 살펴보면, 종자 내부에 배가 있고 배를 둘러싼 배유(배젖)가 있는 유배유 종자와 배 발생 도중에 배유는 소실되고 자엽부에 저장 물질을 가지고 있는 무배유 종자로 구분한다.

배유는 유배유 종자에 있는 영양 조직이며 커피 생두는 배 발생 도중에 배유가 소실하고 자엽(떡잎)부에 저장 물질을 가지고 있는 무배유 종자에 해당하는 쌍떡잎식물이다. 즉 생두의 고형물은 배유(영양조직)가 아닌 자엽에 저장된 양분이다.

3. 커피는 산성 식품이다?

산성 식품과 알칼리성 식품의 구별은 우리가 흔히 생각하는 화학에서의 구분 방식을 적용하여 커피에서 산미가 많이 느껴진다고 산성 식품이라고 구분 지을 수 없다. 방법은 식품에 함유된 무기질의 종류와 함량에 따라 구분된다. 커피에는 무기질 성분이 3~5% 가까이 함유하고 있다. 짠맛을 내는 나트륨이나 칼륨, 쓴맛에 영향을 주는 마그네슘, 칼슘 등의 알칼리를 생성하는 원소가 80% 이상을 차지하고 있어 알칼리성 식품에 해당한다.

4. 아라비카 생두는 무조건 좋다?

전 세계 커피 생산량의 70%를 차지하는 아라비카 생두가 모두 좋은 품질이라고는 볼 수 없다. 필자의 경험으로는 70% 이상을 차지하는 아라비카 생두 중에 3분의 2는 경험하기 싫은 품질 낮은 생두였다. 특정한 생두가 무조건 좋다는 말은 해당 생두 관련 산업에 종사하는 커피인들의 강한 주장일 뿐이다. 생두의 품질은 상황에 따라 다른 것이다.

5. 댐퍼를 닫아 향을 가둔다?

열은 찬 물체에서 더운 물체로 스스로는 흐르지 않는다고 열역학 제2법칙에서 정의한다. 열은 뜨거운 물체(원두)에서 찬 물체(드럼 내부)로 흐른다. 댐퍼를 닫는 행위와 같은 환경적 요소에 따라 향기 분자가 다시 원두로 포집되지는 않는다. 따라서 댐퍼를 닫아 향을 가둔다는 말은 열역학 제2법칙에 위배되는 것이다.

6. 수분 날리기?

팝핑(Popping) 이전 원두 표면의 수분을 의도적으로 날려 주는 행위는 좋은 원두의 결과물을 얻는 데 있어 불필요한 행위이다. 수분을 날려 주기 위한 고민

보다는 수분의 역할을 고찰하여 증발하는 수분을 효율적으로 제어하고 활용할 수 있는 방안을 찾는 것에 집중하는 것이 더 좋다.

7. 수분이 열전달 매개체로 작용한다?

오히려 수분은 냉각 작용을 하며, 열전달 매개체로 작용하는 물질은 지질 성분이다. 건조 과정을 거쳐 12% 이하의 수분을 함유한 생두는 로스팅을 하는 동안 지속적으로 감소한다. 그러나 11~17%를 함유한 지질 성분은 고분자 물질로 200°C에 가까운 높은 발연점을 지니고 있어 열분해의 영향에도 변화가 미미하다.

8. 원두와 원두끼리 열 교환이 이루어진다?

드럼 내부에서 원두와 원두끼리 열 교환이 이루어진다면 "열은 찬 물체에서 더운 물체로 스스로는 흐르지 않는다."라는 열역학 제2법칙에 위배되는 말이 된다. 주변보다 고온의 원두에서 이탈한 열에너지는 열적 평형에 이를 때까지 주변에 머물며, 원두가 가지는 열은 주변의 원두보다는 지속적으로 가해지는 고온의 열에너지에 의해 영향을 받는다.

9. 가스 빼기?

이산화탄소는 공기보다 무겁고, 향기는 휘발성 기체로 공기보다 가볍다. 반복하여 언급했듯이 가스 빼기로 얻는 결과는 향미에 절대적인 향기 성분을 날려버려 맛 성분과의 균형을 무너뜨린다.

10. 이산화탄소는 제거 대상이다?

이산화탄소는 계면활성제로 작용하여 세정력과 가용력을 증가시킨다. 원리에 의한 추출 방법을 고려하고, 제거하기보단 조절하여 활용 가능한 방법을 고민해 보는 것이 낫다.

11. 포장지에는 아로마 밸브가 필요하다?

가장 많이 쓰이는 포장 방법이지만 아쉽게도 원두의 신선도 유지엔 치명적이다. 지속적으로 발생하는 이산화탄소는 빠져나가게 하고 외부 공기의 유입을 차단한다는 것이 아로마 밸드의 기능이다. 그러나 실제로는 밸브를 통해 공기 중의 수분을 흡수하여 이산화탄소가 활성화되는 주된 원인을 제공하고, 휘발성이 강한 향기 분자의 소실을 발생시켜 원두의 신선도 유지에 치명적인 악영향을 주게 된다.

12. 신선한 원두란?

맛 성분과 향 성분의 균형이 무너지지 않은 상태의 원두를 신선한 원두라고 말할 수 있다. 갓 볶은 원두에 함유되어 있는 향기 성분의 함량이 보관하는 동안 그 변화가 미미하면 신선한 원두라고 말할 수 있다.

13. 원두의 유통 기한?

원두의 유통 기한은 특수한 포장이 아닌 이상 볶음도에 가장 큰 영향을 받는다. 원두의 품질에 절대적으로 중요한 맛과 향기 성분은 볶음도에 따라 보관하는 동안 그 변화가 미미할 수도 있고 많을 수도 있다. 시간이 지나도 맛 성분은 그 변화가 적은 반면 향기 성분은 주위 환경에 따라 쉽게 영향을 받게 된다. 휘발성 향기 분자의 소실이 균형 잡힌 맛 성분과 향기 성분과의 균형이 무너지는 결과로 나타나 품질 하락으로 귀결된다.

향기 분자는 오일에 대부분 녹아 있다. 2차 크랙을 기준으로 크랙 이전에 배출한 원두는 오일 발생이 적어 쉽게 휘발하는 기체 상태로 공동 내부에 잔존한다. 크랙 이후에 배출한 원두는 오일에 다량 포집되어 쉽게 이탈하지 못하는 형태이다. 그에 반해 지나친 볶음도의 원두는 불안정한 상태의 세포조직으로 인해 주위 환경의 영향을 받아 향기 성분의 이탈이 쉽다.

이른바 커피 전문가라고 하는 사람들조차 과학적 사고를 하지 못하고 원두의 음용 시기나 보존 기간을 자기 경험에 비춰 말하고 있는 것이 현실이다. 주로 크랙 이전에 로스팅을 마치는 로스터는 “갓 볶은 커피가 맛있다.”, “원두는 최대한 빨리 소모하는 것이 좋다.”라고 말을 하고, 크랙 이후 최적화 지점(Optimal Point)에 가까운 지점에서 배출하는 로스터는 숙성된 맛을 음미할 수 있는 “7~9일 시점이 가장 맛있다.”라고 말하며 “3~4일이 지난 원두도 맛있고 이후 점차 맛이 깊어져 2주일까지는 품질 하락을 겪지 않는다.”라고 말한다. 그에 반해 강하게 볶는 로스터는 “3~4일이 지난 원두가 맛있고 유통 기한이 지나서 발생하는 부정적인 맛도 문제없다.”라고 받아들여 그 기준을 모호하게 제시하는 것이 현실이다.

14. 로스팅을 하는 동안 다공질 구조가 만들어진다?

공동이 이웃하여 형성된 다공질 구조는 생두인 상태에서도 이미 존재한다. 로스팅을 하는 동안 열화학 변화에 의해 수분이 이탈하고 세포조직의 부피가 증가하면서 더욱 선명하게 드러나는 것이다.

15. 원두 분쇄 직후 정전기의 원인은 수분에 있다?

정전기의 원인은 깨지는 성질이 두드러지는 원두와 분쇄하는 그라인더 날 사이의 마찰이 주된 것이다. 또한, 원두의 수분 함량에 영향을 받는 것이 아닌 주위 환경의 습도에 영향을 받아 건조할수록 정전기가 많이 발생한다.

16. 약볶음 원두가 향이 풍부하다?

오일에 포집되지 않고 공동 내부에 가두어진 형태의 향기 분자는 가벼운 향기 분자가 대부분이다. 약볶음 원두의 자극적인 향은 가벼운 특성으로 인해 공기 중으로 빠르게 확산되어 우리의 지각으로 하여금 향이 풍부하다는 착각에 빠지게 만든다.

17. 부풀음이 좋다? & 주름을 편다?

부풀음이 좋은 원두는 상대적으로 조밀도와 경도가 약하다. 세포조직이 약한 이유로 열에 의한 내구성이 낮아 부풀음이 발생하기 쉽다. 반대로 조밀도와 경도가 높은 원두는 열에 의한 내구성이 높아 부풀음이 적다. 그밖에도 고형물 함량이 풍부하고 세포조직이 두터운 생두일수록 부풀음이 많이 발생하기도 하는데, 그 원인을 살펴보면 고형물의 열분해로 발생하는 이산화탄소를 두터운 세포조직이 높은 임계 압력으로 버텨 주기 때문이다. 중요한 사실은 로스팅을 하는 동안 의도적으로 부풀음을 증가시키는 것은 원두의 세포조직을 약화시켜 원두의 보관 수명을 단축시키는 결과를 초래한다. 그밖에 고지대 생두는 고형물 함량이 높은 밀도로 채워져 있어 주름이 발생하기 쉽다. 주로 로스팅을 하는 동안 고형물이 열분해되어 반고체 상태의 젤과 같은 형태로 원두 내부에 높은 밀도로 자리하기 때문이다. 따라서 주름을 평가하여 로스팅의 성공과 실패를 가늠하는 것은 사실상 무의미하다고 볼 수 있다.

18. 팝핑 이전에 수분의 증발에 의해 원두가 수축한다?

수분의 증발이 원인이라면 오히려 수축하지 않고 팽창해야 한다. 이 책에서 자세히 언급하고 있듯 가열 과정에서 나타나는 '응축' 반응에 의해 원두가 수축하는 것이다.

19. 핸드드립 할 때 부풀음이 쉽게 꺼진다?

1) 약볶음 원두

로스팅을 하는 동안 열분해 반응에 의한 메일라드 반응과 캐러멜화 반응에 의한 분해산물로 이산화탄소가 발생한다. 약볶음 원두는 부풀음의 원인이 되는 이산화탄소가 소량이다. 충분한 열분해 반응이 발생하지 않은 상태일 수 있다.

2) 강볶음 원두

고온의 열에 지속적으로 노출된 강볶음 원두는 불안정한 상태이다. 이산화탄소를 포집하는 고형물이 다량 연소하여 충분하게 이산화탄소를 포집하지 못한 상태이다. 그로 인해 강볶음 원두일 경우 부풀음이 쉽게 꺼지게 된다.

3) 고형물 함량이 부족한 원두

부풀음은 고형물에 포집된 이산화탄소가 고온의 물에 활성화되어 발생한다. 원활한 추출을 위해서는 지속적으로 고형물을 녹여 내는 동안 활성화하는 이산화탄소에 의해 부풀음이 유지되어야 한다. 고형물이 소량인 원두는 추출 초반 대부분의 고형물이 추출되고 부풀음을 만들어 주는 이산화탄소 또한 대부분 활성화되어 구조물을 버텨 주는 이산화탄소의 부족 현상이 꺼지는 형태로 나타나게 된다. 이는 품질이 낮은 아라비카 원두나 고형물 함량이 부족한 로부스타 원두에서 주로 나타난다.

20. 로스팅을 하는 동안의 원두의 평가와 관련된 정보

1) 로스팅을 하는 동안 발생하는 향의 원인은 원두 표면에서 발생하는 메일라드 반응과 캐러멜화 반응이 원인이다. 팝핑 이전 원두 내부의 고형물은

화학 변화가 일어나지 않은 상태로 맛과 향기 물질이 만들어지기 이전의 상태이지만, 표면 조직의 열분해가 달거나 고소한 향기를 만들어 낸다.

2) 로스팅을 하는 동안 변화하는 원두 표면의 색과 로스팅을 마친 원두 표면의 색을 통해 로스팅 상태나 볶음도를 논하기보다는, 원두의 평가를 위한 하나의 참고 사항으로 살펴보는 것을 권한다. 맛과 향의 실제 근원은 원두 내부에서 발생하는 고형물의 열화학 반응에서 비롯된다.
3) 더블 로스팅은 고형물의 불완전 연소와 세포조직의 약화를 초래한다. 로스팅을 하는 동안 지속적으로 공급되는 열에너지에 의해 순차적으로 나타나는 물리적인 반응과 화학 반응이 이루어지고, 그로 인해 맛과 향기 물질이 생성된다. 그러나 더블 로스팅의 방법은 물리적인 반응이 발생하는 단계에서 화학 반응이 발생하고, 화학 반응이 발생하는 단계에서 물리적인 반응이 발생하게 만들어 원두 조직의 약화와 고형물의 연소를 가져온다.

21. 쉘빈은 잡맛의 원인이다

안이 비어 있는 조개 모양의 원두를 '쉘빈(shell bean)'이라 이른다. 토양의 무기질 함량이 풍부하지만 원활한 광합성 작용이 이루어지지 않은 데서 쉘빈 생성의 원인을 찾을 수 있다. 생두인 상태로도 존재하고 로스팅을 하는 동안 원두에 쌓이는 높은 압력으로 인해 발생하기도 한다. 정상적인 원두 내부에서는 높은 압력과 그에 따른 온도 상승을 기대할 수 있는데, 쉘빈의 경우는 구조상의 문제 때문에 그와 같은 변화를 기대하기가 어렵다. 그러므로 정상적인 열분해 반응이 이루어지지 않아 정상적인 원두에 비해 산미가 강하게 나타날 수 있다. 생두인 상태에서 나타나는 쉘빈은 팝핑은 발생하지 않고 크랙만 발생한다.

22. 융드립은 진하다?

융은 페이퍼에 비해 투과력이 높고 여과력이 낮아 상대적으로 과소 추출을 유발하기 때문에 오히려 연한 커피가 만들어진다. 융드립 커피가 진하다고 생각하는 원인은 사용하는 원두량에서 찾을 수 있다. 대부분의 카페에서 융드립을 하기 위해 사용하는 원두의 양은 페이퍼 드립으로 사용하는 원두의 양보다 2~3배 많다. 그렇게 만들어 낸 진한 맛의 1인분 커피를 융드립 커피이기에 더욱 진하다고 평가하기에는 논리에 맞지 않다. 참고적으로 융드립 커피를 만들기 위해 대부분 1인분 기준 30~40g을 사용하고 있었다.

23. 더치 원액을 추출할 때 얼음을 사용하자?

온도가 낮은 물을 이용할수록 과소 추출의 직접적인 원인이 된다. 비록 초반에 추출되는 고형물은 낮은 온도로 인해 좀 더 점성이 높은 고형물의 형태로 추출되지만, 그러한 원인은 원활한 추출이 이루어지지 않고 정체되어 생기는 일시적인 현상이며 전체적인 추출량에선 분명하게 옅은 농도를 띠게 된다. 만약 미생물 번식이 우려된다면 갓 볶은 원두를 사용하는 것이 가장 유리하지만 맛이 깊지 않고, 휘발하는 향기의 손실을 최소화하기 위한 것이라면 추출하는 시간을 최소화하는 방법을 탐구하길 권한다.

24. 리브의 역할은 공기 통로의 역할이다?

리브가 공기 통로의 역할을 한다는 표현이 틀린 것만은 아니다. 그러나 좀 더 정확한 표현은, 모세관 현상에 의해 물을 머금은 원두 가루를 종이 필터막이 둘러싸 있는 상황에서, 종이 필터 막과 맞닿은 리브가 모세관 현상을 무너뜨리는 외력으로 작용하여 커피 액이 흘러내리게 하는 작용을 하는 것이다.

25. 에스프레소의 크레마는 오일 성분이다?

단백질 성분이 액체와 기체 주위에 신축성과 응집력 있는 피막을 이루어 크리미한 거품의 막을 이룬다. 거품(crema)의 주된 원인이 되는 이산화탄소(CO_2)는 탄수화물이나 단백질 성분에 소량 녹아 있고, 오일에 다량 녹아 있다. 즉 고온의 물에 의해 오일에 녹아 있는 이산화탄소는 활성화되고, 활성화된 이산화탄소를 단백질 성분이 포집하는 형태이다. 즉 단백질은 크레마를 형성하고 보호막 성분으로 작용하는 물질이 된다. 오히려 오일의 인지질 성분은 거품을 깨뜨리는 역할을 한다.

26. 물맛이 난다?

소믈리에가 구분 짓는 물맛은 크게 5가지로 나뉜다. 상쾌함, 맑음, 둔탁함, 감칠맛, 꽉참 등의 느낌과 경수의 쏘는 듯한 느낌이나 수돗물의 미세한 약품 맛은 누구나가 구별할 수 있지만, 큰 특징적인 맛이 있지 않으면 훈련받은 소믈리에조차 구별하기 어려운 것이 물맛이다. 많은 커피인이 희석된 커피에서 물맛이 난다고 하지만 옳은 표현 방법은 위에 언급한 5가지 맛으로 표현하는 것이 맞는 표현이다. 에스프레소와 스트레이트 드립 커피가 물을 이용한 추출이고, 그외 대부분의 커피에 얼음이나 뜨거운 물, 차가운 물을 희석한다. 단지 제대로 희석되지 않아 커피와 물의 온도 차에서 오는 물의 존재감을 느낄 때 물맛이 난다고 하는 것이다. 다시 말해 커피에서 물맛이란 온도 차에서 오는 물의 존재감을 의미한다고 볼 수 있다.

27. 내추럴 생두는 과육이 생두에 흡착되었다?

수확한 열매를 건조하는 동안 과육 성분이 생두에 흡습되어 볶은 원두에서 과일의 향미를 더욱 느끼게 된다는 주장은 잘못된 것이다. 과일 향미의 원인은 건조하는 동안 햇빛의 복사열이 생두 내부에 분해 반응을 촉진하여 생두 내부에 효소적 갈변 반응이 진행되어 나타나는 것이다.

28. 미분은 잡맛의 원인이다?

분쇄한 원두에서 미분이 차지하는 비중을 10% 전후로 가늠한다. 그러나 실제로 미분만을 모아 개량해 보면 분쇄한 원두에서 차지하는 비중이 1%를 넘지 않는다는 것을 쉽게 확인할 수 있다. 소량의 미분이 물과 반응하는 표면적이 넓어 잡맛의 원인으로 작용하는 것은 알고 보면 무시할 수 있을 정도로 극히 미미한 수준인 것이다. 오히려 미분의 직접적인 영향보단 커피 맛에 간접적으로 작용하는 역할에 주목할 필요가 있다. 추출하는 동안 모세관 현상을 가능하게 하는 흡습성에 영향을 주어 고온의 물이 원두 가루 내부에 골고루 스며들게 하는 역할을 하여 고형물의 원활한 추출을 돕는 것이다. 물론 미분이 과하면 원활한 흐름이 방해되어 고이는 현상을 야기하기도 한다. 이러한 사실을 알게 된다면, 추출하는 원두에서 부정적인 맛의 원인이 되는 종피(silver skin)를 제거할 때 무리해서 미분까지 집착하여 제거할 필요가 없다는 결론에 이르게 된다. 실제로 종피를 제거하다 보면 적당히 미분도 제거되기 때문이다.

29. '뜸'은 가는 물줄기로 살며시?

가장 효율적인 방법은 굵은 물줄기로 짧은 시간에 신속하게 주입한다. 즉 굵은 물줄기가 안쪽 깊숙한 곳에서 빠르게 확산되어 전체를 적셔 주는 형태이어야 한다. 짧은 시간에 전체에 적셔지고 고형물의 용해가 일어날 때 원활한 추출이 가능해진다.

30. 드립 스테이션(Drip Station)의 단점

드립 스테이션을 사용할 경우 드리퍼와 서버 사이에 띄워져 있는 간격이 추출할 때 높아진 낙차가 운동량의 증가로 이어져 향기 분자가 더욱 활성화되어 휘발을 촉진한다.

31. 커피 찌꺼기를 활용하자?

1) 커피 목욕?

커피는 알칼리 성분으로 세척력이 강하다. 강한 세척력은 각질 제거에 효과를 볼 수 있지만 외부 환경으로부터 피부를 보호하는 피부 위의 피지층(약산성막)을 파괴하여 피부를 건조하게 만들 수 있다. 사실 건조해지는 피부로 인해 각질이 제거되기 때문에 각질 제거 또한 장점으로 말하기는 곤란하다. 커피 마스크팩 역시 같은 이유로 추천하지 않는다.

2) 프라이팬 세척?

우리가 흔히 쓰는 비누, 샴푸, 세제 등은 세척력이 좋은 계면활성제의 역할이 크다. 커피 성분의 친유기, 친수기 등의 특성이 계면활성제의 역할을 하여 프라이팬의 기름때를 닦아내는 데에 있어 탁월하다. 그러나 로스터리 숍을 하면서 하수구가 막히는 눈물 나는 경험을 해본 사람이라면 절대로 지양하는 활용법이다. 찌꺼기가 쌓이고 굳어 발생하는 그 난처함이란 겪어본 사람만이 알 것이다. 물론 정기적으로 하수구를 청소할 준비가 되어 있다면 시도해볼 만하다.

3) 탈취 방향제?

신발장, 냉장고, 화장실, 차량 등에 탈취 효과를 바라거나 방향제로 사용하기 위해 커피 가루를 비치할 경우 곰팡이를 번식시킬 확률이 높다. 커피 가루의 공동은 메뉴로 사용하는 동안 상당 부분이 파괴되어 흡습성에 의한 탈취 효과는 상실한 상태이다. 또한, 커피의 맛과 향은 오일을 포함한 고형물에서 나온다. 한 번 사용되고 남은 찌꺼기는 오일을 포함한 고형물이 소실된 결과물이다. 과연 방향제로써 얼마나 큰 결과를 발휘할 수 있을까? 오히려 미생물에 의한 곰팡이류가 생육하기 좋은 환경에 비치함으로써 미생물의 번식이 활발해지고 유독 물질인 곰팡이독이 발생할 수 있으며, 무엇보다 불용성 섬유소에서 나오는 담배꽁초나 재떨이 냄새 같은 불쾌한 악취가 소량의 향기를 묻히게 한다. 물론 햇빛에 말린다고 무너진 다공질 구조는 되살아나지 않는다. 추출에 사용하지 않고 갓 분쇄한 상태로 이용할 때는 원하는 효과를 얻을 수 있겠지만, 그런 경우에는 비용 문제 때문에 고민이 될 것이다.

4) 화분 영양제?

추출하고 남은 커피 찌꺼기라도 카페인과 클로로젠산이 남아 있다. 이들 성분은 커피나무의 방어 수단으로서 토양의 질에 독성으로 작용하여 주변에 식물이 자라기 어렵게 만들 수 있다. 그러나 굳이 화분 영양제로 사용해야겠다면 충분한 물에 장시간 담가 두어 카페인과 클로로젠산을 최대한 제거해야 한다. 이 경우 잔존한 양분도 같이 제거되는 안타까움도 따르긴 한다. 그래도 사용하겠다면 최종적으로 카페인과 클로로젠산을 제거한 찌꺼기에 효소를 이용하여 숙성시켜 비료로 만든 뒤에 화분에 덮어 주자. 물론 사회적 목적으로 상업화에 성공한 다양한 사례도 있다.

5) 세계적으로 버려지는 엄청난 양의 커피 찌꺼기에서 친환경 오일을 생산하자?

커피 찌꺼기에서 친환경 오일을 생산할 수 있다는 생각은 생두에 11~17%의 지질 성분이 함유되어 있기에 추출 과정을 겪은 커피 찌꺼기에도 그대로 보존되어 있다고 믿는 사람들의 주장이다. 커피의 오일(지방)은 불포화지방산을 많이 함유하여 물에 쉽게 녹는 특성이 있다. 또한, 오일에는 대표적으로 이산화탄소가 다량 포집되어 이산화탄소에 의한 세정력과 가용력의 증가로 추출 과정에서 대부분의 오일 성분은 추출된 상태가 된다. 따라서 미미하게 잔존한 오일을 가지고는 상업성이 담보되는 친환경 오일의 생산량을 맞출 수 없다. 그리고 물과 산소에 노출되면 빠르게 산화하는 오일의 특성상 오일을 수거하는 동안 이미 수명을 다한 상태가 될 것이 뻔하다.

32. 커피와 건강 상식

1) 커피는 암을 유발한다?

2016년 6월 15일 세계보건기구(WHO)는 사람에게 암을 유발할 가능성이 있는 2-B군 발암 물질에서 25년 만에 커피를 제외한다고 보도했다.

2) 커피가 숙취에 좋다?

커피 성분 중에는 알코올을 분해하는 성분이 없다.

3) 커피의 카페인 중독?

세계보건기구는 카페인을 중독성 물질로 지정하지 않았다. 그러나 너무 의존하거나 남용하는 것은 몸에 무리를 준다.

4) 태아에 커피가 해롭다?

아직까지 세계보건기구에 태아 발육 간의 상관관계는 어떠한 보고나 발표가 되지 않았다.

5) 커피는 카페인을 가장 많이 함유하고 있다?

찻잎(녹차, 홍차, 보이차 등의 재료가 되는 잎)에는 커피보다 많은 카페인을 함유하고 있다.

참고문헌

김건희 외 6명, 《재미있는 식품화학》, 서울특별시 : 수학사 (2013)
이규배, 《식물형태학》, 서울특별시 : (주)라이프사이언스 (2012)
정영진, 차승은, 《맛있는 커피의 비밀》, 파주 : 광문각 (2016)
최낙언, 《과학으로 풀어본 커피향의 비밀》, 서울특별시 : 서울꼬뮨 (2014)
황인경 외 5명, 《기초가 탄탄한 식품학》, 서울특별시 : 수학사 (2013)
Paul A Tipler, 《Physics For Scientists and Engineers》, 물리학교재편찬위원회, 서울특별시 : 청문각 (1996)
Paul G Hewitt, 《Conceptual Physics》, 김인묵 외 3명 : (주)피어슨에듀케이션코리아 (2012)

커피 로스터를 위한 가이드북

커피디자인

초판 1쇄 발행 2017년 1월 19일
초판 2쇄 발행 2018년 6월 29일

저자 정영진, 조용한, 차승은
펴낸이 박정태
편집이사 이명수 감수교정 정하경
편집부 김동서, 위가연, 이정주
마케팅 조화묵, 박명준, 송민정 온라인마케팅 박용대
경영지원 최윤숙
펴낸곳 광문각
출판등록 1991.05.31 제12-484호
주소 파주시 파주출판문화도시 광인사길 161 광문각 B/D
전화 031-955-8787
팩스 031-955-3730
E-mail kwangmk7@hanmail.net
홈페이지 www.kwangmoonkag.co.kr
ISBN 978-89-7093-819-6 93590
가격 23,000원